土木工程智能检测智慧监测发展趋势及系统原理

孟表柱　朱金富　编著

中国质检出版社
中国标准出版社
北　京

图书在版编目（CIP）数据

土木工程智能检测智慧监测发展趋势及系统原理／
孟表柱，朱金富编著．—北京：中国质检出版社，2017.11（2018.9 重印）
ISBN 978 - 7 - 5026 - 4481 - 9

Ⅰ.①土⋯　Ⅱ.①孟⋯②朱⋯　Ⅲ.①智能技术—
应用—土木工程—工程结构—检测　Ⅳ.①TU317

中国版本图书馆 CIP 数据核字（2017）第 235376 号

中国质检出版社
中国标准出版社　出版发行

北京市朝阳区和平里西街甲 2 号（100029）
北京市西城区三里河北街 16 号（100045）
网址：www.spc.net.cn
总编室：（010）68533533　发行中心：（010）51780238
读者服务部：（010）68523946
中国标准出版社秦皇岛印刷厂印刷
各地新华书店经销

＊

开本 787×1092　1/16　印张 16.5　字数 376 千字
2017 年 11 月第一版　　2018 年 9 月第二次印刷

＊

定价 58.00 元

前 言 FOREWORD

土木工程是建造各类工程设施的科学技术的总称。随着现代新材料、新工艺的发展，水体介质中的工程越来越多，由于这些介质以及原材料的性能等会受到多种因素的影响，在工程建设中，必须从工程原材料、工程设计、工程施工、工程竣工质量以及运营等多个阶段进行质量安全检测及监测，提供及时的反馈信息，才能指导工程参数设计及施工，以确保施工安全。大型的土木工程在竣工以后还要进行长期监测，及时发现工程病害，确保运营安全及养护管理。

传统的工程检测技术发展迅速，而且检测方法很多，检测仪器也是多种多样，检测内容涉及工程原材料、结构、施工及运营等整个工程过程，但是检测人员的专业能力及经验参差不齐，检测结果相差很大，无法有效地判断工程质量，造成很多质量安全问题，为后期的工程运营带来重大安全隐患。近年来，工程灾害多发，严重影响到国家财产及人民生命安全，因此，必须发展新的检测技术，从源头开始，一步一步进行质量检测，确保工程质量安全。

现代智能制造、人工智能、卫星通信、云存储、云计算、大数据等科学技术的发展，为土木工程的智能检测、智慧监测技术发展提供了科学的基础，通过多产业信息及技术融合，能有效减少检测仪器及人为主观因素带来的检测误差或错误。智慧监测能采集大量的工程参数变化信息，通过云存储及云计算技术对大数据进行分析，能提前预判工程病害及病害发生的原因，确保工程的运营安全。

本书首先总结了传统土木工程检测方法及应用，分析了传统土木工程检测技术的应用局限性及弊端，结合现在的国家战略发展需求、现代智能技术、互联网+工业等智能信息技术，提出了土木工程智能检测、智慧监测技术发展的必要性。本书的出版，将会推动产业融合，推动现代智能信息在土木工程检测技术上的应用及发展。

此外，本书涉及的智能检测、智慧监测系统原理适用于很多方面，也能为其他行业智能化趋势发展提供借鉴作用。

限于我们的水平有限，书中不当之处，敬请读者批评指正。

编著者
2017 年 10 月

目　录 CONTENTS

绪　论 ……………………………………………………………………………… 1

第一章　土木工程检测 …………………………………………………………… 11
第一节　土木工程检测应用 …………………………………………………… 11
第二节　土木工程检测意义 …………………………………………………… 38
第三节　土木工程检测现状 …………………………………………………… 41

第二章　土木工程无损检测常用原理 …………………………………………… 44
第一节　X 射线检测原理 ……………………………………………………… 44
第二节　红外检测原理 ………………………………………………………… 52
第三节　超声波检测原理 ……………………………………………………… 59
第四节　声发射检测原理 ……………………………………………………… 73
第五节　电磁波检测原理 ……………………………………………………… 78
第六节　震波检测原理 ………………………………………………………… 88
第七节　结构模态参数识别理论 ……………………………………………… 102

第三章　智能土木工程检测 ……………………………………………………… 115
第一节　智能土木工程检测发展必要性 ……………………………………… 115
第二节　智能土木工程检测系统 ……………………………………………… 125

第四章　数据采集——智能传感器 ……………………………………………… 127
第一节　中国制造 2025 政策 ………………………………………………… 127
第二节　传统传感器原理 ……………………………………………………… 129
第三节　智能传感器原理 ……………………………………………………… 143
第四节　智能传感器在工程中的应用 ………………………………………… 154
第五节　智能传感器制造趋势 ………………………………………………… 156

第五章　数据采集——人工智能 ………………………………………………… 162
第一节　智能机器人国家战略规划 …………………………………………… 162

第二节　人工智能的数学原理 ································· 167

第三节　工业应用（工程检测）机器人专家系统 ················ 173

第六章　数据定位——GPS定位技术 ···················· 182

第一节　GPS伪距测量定位 ···························· 182

第二节　GPS载波相位测量定位 ························· 190

第三节　GPS动态测量定位 ···························· 200

第七章　数据传输——"互联网+"及卫星通信 ············· 202

第一节　移动互联网传输 ····························· 202

第二节　卫星通信传输 ······························ 206

第八章　数据存储——云存储 ······················· 237

第一节　"云"存储的模式 ···························· 237

第二节　"云"存储的实现 ···························· 238

第九章　数据处理——云计算 ······················· 243

第一节　云计算的应用 ······························ 243

第二节　"云"计算特点 ····························· 244

第三节　"云"计算核心 ····························· 245

第四节　云计算在智能土木工程检测中的作用 ················ 249

第十章　病害预测——大数据分析 ···················· 250

第一节　大数据特点 ······························· 250

第二节　大数据的应用 ······························ 251

第三节　智能土木工程检测大数据信息 ···················· 252

第四节　土木工程大数据可视化 ······················· 252

参 考 文 献 ··· 254

绪　论

　　土木工程是建造各类工程设施的科学技术的统称。它既指所应用的材料、设备和所进行的勘测、设计、施工、保养、维修等技术活动,也指工程建设的对象,即建造在地上或地下、陆上或水中,直接或间接为人类生活、生产、军事、科研服务的各种工程设施,例如房屋、道路、铁路、管道、隧道、桥梁、运河、堤坝、港口、电站、飞机场、海洋平台、给水排水以及防护工程等。土木工程是个庞大的学科,是一种与人们的衣、食、住、行有着密切关系的工程。其中与"住"的关系是直接的。因为,要解决"住"的问题必须建造各种类型的建筑物。而解决"行、食、衣"的问题既有直接的一面,也有间接的一面。要"行",必须建造铁路、道路、桥梁;要"食",必须打井取水、兴修水利、进行农田灌溉、城市供水排水等,这是直接关系。而间接关系则不论做什么,制造汽车、轮船也好,纺纱、织布、制衣也好,乃至生产钢铁、发射卫星、开展科学研究活动都离不开建造各种建筑物、构筑物和修建各种工程设施。

一、土木工程概述

(一)土木工程历史悠久

1. 土木工程的发展

　　土木工程的发展伴随着人类发展史不断发展,也随着人民生活的需求不断更新。早在上古时代,人类原始居住的洞穴,新石器时代后期仰韶文化遗址中已发现用木骨泥墙构成的居室,到公元前20世纪,已发现有夯土的城墙,商代时已逐渐采用黏土做成的版筑墙,西周时期已有烧制的瓦,战国墓葬中发现有烧制的大尺寸空心砖,这些都是土木工程的雏形。随着文明的不断进步,土木工程也在不断的发展,各种桥梁,水利工程建筑应运而生。我国著名的万里长城、都江堰、故宫建筑群等都是我国珍贵的土木文化遗产,还有世界的众多土木建筑,也都别具匠心,充分体现了土木工程的魅力。其中埃及金字塔的修建过程仍是土木工程中的一个不解之谜。

2. 土木工程的性质

　　土木工程为国民经济的发展和人民生活的改善提供了重要的物质技术基础,在国民经济中占有举足轻重的地位。土木工程的发展水平能够充分体现国民经济的综合实力,反映一个国家的现代化水平,而人们的生活也离不开土木工程。虽然不同使用目的的土木工程类型不同,总体土木工程具有5个基本性质。

　　(1)社会性

　　土木工程是伴随着人类社会的进步发展起来的,不同时期所建造的工程设施反映出各个历史时期社会、经济、文化、科学、技术发展的面貌和水平,是成为社会历史发展的见证之一。

（2）实践性

土木工程具有很强实践性，在工程建造实践中不断发现新的问题，解决问题的同时，带动工程理论的发展及创新。新的理论又指导新的土木工程实践，不断创造出规模宏大、性能卓越的伟大工程。例如，建造高层建筑、大跨桥梁等时，工程的抗风和抗震问题就突出，因而发展出这方面的新理论技术。

（3）综合性

任何土木工程建造一般都要经过勘察、设计和施工3个阶段，不同的阶段要解决硬性工程质量安全的问题，需要综合运用工程地质勘察、水文地质勘察、工程测量、土力学、工程力学、工程结构设计、建筑材料、建筑设备、工程机械、建筑经济、施工技术、施工组织等学科知识，是一门范围广阔的综合性工程。

（4）工程周期长

土木工程（产品）实体庞大，个体性强，消耗社会劳动量大，影响因素多（因为工程一般在露天下进行，受到各种气候条件的制约，如冬季、雨季、台风、高温等），因此，工程的建造周期长。

（5）工程的系统性

人们力求最经济地建造一项工程设施，用于满足使用者的预期要求，同时还要考虑工程技术要求、艺术审美要求、环境保护及其生态平衡，任何一项土木工程都要系统地考虑这几方面的问题，土木工程项目决策的优良与否完全取决于对这几项因素的综合平衡和有机结合的程度。因此，土木工程必然是每个历史时期技术、经济、艺术统一的见证，受这些因素制约的性质充分地体现了土木工程的系统性。

（二）土木工程的现状和展望

1. 土木工程现状

从18世纪中叶钢材及混凝土在土木工程中的开始应用，以及19世纪20年代后期预应力混凝土的制造成功，实现了两个飞跃，使建造摩天大楼和跨海峡1000m以上大桥成为可能。近代土木工程的时间跨度为17世纪中叶到第二次世界大战前后，历时300余年。现代土木工程以社会生产力的现代发展为动力，以现代科学技术为背景，以现代工程材料为基础，以现代工艺与机具为手段高速度地向前发展。第二次世界大战结束后，社会生产力出现了新的飞跃。现代科学技术突飞猛进，土木工程进入一个新时代。

（1）功能要求多样化

土木工程结构的多样化功能要求不但体现了社会的生产力发展水平，而且对土木工程的生产要求也越来越高，从而使得学科间的交叉和渗透越来越强烈，生产过程越来越复杂，对土木工程中装配式工程结构构件的生产和安装尺寸精度要求越来越高。现在的土木工程建设不但要满足人们的使用，同时也要和环境相适应，迎合生态环境。随着电子技术和信息化技术的高度发展，建筑结构的智能化功能也越来越为人民重视。

（2）工程材料质轻性能强

现代土木工程的材料进一步轻质化和高强化，工程用钢的发展趋势是采用低合金钢。中国从20世纪60年代起普遍推广了锰硅系列和其他系列的低合金钢，大大节约了钢材用量并改善了结构性能。高强钢丝、钢绞线和粗钢筋的大量生产,使预应力混凝土结构在桥梁、房屋等工程中得以推广。

结构复杂的工程又反过来要求混凝土进一步轻质、高强化,高强钢材与高强混凝土的结合使预应力结构得到较大的发展,随着现代科学技术的进步,传统材料性能在改变的同时,也会不断出现新材料,以满足不同使用要求的土木工程性能需求。

(3)土木工程施工信息化

随着现代信息技术的进步,土木工程的施工也逐渐有人工转向智能化发展,特别是在大型的土木工程建设过程中,信息化的施工应用越来越广泛,也越来越重要。信息化施工不但能保证工期的进度,还能保证施工质量安全及施工过程安全,通过信息化施工,也能及时发现施工中的问题,对后期工程的养护也能起到非常重要的作用。

2. 土木工程发展展望

随着人类居住要求、生活需求等多方面的提高,地球上可以居住、生活和耕种的土地和资源越来越被占用和开发,同时,需求量还在不断的增加。这就对土木工程的发展提出了更高的要求,随着现代技术的不断发展,土工工程的方向也越来越宽,而且建设难度也越来越小,主要有以下几个方向:(1)向高空延伸;(2)向地下延伸;(3)向海洋拓展;(4)向沙漠进军;(5)向太空迈进。

土木工程已经在几个方向上得到了很好的应用,为人民的生活提供了很多的便利,未来在这些方向上,土木工程的建设会越来越多。

(三)土木工程相关材料

任何土木工程建筑物与构筑物都是用相应的材料按一定的使用目的建造的,土木工程中所使用的各种材料统称为土木工程原材料。随着科技的不断发展以及工程使用要求的提高,不断有新的工程材料产生,新的技术被开发出来。从古至今,土木工程的发展要求与材料的数量、材料性能之间存在着相互依赖和相互矛盾的关系,工程材料制约中土木工程的性能的好坏,而工程的性能使用要求又带动中工程材料的不断创新。土木工程材料的生产和使用就是不断解决这个矛盾的过程中不断的发展和完善的。

原始社会时期的天然山穴和树巢;石器、铁器时代搭建房屋的树木和茅草,石材建造的简易房屋以及纪念性构筑物;青铜器时代的木结构及"版筑建筑"即墙体用木板或木棍做边框,然后在框内浇注黏土,用木杵夯实之后将木板拆除的建筑物。此时的土木工程目的就是解决人民的居住问题,所使用的主要是天然石材、木材、黏土、茅草等天然材料;随着土木工程的使用目的、建筑规模等的需求提高,对土木工程的性能和质量也提出了更高的要求,原材料上出现了不同强度的混凝土、钢材、沥青、环保砖等工程所需的主要材料,各种性能的纤维也大大改善了土木工程的性能,成为现代土木工程建设非常重要的辅助材料。

智能材料是土木工程的未来,大型土木工程结构和基础设施的使用期限长达几十年、甚至上百年。在其使用过程中,由于环境载荷作用、疲劳效应、腐蚀效应和材料老化等不利因素的影响,结构将不可避免地产生损伤积累、抗力衰减,甚至导致突发事故。为了有效地避免突发故的发生,就必须加强对此类结构和设施的健康监测。一种称为碳纤维机敏混凝土材料的智能材料,在大型土木工程健康监测中已得到应用。它是以短切或连续的碳纤维作为填充相，以水泥浆、砂浆或混凝土为基体复合而成的纤维增强水泥基复合材料。此类材料的电阻率与其应变和损伤状况具有一定的对应关系，因此，可以通过测试其电阻率的变化来监测碳纤维混凝土的应变和损伤状况。碳纤维混凝土还具有施工工艺简单、力学性能优良、与混凝土结构相容性好等特性，因此，它不仅可以用于路的交通车辆流和载重监控，而且可较好的满足大型土木工程结构和基础设施的健康监测技术的要求。此外，碳纤维凝凝土的电热效应和电磁屏蔽特性在混凝土结构的温度自适应以及抗电磁干扰方面也具有重要的应用价值。

纳米材料由于超微的粒径而具有常规物体所不具有的超高强、超塑性和一些特殊的电学性能。纳米材料被应用于很多领域并取得了显著的增强、增韧及智能化等效果。混凝土作为一种传统材料，其性能越来越不能满足社会发展对其提出的更高要求，智能混凝土已经成为一个新的发展方向。近年来，一些学者将纳米材料应用于混凝土，开辟了新的纳米材料应用和智能混凝土研究方向。已有的研究表明，混凝中掺加合适掺量的纳米 SiO_2 或 TiO_2 后，抗压强度、抗折强度和韧性都得到了显著提高。纳米材料还赋予混凝土智能特性，水泥基纳米复合材料其电阻率随应变而线性变化，并且具有很高的灵敏度和重复性，可用来作传感器材料。水混基纳米复合材料作为一种智能材料强度高，传感性好，具有广阔的发展前景。但是目前对水泥基纳米复合材料的研究主要集中于力学和智能特性上，对其耐久性的研究很少。而耐久性是评价混凝土性能好坏的重要指标，关系到纳米混凝土结构长期使用的安全性。耐久性研究是纳米混凝土的优异特性能否得到实际应用的重要基础。

（四）土木工程结构

工程结构是各种工程的建筑物、构筑物和设施中，以建筑材料制成的各种承重构件相互连接成一定形式的组合体。除满足工程所要求的功能和性能外，还必须在使用期内安全、适用、耐久地承受外加的或内部形成的各种作用。

1. 结构的功能

土木工程结构的功能必须要保证工程的安全性、适用性和耐久性。

土木工程的结构必须保证在正常施工和正常使用时遇到可能出现的各种作用而不发生破坏，如遇偶然事件发生时，保持必要的整体稳定性，不至于因局部损坏而产生连续破坏。在施工过程中，不仅要考虑建筑物的设计荷载，而且要考虑各种施工荷载。

工程结构的适用性要求结构在正常使用时能满足正常的使用要求，具有良好的工作性能。比如梁的变形不能太大、墙板的裂缝不能过宽，否则会出现渗水并影响美观等。

土木工程的目的是供人们的生活使用，因此，其结构必须要保证耐久性，保证结构在正常使用和维护条件下，在规定的使用期（设计基准期）内，能够满足安全和使用功能要求。即材料的老化、腐蚀等不能超过规定的限制，否则将影响结构的安全和正常使用。

2. 结构的极限状态

工程结构的极限状态是判别结构是否能够满足其功能要求的标准，是指结构或结构的一部分处于失效边缘的一种状态。当结构未达到这种状态时，结构能满足功能要求；当结构超过这一状态时，结构不能满足其功能要求，此特殊状态称为极限状态。

（1）承载能力极限状态

承载能力极限状态是判别结构是否满足安全性功能要求的标准，它是指结构或结构构件达到最大的承载能力或不适于继续加载的变形。如整体结构或结构的一部分作为钢体失去平衡;结构构件或连接因超过材料强度而破坏(包括疲劳破坏),或因过度的变形而不适于继续加载;由于某些构件或截面破坏使结构转变为机动体系;结构或构件丧失稳定等。

(2)正常使用极限状态

正常使用极限状态是判别结构是否满足正常使用和耐久性功能要求的标准,它是结构或构件达到正常使用或耐久性的某些规定限值。如达到影响正常使用或规范要求规定的变形限值,产生影响正常使用或耐久性的局部破坏(包括裂缝),超过正常用允许的震动,影响正常使用或耐久性的其他特定状态等。

3. 结构的可靠度

结构的可靠度是指结构在规定的时间内,在规定的条件下,完成预定功能的概率,保证在规定的设计使用年限内工程质量的安全。从可靠度理论的角度考虑,荷载(作用)在结构上的引起结构的安全程度取决于效应 S 和抗力 R 的相对大小:

当 $R>S$ 时,抗力大于效应,结构安全;

当 $R<S$ 时,抗力小于效应,结构失效;

当 $R=S$ 时,抗力等于效应,结构处于极限状态。

从可靠度理论的角度看,结构的安全取决于失效概率 P_f,亦即抗力小于效应的概率值 P_f($R<S$)。失效概率是控制结构安全程度的定量指标,安全度大的结构失效的概率小,而失效概率加大时,结构的安全度降低。安全的概念是相对的,所谓"安全"只是失效概率 P_f 相对较小而已。失效概率不可能为零,故不存在绝对安全的结构。只要通过设计把失效概率控制在某一个能够接受的限值以下就可以。

二、土木工程检测概述

建造一项工程设施一般要经过勘察、设计和施工 3 个阶段,需要运用工程地质勘察、水文地质勘察、工程测量、土力学、工程力学、工程设计、建筑材料、建筑设备、工程机械、建筑经济等学科和施工技术、施工组织等领域的知识,以及电子计算机和力学测试等理论,是一项重大的安全工程,如果建造过程中任何一项不符合设计标准以及后期使用不当,都会出现质量安全问题以及安全隐患,因此,为保障工程材料、施工及运营安全,在建设全过程中必须对工程有关的建筑材料、地基、建筑结构、施工工艺、竣工标准及运营过程中的工程变化等进行测试,确保整个土木工工程从材料到施工以及运营的质量安全。因此,土木工程检测是一项极为关键的重要工作。

(一)检测内容

土木工程检测技术包括的内容很多,按照土木工程的材料组成及建设步骤,可以分为 4 种或者 4 步检测。

1. 施工前材料和构件的质量检测

任何土木工程的建设都离不开原材料,不同使用目的和规模的土木工程,对原材料的要求完全不同,因此,必须根据土木工程的使用目的、运营环境、设计规模及使用年限等因素,选择合适的原材料。原材料的质量检测也是关系到土木工程质量安全的第一步。

现代土木工程原材料主要包括混凝土、钢材以及铺路用的沥青等主要材料，其他还包括一些附加材料。混凝土的检测可分为混凝土性能、混凝土强度、混凝土构件外观质量与缺陷、尺寸偏差、变形与损伤和钢筋配置等，多使用回弹法、钻芯法、超声法、超声回弹综合法、后装拔出法等方法。砌体结构的检测可分为砌筑块材，砌筑砂浆、砌体强度、砌筑质量与构造及损伤与变形等，其检测要求筒压法：测点数不应少于 1 个，原位单砖双剪发、推出法、砂浆片剪切法、回弹法、点荷法、射钉法：测点不应少于 5 个；砌体强度的检测可采用取样的方法或现场原位的方法检测，取样法是从砌体中截取试件，在实验室测定试件的强度，原位法是在现场测试砌体的强度，主要有扁顶法、原位轴压法、原位单剪法、原位单砖双剪法。沥青原材料的试验检测指标包括针入度、软化点、延度、闪点、融解等，沥青面料主要检测抗压强度、磨耗值、级配组成、相对密度、含水量、吸水率、土及杂质含量、扁平细长颗粒含量与沥青黏结力、松方单位等，另外还有沥青原料内部的添加料砂和石屑相对密度、级配组成、含水量、含泥量性能指标。确保土木工程原材料质量符合设计要求，能满足工程质量安全。

2. 土木工程施工过程检测

土木工程的建设都不是一蹴而就的，都要经过多步骤施工才能逐渐建设完成的，在施工过程中，每一步的施工质量都会影响最终的工程质量安全，因此在施工过程中必须做好施工质量检测，以指导下一步施工的进行，比如说为了施工安全以及确定下一步工序的开始时间，就需要对施工地基或基础进行应力，变形，沉降，地下水位等方面的检测，才能确保下一步的施工质量安全，做好施工过程中每一步的质量检测，最终确保整体工程质量安全。

应变测量一般是用应变计测出试件在一定长度范围 L（称为标距）内的长度变化 ΔL，再计算出应变值 $\varepsilon = \Delta L / L$。测出的应变值实际是标距范围 L 内的平均应变。因此对于应力梯度较大的结构或混凝土等非均质材料，都应注意应变计标距 L 的选择。

沉降观测即根据建筑物设置的观测点与固定（永久性水准点）的测点进行观测，测其沉降程度用数据表达，凡 3 层以上建筑、构筑物设计要求设置观测点，人工、土地基（砂基础）等，均应设置沉陷观测，施工中应按期或按层进度进行观测和记录直至竣工。随着工业与民用建筑业的发展，各种复杂而大型的工程建筑物日益增多，工程建筑物的兴建，改变了地面原有的状态，并且对建筑物的地基施加了一定的压力，这就必然会引起地基及周围地层的变形。为了保证建（构）筑物的正常使用寿命和建（构）筑物的安全性，并为以后的勘察设计施工提供可靠的资料及相应的沉降参数，建（构）筑物沉降观测的必要性和重要性愈加明显。现行规范也规定，高层建筑物、高耸构筑物、重要古建筑物及连续生产设施基础、动力设备基础、滑坡监测等均要进行沉降观测。特别在高层建筑物施工过程中，应用沉降观测加强过程监控，指导合理的施工工序，预防在施工过程中出现不均匀沉降，及时反馈信息，为勘察设计施工部门提供详尽的一手资料，避免因沉降原因造成建筑物主体结构的破坏或产生影响结构使用功能的裂缝，造成巨大的经济损失。

3. 施工后的成品检测

工程经过一定时间的建设，从早期的设计标准参数、原材料检测参数、施工过程的检测参数等都符合设计要求的情况下，也必须对竣工后的工程进行成品检测，比如有无空隙，压实度，成桩质量，道路弯沉，构筑物的载荷试验，风载震动试验，地基处理效果的检测技术和指标值要求等。

任何一项工程或多或少都有着一定的缺陷,缺陷的存在便会对工程的施工,使用,安全等环节造成影响。因此,工程监测便可以发挥出作用。通过工程监测可以发现工程结构内部缺陷,并通过监测数据判断出这些缺陷对工程造成的影响,为解决方案提供依据。

土木工程监测的对象多种多样,例如建筑物、基坑、隧道、水利工程、边坡、公路等。监测的方面又可以分为变形,应力,应变,渗水量等各个方面。而监测的技术同样也很多:(1)对于压力应力有钢筋应力计,孔隙水压力计,锚杆应力计,土压力盒等测量仪器;(2)对于变形有测斜仪,分层沉降仪,道路断面沉降仪等仪器。

4. 运营中的构筑物的质量问题检测、监测

土木工程建设的最终目的就是为民所用,一般工程的使用年限远远超过建设年限,在使用过程中,构筑物的质量会受到很多因素的影响,为了确保工程的运营安全,保证在设计年限能正常使用,必须对工程的主要部位或环节进行检测及长期监测,及时发现工程病害,分析工程病害的原因,以便寻求何种加固、改造、维修的处理措施等。

土木工程在运营过程中,建筑物经常处于微小而不规则的脉动中,这种微小而不规则的振动来源于微小的地震活动、机器运作和车辆行驶等,使地面存在着连续不断的运动,其运动的幅值极为微小,而它所包含的频谱是相当丰富的,正常的合理范围内的振动对工程没有危害,但是超过合理的振动范围的大振动就会为工程的使用带来安全隐患,在工程运营中,必须杜绝这种引起工程质量病害的因素。

土木工程中常用梁式结构,其梁的挠度值是测量数据中最能反映其总体工作性能的一项指标,因为梁任何部位的异常变形或局部破坏都将通过挠度或在挠度曲线中反映出来。对于梁式结构最主要的是测定跨中最大挠度值及梁的弹性挠度曲线,在工程运营过程中,必须同时测定梁两端支承面相对同一地面的沉陷值,至少要布置3个测点,监测梁式结构的信息变化,分析最大挠度值及梁的弹性挠度曲线,预测病害并排除病害因素,保证工程运营安全。

(二) 工程检测性能指标

由于土木工程检测涉及内容多,检测仪器也是多种多样,随着现代科学技术的迅猛发展及生产水平的提高,各种检测技术在土木工程领域的应用也越来越广泛,检测技术水平的高低也逐渐成为衡量国家科技现代化程度及水平的重要标志之一,土木工程检测技术的作用主要体现在4个方面:(1)工程材料及现场试验性能参数的测量及分析;(2)反映土木工程信息变化的各种参数的测定;(3)工程检测参数的自动化反馈;(4)土木工程现场的实时检测及监控。

用于土木工程检测或测试的仪器主要性能指标有精确度、稳定性、测量范围(量程)、分辨率和传速特性等。这些指标关系到工程检测仪器的选择及工程质量检测的好坏。

1. 仪器检测的精度和误差

精度是指检测系统检测到的工程指标与被测量的真实值之间的接近程度,而误差则是两个数值之间的背离程度。通常,工程检测仪器系统的精度越高,其误差超低,反之,精度越低,则误差越大。在实际的工程检测中,常用系统相对误差和引用误差的大小来表示其精度的高低。

绝对误差是仪器测量值与真实值之差的绝对值。

$$\Delta x = |x - A_0|$$

相对误差是绝对误差与被测量值之比,常用绝对误差与仪表示值之比,以百分数表示。

$$\gamma_x = \frac{|x - A_0|}{A_0} \times 100\%$$

引用误差是仪表中常用的一种误差表示方法,它是相对于仪表满量程的一种误差,测量的绝对误差与仪表的满量程值之比,它常以百分数表示。

$$\gamma_y = \frac{|x - A_0|}{X_m} \times 100\%$$

式中:x 为仪器指示值;

$\quad A_0$ 为真值;

$\quad X_m$ 为仪器测量上限。

绝对误差越小,则说明测量结果越接近被测量的真值。实际上,真值是难于确切测量的,因此,常用更高精度的仪器测得的值 X_0 代替真值(叫约定真值)。在使用引用误差表示检测仪器的精度时,应尽量避免仪器在靠近测量下限的1/3量程内工作,以免产生较大的相对误差。

相对误差可用来比较同一仪器不同测量结果的准确程度,但不能用来衡量不同仪表的质量好坏,或不能用来衡量同一仪表在不同量程时的质量。因为对同一仪表在整个量程内,其相对误差是一个变值,随着被测量量程的减少,相对误差是增大的,则精度随之降低。当被测量值接近到量程起始零点时,相对误差趋于无限大。实际中,常以引用误差来区分仪表的精度等级,可以较全面地衡量测量精度。

2. 稳定性

仪器示值的稳定性有两种指标,一是时间上稳定性,以稳定度表示;二是仪器外部环境和工作条件变化所引起的示值不稳定性,以各种影响系数表示。

(1)稳定性,它是由于仪器中随机性变动、周期性变动、漂移等引起的示值变化,一般用精密度的数值和时间长短同时表示。

(2)环境影响,是指仪器工作场所的环境条件,诸如室温、大气压、振动等外部状态以及电源电压、频率和腐蚀气体等因素对仪器精度的影响,统称环境影响,用影响系数表示。

3. 测量范围(量程)

系统在正常工作时所能测量的最大量值范围,称为测量范围,或称量程。在动态测量时,通需同时考虑仪器的工作频率范围。

4. 分辨率

分辨率是指系统可能检测到的被测量的最小变化值,也叫灵敏阈。若某一位移测试系统的分辨率是 $0.5\mu m$,则当被测的位移小于 $0.5\mu m$ 时,该位移测试系统将没有反应。通常要求测定仪器在零点和90%满量程点的分辨率,一般来说,分辨率的数值越小越好。

5. 传递特性

传递特性是表示测量系统输入与输出对应关系的性能。了解测量系统的传递特性对于提高测量的精确性和正确选用系统或校准系统特性是十分重要的。

对不随时间变化(或变化很慢而可以忽略)的量的测量叫静态测量,对随时间而变化的量的测量叫做动态测量。与此相应,测试系统的传递特性分为静态传递特性和动态传递特性。描述测试系统静态测量时输入输出函数关系的方程、图形、参数称为测试系统的静态传递特性。描述测试系统动态测量时的输入输出函数关系的方程、图形、参数称为测试系统的动态传通特性。作为静态测量的系统,可以不考虑动态传递特性;而作为动态测量的系统,则既要考虑动态传递特性,又要考虑静态传递特性;因为测试系统的精度很大程度上与其静态传递特性有关。

(三)工程检测系统特征

为达到不同测试目的可组成各种不同功能的测试系统, 这些系统所具有的主要功能是应保证系统的输出能精确地反映输入。对于一个理想的测试系统应该具有确定的输入和输出关系,其中以输出与输入呈线性关系时为最佳,即理想的测试系统应当是一个时不变线性系统。

若系统的输入 $x(t)$ 和输出 $y(t)$ 之间关系可以用常系数线性微分方程式来表, 则该系统称为线性时不变系统, 简称线性系统, 这种线性系统的方程通式为:

$$a_n y^n(t) + a_{n-1} y^{n-1}(t) + \cdots + a_1 y^1(t) + a_0 y^0(t) = b_m x^m(t) + b_{m-1} x^{m-1}(t) + \cdots + b_1 x^1(t) + b_0 x^0(t)$$

式中: $y^n(t)$、$y^{n-1}(t)$、$y^1(t)$ 分别是输出 $y(t)$ 的各阶导数; $x^m(t)$、$x^{m-1}(t)$、$x^1(t)$ 分别是输入 $x(t)$ 的各阶导数; a_n、a_{n-1}、$\cdots$、a_0 和 b_m、b_{m-1}、$\cdots$、b_0 为常数,与测量系统特性和输入状况和测试点分布等因素有关。

从上式可以看到,线性方程中的每一项都不包含输入 $x(t)$、输出 $y(t)$ 以及它们的各阶导数的高次幂和它们的乘积,此外其内部参数也不随时间的变化而变化,信号的输出与输入和信号加入的时间无关。

图 0-1　土木工程检测系统示意图

在研究线性测试系统时,对系统中任一环节(如传感器、运算电路等)都可简化为一个方框图(图 0-1),并用 $x(t)$ 表示输入量, $y(t)$ 表示输出量, $h(x)$ 表示系统的传递关系。 $x(t)$、 $y(t)$ 和 $h(x)$ 是三个具有确定关系的量,当已知其中任何两个量,即可求第三个量,这便是工程测试中常常需要处理的实际问题。

三、智能土木工程检测监测是必然趋势

目前,世界各国都在研制与开发各种智能传感器和多功能传感器。其中最成功的是美国 Honeywell 公司研制的 DSTJ-3000 智能压差压力传感器在同一块半导体基片上用离子注入法配置扩散了压差、静压和温度 3 个敏感元件,整个传感器还包括变换器、多路转换器、脉冲调制、微处理器和数字量输出接口等。另外还在 PROM 中装有该传感器的特性数据,以实现非线性补偿。ParScientific 公司研制 1000 系列数字式石英智能传感的器。日本日立研究所研制出可以识别四种气体嗅觉传感器。智能传感器是测量技术、半导体技术、计算技术、信息处理技术、微电子学、材料科学互相结合的综合密集型技术。目前各国科学家正在按下

列技术途径开发研究。

（1）利用新型材料研制基本传感器。基本传感器是智能传感器的基础，它的制作及其性能对整个智能传感器影响甚大。除硅材料具有优良的物理特性，能够方便地制成各种集成传感器。此外还有功能陶瓷、石英、记忆合金等都是制作传感器的优质材料。

（2）利用新的加工技术。近年来利用微加工技术日趋成熟，可以加工高性能的微结构传感器、ASIC 制作技术，也可用于制造智能传感器。

（3）采用新的测量原理和方法。谐振式传感器输出数字量，可以直接和微机及接口总线连接，不用 A/D 转换器。另外，光纤传感器、化学传感器、生物传感器新型传感器，为智能传感器提供新的信息来源。

第一章　土木工程检测

任何一个土木工程项目的质量安全,都涉及原材料、结构、施工、竣工、运营及养护等多个环节,每一个环节出现质量问题,都会影响到工程的质量安全,甚至引发工程灾害。因此,工程建设的每一步都必须进行质量及安全检测,保证工程的安全施工;竣工后的运营、养护管理严重影响工程的使用寿命,长期的工程监测是确保工程质量及安全的主要手段。

第一节　土木工程检测应用

土木工程检测技术的运用非常广泛,从工程的勘察、设计、施工及运营等不同的阶段,需要对工程质量安全的不同参数进行检测。由于各种因素的影响,需要正确评价工程材料、结构、施工的可靠等级,以便进一步采取措施,这就离不开完善的结构检测与评价技术。土木工程的检测是工程质量可靠性鉴定工作中的重要环节,内容一般有原材料、结构材料的力学性能检测、结构的构造措施检测、结构构件尺寸和钢筋位置及直径的检测、结构及构件的开裂和变形情况检测、施工过程中基础环节、工程验收整体结构检测以及后期的运营环节检测等。

一、原材料及结构检测

原材料及结构检测是利用仪器设备对结构物或试验对象,以各种试验技术为手段,在施加各种作用(荷载,机械扰动、模拟地震风力、温度、变形等)的工况下,通过量测和试验对象工作性能有关的各种参数(应变、变形、振幅、频率等)和试验对象的实际破坏形态,来评定试验对象的刚度、抗裂度、裂缝状态、强度、承载力、稳定和耗能能力等,确保工程材料的安全性能。目前用于土木工程建设的材料很多,但是最主要的还是混凝土及钢材,其他的都是辅助性材料,用来提高混凝土或钢材的强度,以适应不同的工程质量需求。

(一)混凝土结构检测

混凝土,简称为"砼",是由胶凝材料将骨料胶结成整体的工程复合材料的统称。通常讲的混凝土是指用水泥作胶凝材料,砂、石作骨料;与水(可含外加剂和掺合料)按一定比例配合,经搅拌而得的水泥混凝土,也称普通混凝土,是目前土木工程中应用最广的材料。

混凝土在土木工程中的应用可以追溯到古老的年代,其所用的胶凝材料主要为黏土、石灰、石膏、火山灰等。自19世纪20年代出现了波特兰水泥后,由多种材料配制成的混凝土具有工程所需的强度和耐久性,而且原料易得,造价较低,特别是能耗较低,因而用途极为广泛。60年代以来,混凝土中广泛应用减水剂,出现了高效减水剂和相应的流态混凝土;高分子材料逐渐进入混凝土材料领域,出现了聚合物混凝土;随着土木工程使用要求的提高,多种纤维被用于分散配筋的纤维混凝土。

由于混凝土是水泥、石灰、石膏等无机胶凝材料与水拌和使混凝土拌合物具有可塑性，通过化学和物理化学作用凝结硬化而产生强度。混凝土拌和用水中过量的酸、碱、盐和有机物都会对混凝土产生有害的影响，而且集料在起到填充作用的同时，对混凝土的容重、强度和变形等性质有重要影响。为改善混凝土的某些性质，常在混凝土中加入外加剂，为改善混凝土拌合物的和易性或硬化后混凝土的性能，节约水泥，在混凝土搅拌时也可掺入磨细的矿物材料——掺合料。

因此，混凝土中水、外加剂、集料及掺合料等性质和数量，影响混凝土的强度、变形、水化热、抗渗性和颜色等。如果混凝土的一些物理、化学及力学性质达不到土木工程设计要求，就会存在工程质量安全隐患，在使用之前，必须进行检测。

1. 混凝土强度

凝土强度有立方体抗压强度、轴心抗压强度、抗拉强度。混凝土的抗拉强度低，只有混凝土抗压强度的 $1/10 \sim 1/20$，随着混凝土强度等级的提高，比值有所降低。通常我们所说的混凝土强度主要是指混凝土的抗压强度，其强度等级以混凝土立方体抗压强度标准值划分，采用符号 C 与立方体抗压强度标准值（单位以 N/mm^2 或 MPa 计）表示。20 世纪初水灰比等学说的实验成功，初步奠定了混凝土强度的理论基础。混凝土硬化后的最重要的力学性能，是指混凝土抵抗压、拉、弯、剪等应力的能力。

混凝土质量的主要指标之一是抗压强度，通常指混凝土轴心抗拉强度，是指试件受拉力后断裂时所承受的最大负荷载除以截面积所得的应力值，即试件抗压强度（MPa）= 试件破坏荷载（N）／试件承压面积（mm^2）。从混凝土强度表达式不难看出，混凝土抗压强度与混凝土用水泥的强度成正比，按公式计算，当水灰比相等时，高标号水泥比低标号水泥配制出的混凝土抗压强度高许多。一般来说，水灰比与混凝土强度成反比，水灰比不变时，用增加水泥用量来提高混凝土强度是错误的，此时只能增大混凝土和易性，增大混凝土的收缩和变形。所以说，影响混凝土抗压强度的主要因素是水泥强度和水灰比，要控制好混凝土质量，最重要的是控制好水泥质量和混凝土的水灰比两个主要环节。水灰比、水泥品种和用量、集料的品种和用量以及搅拌、成型、养护，都直接影响混凝土的强度。

现场检测混凝土强度的检测方法很多，如钻芯法、拔出法、压痕法、射击法、回弹法、超声法、回弹超声综合法、超声衰减综合法、射线法、落球法等。射击法可到一定深度，但也不是全部，且属破坏检测，而且有一定的危险性；取芯法，最直观的反应结果，但是破坏最大，且代表性亦有限。回弹法要求混凝土匀质，否则碳化表层对结果影响较大，也就是无法检测内部，是无损检测；超声回弹综合法，可以判别混凝土的匀质性，内部缺陷等，也属于无损检测。

2. 强度检测方法——回弹法

回弹法是用一弹簧驱动的重锤，通过弹击杆（传力杆）弹击混凝土表面，并测出重锤被反弹回来的距离，以回弹值（反弹距离与弹簧初始长度之比）作为与强度相关的指标，来推定混凝土强度的一种方法。由于测量在混凝土表面进行，所以应属于一种表面硬度法，是基于混凝土表面硬度和强度之间存在相关性而建立的一种检测方法。

由于混凝土的抗压强度与其表面硬度之间存在某种相关关系，而回弹仪的弹击锤被一定的弹力打击在混凝土表面上，其回弹高度（通过回弹仪读得回弹值）与混凝土表面硬度成一定的比例关系(图1-1)。因此以回弹值反映混凝土表面硬度,根据表面硬度则可推求混凝土的抗压强度。

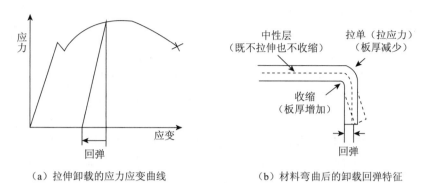

（a）拉伸卸载的应力应变曲线　　　　　（b）材料弯曲后的卸载回弹特征

图1-1　材料回弹特征

当有下列情况之一时,可按回弹法评定混凝土强度,并作为混凝土强度检验的依据之一。

(1)当标准养护试件或同条件试件数量不足或未按规定制作试件时。

(2)当所制作的标准养护试件或同条件试件与所成型的构件在材料用量、配合比、水灰比等方面有较大差异,已不能代表构件的混凝土质量时。

(3)当标准养护试件或同条件试件的试验结果,不符合现行标准、规范规定的对结构或构件的强度合格要求,并且对该结果持有怀疑时。

3. 使用回弹仪时应遵循的原则

国家颁布的回弹法行业标准JGJ/T23—2011《回弹法检测混凝土抗压强度技术规程》中明确规定测量时应遵循的原则如下:

(1)为避免单点测量出现较大的误差,必须将被测结构分成若干个测区且测区数不应少于10个。每个测区内选择16个测点,测得16个回弹值,将最大的3个和最小的3个剔除,将剩余10个的算数平均值作为该测区的测量结果,从而降低测量误差。

(2)测点不应选在气孔、外露的骨料上。据外露的钢筋和预埋件的距离不应小于30mm,从而尽可能避免这些因素对测量结果的影响。

(3)同时要测量混凝土表面的碳化深度,根据碳化深度对测量结果进行换算调整。

(4)使用回弹仪进行检测时,要将混凝土表面打磨光滑平整,保持回弹仪与被测混凝土表面水平垂直,如果无法水平垂直,要根据入射角度对测量结果进行换算调整。

(5)为尽可能获得准确的结果,要根据实际情况正确选择测强曲线对测量结果进行换算调整。

4. 回弹仪的局限性

回弹值实际上反映的是混凝土的表面硬度。混凝土表面硬度与强度有一定的相关性,因此,通过一系列换算,能够用回弹值推导出混凝土的强度。

从回弹仪的基本工作原理看,通过回弹距离推断混凝土的强度有很大的局限性,因为回弹距离与弹击锤的动能和动能被吸收的方式有关。弹击锤的一部分动能在其运动过程中被机械摩擦吸收,这部分动能与回弹距离无关。另一部分动能在弹击过程中被混凝土吸收,这部分动能与回弹距离直接相关。混凝土吸收的能量与其应力-应变有关,也就是与混凝土的强度和硬度相关。强度和硬度都较低的混凝土所吸收的动能比强度和硬度都较高的混凝土所吸收的动能多,作用于弹击锤使其回弹的动能就少,因此回弹距离短。这样就带来了一个问题,如果混凝土的强度相同而硬度不同,回弹仪的回弹距离就可能不同,因此测定的强度也有可能不同的。同理,如果混凝土的强度不同而硬度相同,回弹距离有可能是相同的,因此测定的强度也可能是相同的。更有甚者,如果混凝土的强度低而硬度高,回弹仪测得的强度可能大于那些强度高而硬度低的混凝土。

由于回弹仪仅仅作用于混凝土表面的一点,因此,弹击点附近混凝土的性能对测量结果影响很大。如果弹击点刚好位于一个硬度较大的骨料之上,测得的回弹值就会较大。同样,如果弹击点刚好打在一个空穴之上,由于该点的硬度较低,因此回弹值就会较小。如果弹击点刚好打在钢筋之上且混凝土保护层较薄,此点的硬度会较大,测得的回弹值也会较大。由此可见,单次测量的误差可能很大。

从混凝土的角度看,对回弹值的影响主要来源于混凝土的表层,混凝土内部的性能对回弹值影响较小。如果混凝土表面有碳化层,由于碳化层的密实度较高,硬度较大,因此测得的回弹值也就较大;干燥的混凝土表面测得的回弹值会比潮湿表面测得的回弹值大;混凝土表面的纹理也会影响回弹值,如果表面较粗糙,在弹击时可能会造成表面局部出现微小的开裂或破碎,从而吸收的动能较大,使回弹距离减少,导致测得的强度与实际强度不符;被测混凝土结构的稳定性也会影响测量结果,如果在弹击瞬间结构发生振动,会影响对动能的吸收,从而影响回弹距离,因此影响测量结果。

(二)混凝土裂缝

裂缝是混凝土结构中最常见的缺陷或损伤现象,大量的土木工程事故说明,混凝土结构的裂缝会严重影响工程牢固性、负载能力等,带来严重的工程安全隐患,如果不能及时对混凝土裂缝进行维修,必将发生安全隐患,因此,对混凝土裂缝的监测,及时采取养护措施,是保障工程质量安全的基础之一。

1. 混凝土裂缝的成因及影响

由于裂缝的成因、状态、发展以及在结构中的位置等的不同,对结构的危害性也有很大的区别。严重的裂缝可能危害结构的整体性和稳定性,对结构的安全运行产生很大影响。另一方面,也有些裂缝,如表面温度变化或干燥收缩引起的浅裂缝则无大的影响。根据大量的观测资料,在混凝土结构物中出现的裂缝,大多数在竣工后 1~2 年内已产生。如果这些裂缝处于稳定状态,其对结构的影响程度要小得多。此外,对于裂缝的修补,如裂缝充填(往裂缝中注入水泥砂浆或者环氧树脂等充填材料,以防内部钢筋锈蚀)和裂缝补强(裂缝表面粘贴钢板等)都需要在明确裂缝的状态、成因的基础上才能合理、有效地进行。

因此,为了确定裂缝的状态、发展和成因,以及合理评价裂缝对结构物的影响,选择适当的修补方案和时机,掌握其深度与其长度、宽度都是非常重要的。所不同的是,裂缝的深度测试较之长度和宽度测试要困难得多,通常需要采用钻孔取样的方法加以直接测试。但是,钻孔取样的方法除费时费力,对结构也有一定的损害以外,对深裂缝由于取样困难往往难以测试。同时,对于裂缝的发展也难以监测,因此,采用合理的无损检测方法是非常必要的。

2. 裂缝检测

裂缝深度的无损检测方法有多种。根据测试面的条件,可以分为单面平测法、双面斜测法和钻孔对测法。其中,单面平测法适用面最广。然而,目前常用的裂缝深度的无损检测技术大多是从金属材料的裂缝深度检测中发展而来,在应用于混凝土结构中会遇到各种问题,使得测试结果常常较实际深度偏浅很多。标准测试方法包括相位反转法和传播时间差法。这两种方法均采用接收信号的初始部分的特性,为目前较为通用的测试方法。

（1）相位反转法

当激发的弹性波(包括声波、超声波)信号在混凝土内传播,穿过裂缝时,在裂缝端点处产生衍射,其衍射角与裂缝深度具有一定的几何关系。相位反转法正是根据衍射角与裂缝深度的几何关系,来对裂缝深度进行快速测试的(图1-2)。将激振点与接收点沿裂缝对称配置,从近到远逐步移动。当激振点与裂缝的距离与裂缝深度相近时,接收信号的初始相位会发生反转。

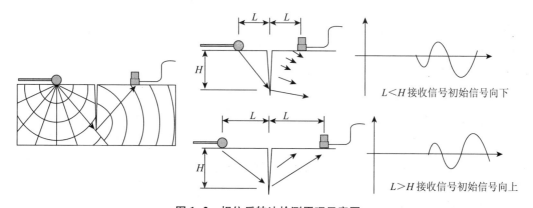

图1-2　相位反转法检测原理示意图

该方法只需移动冲击锤或换能器,确定首波相位反转临界点,就可确定混凝土的裂缝深度。与其他混凝土裂缝深度检测方法相比,此方法有简单直观的特点,有一定的实用价值。

（2）传播时间差法

该方法适合混凝土结构物中的开口裂缝。其测试原理是激励产生的弹性波遇到裂缝时,波被直接隔断,并在裂缝端部衍射通过(图1-3)。其通过测试波在有裂缝位置和没有裂缝健全部位传播的时间差来推定裂缝深度的,裂缝深度越大,传播时间差也越长。

（3）表面波法

该方法采用冲击弹性波中的瑞利波(表面波的一种)的衰减特性来测试混凝土构造物中的裂缝深度。由于P波和S波在媒体边界面上相互作用而形成,其传播速度比S波稍慢,并主要集中的媒体表面和浅层部分,其特性非常适合于探测裂缝的深度。

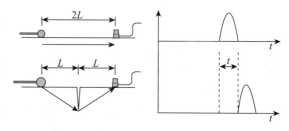

图1-3　传播时间差法检测原理示意图

瑞利波在媒体表面受冲击所产生的弹性波中,能量最大,信号采集容易,对裂缝更为敏感。瑞利波在传播过程中所发生的几何衰减和材料衰减,可以通过系统补正,而保持其振幅不变。但是,瑞利波在遇到裂缝时,其传播在某种程度上被遮断,在通过裂缝以后波的能量和振幅会减少。因此,根据裂缝前后的波的振幅的变化(振幅比),便可以推算其深度。表面波法示意图见图1-4。

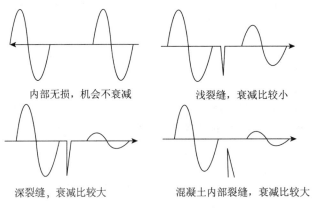

图1-4　表面波法原理示意图

(三)混凝土缺陷

混凝土的浇筑需要多个步骤,其中的任何一个环节,都会影响混凝土内部的完整性,由于浇筑不密实等原因,会造成混凝土内部产生蜂窝、空洞等浇筑不密实的状况,这些内部缺陷会影响混凝的质量安全,最终影响整个工程的安全,因此,对混凝土内部缺陷的检测是确保混凝土质量安全的必要环节,也是确保整体工程质量安全的前提。

超声波法检测比较成熟,目前普通检测仪器可以穿透几米厚度的混凝土,增大发射功率并对接受信号进行前置放大处理后,失真可以达到数十米。超声波法利用超声脉冲在技术条件相同(指混凝土原材料、配合比、龄期和测试距离一致)的混凝土中传播的速度、接收波首波振幅和接收信号频率等声学参数的相对变化的原理,来判定混凝土的缺陷。若结构某部分混凝土存在缺陷,通过该处的超声波与无缺陷混凝土相比较,超声波智能绕过裂缝或空洞传播到接收换能器,由于传播路程的正常,声时明显偏长(声速明显降低)、波幅和频率明显降低。另外,由于空气的声阻抗率小于混凝土声阻抗率,超声脉冲波在混凝土中传播时,遇到空洞、裂缝等缺陷,便在缺陷界面发生反射和散射,声能被衰减,其中频率较高的成分衰减更快,因此接收信号的波幅明显减少。再者,经过缺陷反射或绕过缺陷传播的超声脉冲波信号与直达波信号之间的声程和相位差叠加后互相干扰,致使接收信号的波形发生畸变。由此采用超声波对相同条件下混凝土进行声时、波幅、主频等参数的采集,对其变化直接进行综合分析,可判别混凝土结构缺陷的位置及范围。

(1)平测法

当结构的裂缝所处部位只有一个可测面,可采用平测法检测,当在某测距发现首波相反时,可采取两个相邻测距的测量值进行计算,取多点测得值的平均值作为裂缝深度。

（2）对测法

当结构被测部位具有两对互相平行表面时,可采用一对厚度振动式换能器,分别在两对互相平行的表面上进行对测。一般检测混凝土柱、梁等构件或钢管混凝土的内部密实情况及混凝土均质性都常用这种方法(图1-5)。

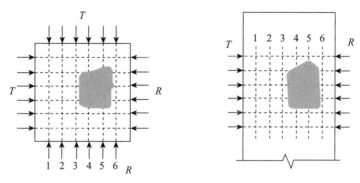

图1-5　对测法检测示意图

（3）斜测法

当混凝土结构被测部位只能提供两个相对或相邻测试表面时,可采用斜测法(包括水平和竖直方向的斜测)检测,两个换能器既可以放在相邻的两个表面进行斜测,也可以在两个相对的表面进行斜测(图1-6)。检测混凝土梁、柱的施工接茬、修补和加固混凝土结合的质量多采用此方法。

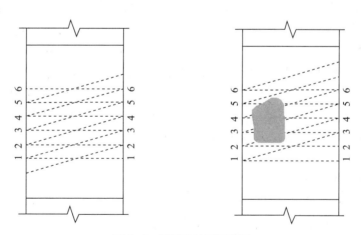

图1-6　斜测法检测示意图

（4）钻孔法

对于大体积混凝土结构,因测距太大,为了提高灵敏度,可在适当位置钻一个或多个平行于侧面的测孔或预埋测管,以缩短测距。检测时,钻孔中放置径向振动式换能器,用清水作耦合剂,在结构侧表面放置厚度振动式换能器。一般是将钻孔中的换能器置于某一高度保持不动,在结构侧面相应高度放置平面换能器,沿水平方向逐点测读声时、波幅,然后将孔中换能器调整一定高度,再沿水平方向逐点测试(图1-7)。

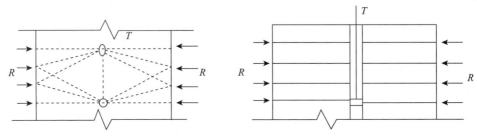

图 1-7　钻孔法检测示意图

(四) 钢结构无损检测

钢结构工程检测包括钢结构和特种设备的原材料、焊材、焊接件、紧固件、焊缝、螺栓球节点、涂料等材料和工程的全部规定的试验检测内容。由于钢结构牵涉的部件比较多，所以检测的内容和方法也比较多，钢结构上的一些辅助材料的质量检测，也关系到最终钢结构部件的稳定及质量安全，所以必须做好每一个部件以及每一步的检测。这里只探讨钢结构的无损检测方法。

无损检测是工业发展必不可少的技术，在一定程度上反映了一个国家的工业发展水平，其重要性已得到公认。无损检测主要是利用声波、光波、电磁波和电等特性，在不损害或不影响被检对象使用性能的前提下，检测被检对象中是否存在缺陷或不均匀性，给出缺陷的大小、位置、性质和数量等信息，进而判定被检对象所处技术状态 (如合格与否、剩余寿命等) 的所有技术手段的总称。根据受检制件的材质、结构、制造方法、工作介质、使用条件和失效模式，预计可能产生的缺陷种类、形状、部位和方向，选择适宜的无损检测方法。

根据不同的物探检测原理，射线和超声检测主要用于内部缺陷的检测；磁粉检测主要用于铁磁体材料制件的表面和近表面缺陷的检测；渗透检测主要用于非多孔性金属材料和非金属材料制件的表面开口缺陷的检测；铁磁性材料表面检测时，宜采用磁粉检测；涡流检测主要用于导电金属材料制件表面和近表面缺陷的检测。当采用两种或两种以上的检测方法对构件的同一部位进行检测时，应按各自的方法评定级别；采用同种检测方法按不同检测工艺进行检测时，如检测结果不一致，应以危险大的评定级别为准。

1. X 射线内部缺陷检测

常用作钢结构内部缺陷检测的物探方法主要是 X 射线法，X 射线与自然光都属于电磁波的一种，X 射线的光量子的能量远大于可见光，它能够穿透可见光不能穿透的物体，而且在穿透物体的同时将和物质发生复杂的物理和化学作用，可以使原子发生电离，使某些物质发出荧光，还可以使某些物质产生光化学反应。如果钢结构工件局部或被测物体局部区域存在缺陷，它将改变物体对射线的衰减，引起透射射线强度的变化，因此，可以通过检测透射线强度，判断被测结构中是否存在缺陷以及缺陷的位置、大小。X 射线检测法是目前五大常规无损检测方法中的一个，在工业上有着非常广泛的应用。

(1) X 射线检测特点

①穿透性 X 射线能穿透一般可见光所不能透过的物质。其穿透能力的强弱，与 X 射线的波长以及被穿透物质的密度和厚度有关。X 射线波长愈短，穿透力就愈大；密度愈低，厚

度愈薄,则 X 射线愈易穿透。在实际工作中,通过球管的电压伏值(kV)的大小来确定 X 射线的穿透性(即 X 射线的质),而以单位时间内通过 X 射线的电流(mA)与时间的乘积代表 X 射线的量。

②电离作用 X 射线或其他射线(如 γ 射线)通过物质被吸收时,可使组成物质的分子分解成为正负离子,称为电离作用,离子的多少和物质吸收的 X 射线量成正比。通过空气或其他物质产生电离作用,利用仪表测量电离的程度就可以计算 X 射线的量。检测设备正是由此来实现对零件探伤检测的。X 射线还有其他作用,如感光、荧光作用等。

(2)X 射线检测原理:

$$\frac{\Delta I}{I} = - \left[(\mu - \mu') \Delta T \right] / (1 + n)$$

式中:$\Delta I/I$ 称为物体对比度(I 是射线强度,ΔI 是射线强度增量);μ 是物质线衰减系数;μ' 是缺陷线衰减系数;ΔT 是射线照射方向上的厚度差;n 是散射比。从此式我们可以得知,只要缺陷在透射方向上具有一定的尺寸、其衰减系数与物体的线衰减系数具有一定差别,并且散射比控制在一定范围,我们就能够获得由于缺陷存在而产生的对比度差异,从而发现缺陷。

(3)内部缺陷成像原理

X 射线影像形成的基本原理(图 1-8),是由于 X 射线的特性和零件的致密度与厚度之差异所致。

2. 超声波钢结构无损检测

机械振动在介质中的传播过程叫做波,人耳能够感受到频率高于 20Hz,低于 20000Hz 的弹性波,所以在这个频率范围内的弹性波又叫声波。频率小于 20Hz 的弹性波又叫次声波,频率高于 20000Hz 的弹性波叫做超声波。

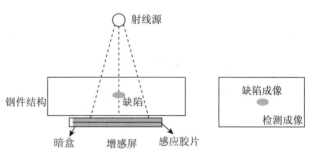

图 1-8 钢件内部缺陷射线检测示意图

(1)超声波检测特点

①超声波声束能集中在特定的方向上,在介质中沿直线传播,具有良好的指向性。

②超声波在介质中传播过程中,会发生衰减和散射。

③超声波在异种介质的界面上将产生反射、折射和波型转换。利用这些特性,可以获得从缺陷界面反射回来的反射波,从而达到探测缺陷的目的。

④超声波的能量比声波大得多。

⑤超声波在固体中的传输损失很小,探测深度大,由于超声波在异质界面上会发生反射、折射等现象,尤其是不能通过气体、固体界面。如果金属中有气孔、裂纹、分层等缺陷(缺陷中有气体)或夹杂,超声波传播到金属与缺陷的界面处时,就会全部或部分反射。反射回来的超声波被探头接收,通过仪器内部的电路处理,在仪器的荧光屏上就会显示出不同高度和有一定间距的波形。可以根据波形的变化特征判断缺陷在工件中的深度、位置和形状。

（2）超声波检测原理

超声波检测是利用材料及其缺陷的声学性能差异对超声波传播波形反射情况和穿透时间的能量变化来检验材料内部缺陷的无损检测方法。

超声波探伤检测的种类繁多，但脉冲反射式超声波探伤检测应用最广，脉冲反射法在垂直检测时用纵波，在斜射探伤时用横波。一般在均匀材料中，缺陷的存在将造成材料不连续，导致缺陷和材料之间形成了一个不同介质之间的交界面，这种不连续往往又造成声阻抗的不一致，由反射定理我们知道，超声波在两种不同声阻抗的介质的界面上会发生反射，当发射的超声波遇到这个界面之后就会发生反射，反射回来的能量又被探头接收到，反射回来的能量的大小与交界面两边介质声阻抗的差异和交界面的取向、大小有关。在显示器屏幕中横坐标的一定的位置就会显示出来一个反射波的波形，横坐标的这个位置就是缺陷波在被检测材料中的深度(图1-9)。这个反射波的高度和形状因不同的缺陷而不同，反映了缺陷的性质。对于同一均匀介质，脉冲波的传播时间与声程成正比。因此可由缺陷回波信号的出现判断缺陷的存在；又可由回波信号出现的位置来确定缺陷距探测面的距离，实现缺陷定位；通过回波幅度来判断缺陷的当量大小。

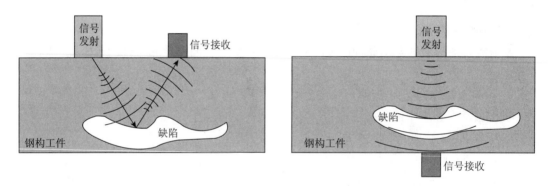

图1-9　超声波无损检测原理示意图

（3）超声波检测优点及缺点

超声波检测优点是检测厚度大、灵敏度高、速度快、成本低、对人体无害，能对缺陷进行定位和定量。超声波检测对缺陷的显示不直观，检测技术难度大，容易受到主客观因素影响，以及检测结果不便于保存，超声波检测对工作表面要求平滑，要求富有经验的检验人员才能辨别缺陷种类，适合于厚度较大的零件检验，使超声波检测也具有其局限性。

3. 钢结构表面缺陷磁粉检测

只能用于检测铁磁性材料的表面或近表面的缺陷，由于不连续的磁痕堆集于被检测表面上，所以能直观地显示出不连续的形状、位置和尺寸，并可大致确定其性质。

（1）检测范围

①适用于检测铁磁性材料表面和近表面缺陷，表面和近表面间隙极窄的裂纹和目视难以看出的其他缺陷，不适合检测埋藏较深的内部缺陷。

②适用于检测铁镍基铁磁性材料，不适用于检测非磁性材料。

③适用于检测未加工的原材料（如钢坯）和加工的半成品、成品件及在役与使用过的工件。

④适用于检测管材、棒材、板材、形材和锻钢件、铸钢件及焊接件。

⑤适用于检测工件表面和近表面的延伸方向与磁力线方向尽量垂直的缺陷,但不适用于检测延伸方向与磁力线方向夹角小于20°的缺陷。

（2）磁粉检测原理及特征

铁磁性材料工件被磁化后,由于不连续性的存在,使工件表面和近表面的磁力线发生局部畸变而产生漏磁场,吸附施加在工件表面的磁粉,在合适的光照下形成目视可见的磁痕（图1-10）,从而显示出不连续性的位置、大小、形状和严重程度。

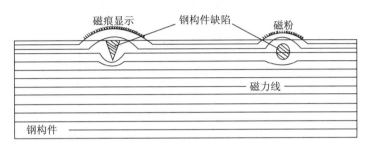

图1-10 磁粉无损检测原理示意图

磁粉检测几乎不受工件大小和几何形状的影响,能检测出工件各个方向的缺陷。但是检测局限性大,只能用于检测铁磁性材料的表面或近表面的缺陷,由于不连续的磁痕堆集于被检测表面上,所以能直观地显示出不连续的形状、位置和尺寸,并可大致确定其性质。灵敏度可检出的不连续宽度可达到 $0.1\mu m$。

（3）主要检测方法

磁粉检测是以磁粉作显示介质对缺陷进行观察的方法。根据磁化时施加的磁粉介质种类,检测方法分为湿法和干法;按照工件上施加磁粉的时间,检验方法分为连续法和剩磁法。

①湿法和干法

磁粉悬浮在油、水或其他液体介质中使用称为湿法,它是在检测过程中,将磁悬液均匀分布在工件表面上,利用载液的流动和漏磁场对磁粉的吸引,显示出缺陷的形状和大小。湿法检测中,由于磁悬液的分散作用及悬浮性能,可采用的磁粉颗粒较小。因此,它具有较高的检测灵敏度,特别适用于检测表面微小缺陷,例如疲劳裂纹、磨削裂纹等。湿法经常与固定式设备配合使用,也与移动和便携式设备并用。用于湿法的磁悬液可以循环使用。

干法又称干粉法,在一些特殊场合下,不能采用湿法进行检测时,采用特制的干磁粉按程序直接施加在磁化的工件上,工件的缺陷处即显示出磁痕。干法检测多用于大型铸、锻件毛坯及大型结构件、焊接件的局部区域检查,通常与便携式设备配合使用。

②连续法和剩磁法

连续法又称附件磁场法或现磁法,是在外加磁场作用下,将磁粉或磁悬液施加到工件上进行磁粉检测。对工件的观察和评价可在外磁场作用下进行,也可在中断磁场后进行。

剩磁法是先将工件进行磁化,然后在工件上浇浸悬液,待磁粉聚集后再进行观察。这是利用材料剩余磁性进行检测的方法,故称为剩磁法。

4. 超声波衍射时差法无损检测（TOFD）

依靠从待检试件内部结构（主要是指缺陷）的"端角"和"端点"处得到的衍射能量来检

测缺陷的方法,用于缺陷的检测、定量和定位。于 20 世纪 70 年代由英国哈威尔的国家无损检测中心 Silk 博士首先提出,其原理源于 Silk 博士对裂纹尖端衍射信号的研究。

(1)技术原理

衍射现象是 TOFD 技术采用的基本物理原理,是波遇到障碍物或小孔后通过散射继续传播的现象。根据惠更斯原理,媒质上波阵面上的各点,都可以看成是发射子波的波源,其后任意时刻这些子波的包迹,就是该时刻新的波阵面。TOFD 技术采用一发一收两个宽带窄脉冲探头进行检测,探头相对于焊缝中心线对称布置。发射探头产生非聚焦纵波波束以一定角度入射到被检工件中,其中部分波束沿近表面传播被接收探头接收,部分波束经底面反射后被探头接收。接收探头通过接收缺陷尖端的衍射信号及其时差来确定缺陷的位置和自身高度(图 1-11)。

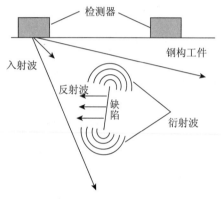

图 1-11 衍射原理无损检测示意图

TOFD 要求探头接收微弱的衍射波时达到足够的信噪比,仪器可全程记录 A-扫描波形、形成 D-扫描图谱,并且可用解三角形的方法将 A-扫描时间值换算成深度值。TOFD 检测需要记录每个检测位置的完整的未校正的 A-扫描信号,可见 TOFD 检测的数据采集系统是一个更先进的复杂的数字化系统,在接收放大系统、数字化采样、信号处理、信息存储等方面都达到了较高的水平。

(2)衍射检测技术特点

衍射原理检测属于无损检测,能检测的部件很多,具有很多优点:一次扫查几乎能够覆盖整个焊缝区域(除上下表面盲区),可以实现非常高的检测速度;可靠性好,对于焊缝中部缺陷检出率很高;能够发现各种类型的缺陷,对缺陷的走向不敏感;可以识别向表面延伸的缺陷;采用 D-扫描成像,缺陷判读更加直观;对缺陷垂直方向的定量和定位非常准确,精度误差小于 1mm;和脉冲反射法相结合时检测效果更好,覆盖率 100%。

根据衍射原理,TOFD 检测技术,也有一些缺点:近表面存在盲区,对该区域检测可靠性不够;对缺陷定性比较困难;对图像判读需要丰富经验;横向缺陷检出比较困难;对粗晶材料,检出比较困难;对复杂几何形状的工件比较难测量;不适合于 T 型焊缝检测。在利用该技术进行钢结构或被测部件检测时,必须有针对性的使用。

5. 渗透检测

渗透探伤是利用毛细现象检查材料表面缺陷的一种无损检验方法。渗透探伤操作简单,不需要复杂设备,费用低廉,缺陷显示直观,具有相当高的灵敏度,能发现宽度 $1\mu m$ 以下的缺陷。这种方法由于检验对象不受材料组织结构和化学成分的限制,因而广泛应用于黑色和有色金属锻件、铸件、焊接件、机加工件以及陶瓷、玻璃、塑料等表面缺陷的检查。它能检查出裂纹、冷隔、夹杂、疏松、折叠、气孔等缺陷;但对于结构疏松的粉末冶金零件及其他多孔性材料不适用。其检测步骤主要包括渗透、清洗、显象和检查 4 步(图 1-12)。

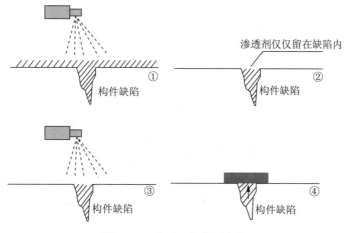

图 1-12 渗透无损检测步骤

渗透探伤包括荧光法和着色法。荧光法是将含有荧光物质的渗透液涂敷在被探伤件表面,通过毛细作用渗入表面缺陷中,然后清洗去表面的渗透液,将缺陷中的渗透液保留下来,进行显像。典型的显像方法是将均匀的白色粉末撒在被探伤件表面,将渗透液从缺陷处吸出并扩展到表面。这时,在暗处用紫外线灯照射表面,缺陷处发出明亮的荧光。着色法与荧光法相似,只是渗透液内不含荧光物质,而含着色染料,使渗透液鲜明可见,可在白光或日光下检查。一般情况下,荧光法的灵敏度高于着色法。

二、路桥隧检测

道路、桥梁及隧道是土木工程基础设施中最重要的部分,和人民生活及国家战略息息相关,路桥隧的基础建设是一个国家经济发达程度的体现,同时也是制约国家经济发展的一个关键因素,路桥隧的质量是体现一个国家科学技术能力的标志之一。因此,路桥隧的质量检测至关重要,对其长期的运营监测是保障工程质量安全、运营安全以及养护加固的基础。

(一)道路地基检测

路基压实质量控制的目的是对路基的承载能力和沉降变形进行控制,保持线路稳定与平顺,保证列车能安全、舒适、高速运行,而控制和检测压实质量的标准、方法和设备,则是保证压实质量的途径和措施。K_{30}平板载荷试验是一种检测路基压实质量有效的施工现场试验方法。

1. 地基系数 K_{30} 的概念

地基系数 K_{30} 是表示土体表面在平面压力作用下产生的可压缩性的大小。它是用直径为 300mm 的刚性承载板进行静压平板载荷试验,取第一次加载测得的应力-位移 $(p-s)$ 曲线上 s 为 1.25mm 时所对应的荷载 Q_s,按 $K_{30} = Q_s/1.25$ 计算得出,单位是 MPa/m。

试验采用的承载板面积不尽相同,通常采用直径 750mm 或 762mm 的圆形载荷板。使用的载荷板直径不同,测得的地基系数也不同,K_{30} 是地基系数的一种。一般以载荷板直径加注说明。

2. 基本理论

一般地基土承载力设计的取值接近于比例界限。因此浅层平板载荷试验可按刚性平板作用于均质土各向同性半无限弹性介质表面，由弹性理论可得：

$$E_0 = I_0(1 - \mu^2)\frac{p \cdot d}{s}$$

式中：E_0 为载荷试验的变形模量（无侧限），kPa；I_0 为刚性承压板形状系数，圆形板取 0.785；方形板取 0.886；μ 为土的泊松比：碎石土取 0.27，砂土取 0.30，粉土取 0.35，粉质黏土取 0.38，黏土取 0.42，不排水饱和黏性土取 0.50；d 为承压板直径或边长，m；p 为 $p-s$ 曲线线性段承压板下单位面积的压力，kPa；s 为与 p 对应的沉降量，mm。

对于深层平板载荷试验，可按刚性圆形压板作用于均质土各向同性半无限弹性介质内部，由弹性理论可得：

$$E_0 = \omega\frac{p \cdot d}{s}$$

式中：ω 为与试验深度和土类有关的系数（表 1-1）。

表 1-1 深度荷载试验计算系数 ω 的取值

d/z	土类				
	碎石土	砂土	粉土	粉质黏土	黏土
0.30	0.477	0.489	0.491	0.515	0.524
0.25	0.469	0.480	0.482	0.506	0.514
0.20	0.460	0.471	0.474	0.497	0.505
0.15	0.444	0.454	0.457	0.479	0.487
0.10	0.435	0.446	0.448	0.470	0.478
0.05	0.427	0.437	0.439	0.461	0.468
0.01	0.418	0.429	0.431	0.452	0.459
注：z 为试验深度。					

3. K_{30} 平板载荷试验的适用条件和要求

对平板载荷试验测试值大小的影响因素很多。包括填料的性质、级配，压实系数、含水率、碾压工艺、最大干密度、最佳含水量、试验操作方法及测试面平整度等。为了规范试验过程，提出了平板载荷试验的适用条件和要求。

（1）测试对象的颗粒级配

K_{30} 平板载荷试验适用于粒径不大于载荷板直径 1/4 的各类土和土石混合填料。由于 K_{30} 的荷载板直径只有 300mm。因此对所填路基土的颗粒粒径和级配有一定的限值，否则颗粒粒径过大，级配不均匀，K_{30} 的测试结果就会带来较大的误差，难以真实反映路基的压实情况。根据秦沈客运专线的经验，适用于均匀地基土（如粗、细粒土）的地基系数 K_{30} 检测，对于拌和较均匀的级配碎石也是符合测试要求的，而对于颗粒不均匀的碎石土，其 K_{30} 检测就难以得出准确可靠的测试结果。

（2）有效测试深度

K_{30}平板载荷试验的测试有效深度范围为 400～500mm。由于 K_{30}平板载荷试验结果所反映的是压板下大约 1.5 倍压板直径深度范围内地基土性状，因此要想真实全面地反映更深土层的情况，尚需结合其他的检测手段进行综合评定。

（3）含水量变化的影响

对于水分挥发快的均粒砂，表面结硬壳、软化，或因其他原因表层扰动的土，平板载荷试验应置于扰动带以下进行。

影响 K_{30}测试结果的因素很多，但含水量变化是造成 K_{30}测试结果偶然误差的主要因素，也就是说 K_{30}测试结果具有时效性。一般来说，控制在最佳含水量附近施工，路基压实系数较高，路基质量好，基床表面刚度较大，K_{30}测试结果较高。但是由于受季节及天气气温变化的影响，其水分的蒸发程度不同，含水量差别较大，因而含水量为一变量。实践证明，碾压完毕后，路基含水量高时，K_{30}测试结果就小；含水量低时，K_{30}测试结果就大。由于击实土处于不饱和状态，含水量对其力学性质的影响很大，这就造成 K_{30}测试结果因含水量变化而离散性大、重复性差，为此，现场测试应消除土体含水量变化的影响。

4. 试验所需主要仪器设备和器具

平板载荷仪由载荷板、加荷装置、下沉量测定装置及其他辅助设备组成（图 1-13）。

（1）荷载板：圆形钢板，其直径为 30cm，板厚为 25mm，上部应带有水准泡，以便安装时测定测试面的水平。

（2）加荷装置：由千斤顶、高压油管、手动液压泵组成。为了不影响检测精度，千斤顶与手动油泵应为分体式。为了准确传递压力，千斤顶油缸顶端应设置球铰，并配有加长杆件，以使与各种不同高度的反力装置相适应。手动液压泵上应有一个可调节减压阀，便于准确的分段对荷载板实施加、卸载。高压油管长度至少为 2m，油软管两端应装有自动开闭阀门快速接头，以防止液压油漏出。测压表应采用 0.6 级精度，或用 1% 精度的测力计直接量测荷载，量程应是最大试验荷载的 1.25 倍。

图 1-13 K_{30}平板荷载试验仪

（3）反力装置：可利用装载的汽车或其他设备装置等以得到所需反力，其承载能力应大于最大试验荷载 10kN 以上。

（4）下沉量测定装置：由测桥和测表组成。测桥是用于安装测表固定支架或作为测表量测基准面，其长度由大于 3m 的支承梁和支撑座组成，为了运输方便、操作安全和稳定可靠，支承梁应由轻金属制成，可采用可伸缩管式横杆做成 Y 形三点支承或采用双横杆平行布局。当跨度为 4m 时，其截面系数应大于或等于 8cm³。测表宜配置 2～4 个精度为 0.01mm 的百分表，量程应不小于 10mm，每个测表应配有可调式固定支架。

（5）辅助设备：铁锹、钢板尺（长 400mm）、毛刷、圬工泥刀、刮铲、水准仪、铅锤、褶尺、干燥中砂、石膏、油、遮阳挡风设备。随着技术的发展，目前已开发出专用的 K_{30}荷载板检测，采用自动化程度高的微机系统控制，机动性能良好，快速、准确，特别适应大规模快速机械化施工的需要。

K_{30} 平板载荷试验仪各测试仪器,量表应定期进行计量检测和校验,以保证测试结果的准确性。

5. 试验要点

(1)试验场地准备:对已选定的场地测试面进行整平,并用毛刷扫去松土。当处于斜坡上时,亦应将荷载板支承面做成水平面。

(2)安装平板载荷仪:①安装荷载板:为了保证荷载板与地面的良好接触,可铺设一薄层中砂(2~3mm)或石膏腻子,用石膏腻子做垫层时,应在荷载板顶面上抹一层油膜,然后将荷载板安放在石膏层上转动并轻轻击打顶面。使其与地面完全接触,同时借助荷载板上水准泡或水准仪调整水平。②安装反力装置:将反力装置(例如:汽车或压路机)驶入测试点,在使其承载部位正处于荷载板上方之后,加以制动。此时,反力装置的支承点(以汽车或压路机作为反力装置时系指其车轮或滚筒与地面的接触点)必须距荷载板外侧边缘 1m 以外。③安装加载装置:将千斤顶放置于反力装置下面的荷载板上,可利用加长杆和通过调节丝杆,使千斤顶顶端球铰座紧贴在反力装置承载部位上,组装时应保持千斤顶垂直不出现倾斜。④安装下沉量测定装置:测桥支承座应设置在距离荷载板外侧边缘及反力装置支承点 1m 以外。当测桥呈 Y 型布置时,应安装 3 个测表,相互呈 120° 放置;当测桥呈双横杆平行布置时,应安装 4 个测表呈正方形布置,或安装 2 个测表呈对角线布置,不论安装几个测表,都必须与荷载板中心保持等距离,以便求取平均值,降低误差。

(3)加载试验:①为稳固荷载板,预先加 0.01MPa 荷载,约 30s,待稳定后卸除荷载,将百分表读数调至零或读取百分表读数作为下沉量的起始读数。②以 0.04MPa 的增量,逐级加载。每增加一级荷载,应等该级荷载下的下沉量稳定后,读取荷载强度和下沉量读数。当1min 的下沉量不大于该级荷载强度下产生的总下沉量的 1% 时即可认为下沉已终止。③当下沉量超过规定的基准值(1.25mm),或者荷载强度超过估计的现场实际最大接触压力,或者达到地基的屈服点,试验即可告终止。

(4)试验点的下挖工作:当试验过程出现异常时(如荷载板严重倾斜,荷载板过度下沉),应将试验点下挖相当于荷载板直径的深度。如遇到石块,或不太密实或含水很多或含水很少的土时,均应在试验记录中注明。

(5)根据试验结果,首先利用公式计算荷载强度:

$$p = F/S \ \text{即} \ F = p \cdot S$$

由上式得出:

$$p_h \cdot S_h = p_y \cdot S_y$$

式中:p_h 为载荷板载荷强度,MPa;

S_h 为载荷板面积;

p_y 为千斤顶油缸内的油压(从压力表读得,单位:MPa);

S_y 为油缸面积。

$p_h = (S_y/S_h) \cdot p_y$ 由于平板载荷仪本身有一定的重量,系统内部有一定阻力,测试时应加以校正,其计算公式如下:

$$p_h = (S_y/S_h) \cdot p_y + p_c - p_f$$

式中:p_c 为千斤顶及 K_{30} 板自重对载荷板的压强;P_f 为油路及活塞阻力对载荷板的压

强。根据各载荷强度(p_h)值和相应的下沉量(3个百分表平均值)绘制载荷强度-下沉量曲线(图1-14)。

①压密阶段(直线变形阶段)

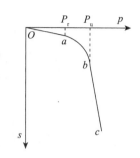

图1-14 荷载-下沉量关系曲线

相当于$p-s$曲线上的Oa段,$p-s$曲线接近于直线,土中各点的剪应力均小于土的抗剪强度,土体处于弹性平衡状态,这一阶段荷载板沉降主要是由于土中孔隙的减少引起,土颗粒主要是竖向变位,且随时间渐趋稳定而土体压密,所以也称为压密阶段。曲线上相应于a点的荷载称为比例界限P_r。

②剪切阶段

相当于$p-s$曲线上的ab段。这一阶段$p-s$曲线已不再保持纯属关系,沉降的增长率($\Delta s/\Delta p$)先随荷载的增加而增大。在这个阶段,除土体载的压密外,在承压板边缘已有小范围局部土体的剪应力达到或超过了土体的抗剪强度,并开始向周围土体发生剪切破坏(产生塑性变形区);土体的变形是由于土中孔隙的压缩和土颗粒剪切移动同时引起的,土颗粒同时发生竖向和侧向变位,且随时间不易稳定,故称之为局部剪切阶段。随着荷载的继续增加,土中塑性区的范围也逐步扩大,直到土中形成连续的滑动面,由荷载板两侧挤出而破坏。因此,剪切阶段也是地基中塑性区的发生及发展阶段。相应于$p-s$曲线上b点的荷载称为极限荷载P_u。

③破坏阶段

相当于$p-s$曲线上的bc段。当荷载超过极限荷载后,荷载板急剧下沉,即使不增加荷载,沉降也不能稳定,同时土中形成连续滑动面,土从承压板下挤出,在承压板周围土体发生隆起及环状或放射状裂隙,故称之为破坏阶段。该阶段在滑动土体范围内各点的剪应力达到或超过土体的抗剪强度;土体变形主要由土颗粒剪切变位引起,土粒主要是侧向移动,且随时间不能达到稳定,地基土失稳而破坏。

(6)K_{30}平板荷载计算依据

根据载荷强度-下沉量曲线找出某一下沉量时的载荷强度,再由公式K=载荷强度(MPa)/下沉量(cm),计算地基系数K。

(二)路基路面回弹弯沉检测

国内外普遍采用回弹弯沉值来表示路基路面的承载能力,回弹弯沉值越大,承载能力越小,反之则越大。回弹弯沉值在我国已广泛使用且有很多实验和研究成果,它不仅用于路面结构的设计中(设计回弹弯沉),以及施工控制及施工验收中(竣工验收弯沉值),同时还用在旧路补强设计中。它是公路工程的一个基本参数。

弯沉值是指在规定的标准轴载作用下,路基或路面表面轮隙中心处产生的总垂直变形(总弯沉),或垂直回弹变形值(回弹弯沉),以0.01m为单位。通常所说的回弹弯沉是指后轴载轮隙中心处的最大回弹弯沉值。

设计弯沉值是指根据设计年限内一个车道上预测通过的累计当量轴次、公路等级、面层和基层类型而确定的路面弯沉设计值。

当路面厚度计算以设计弯沉值为控制指标时,则验收弯沉值小于或等于设计弯沉值;当厚度计算以层底拉应力为控制指标时,应根据拉应力计算所得的结构厚度,重新计算路面弯沉值,该弯沉值即为竣工验收弯沉值。

弯沉值的测试方法较多,目前用得最多的是贝克曼梁法,在我国已有成熟的经验,采用贝克曼梁或自动弯沉仪测量弯沉值,每一双车道评定路段(不超过1km)检查80~100个点,多车道公路必须按车道数与双车道之比,相应增加测点。

1. 贝克曼梁测原理

本方法利用杠杆原理制成杠杆式弯沉仪测定轮隙弯沉。适用于测定各类路基路面的凹弹弯沉,用以评定其整体承载能力,供路面结构设计使用。

沥青路面的弯沉以路表温度20℃时为准,在其他温度测试时,对厚度大于5cm的沥青路面,弯沉值应予温度修正。

2. 贝克曼梁检测器具与材料

(1)标准车:双轴、后轴双侧4轮的载重车,其标准轴荷载、轮胎尺寸、轮胎间隙及轮胎气压等主要参数应符合表1-2的要求。测试车可根据需要按公路等级选择,高速公路、一级及二级公路应采用后轴100kN的BZZ-100标准车;其他等级公路可采用后轴60kN的BZZ-60标准车。

表1-2　标准车技术参数

标准轴载等级	BZZ-100	BZZ-60
后轴标准轴载/kN	100±1	60±1
每侧双轮胎荷载/kN	50±0.5	30±0.5
轮胎接地压强/MPa	0.70±0.05	0.50±0.05
单轮传压面当量圆直径/cm	21.30±0.5	19.50±0.5
轮隙宽度	能自由地插入弯沉仪测头	

(2)路面弯沉仪:由贝克曼梁、百分表及表架组成。贝克曼梁由合金铝制成,上有水准泡,其前臂(接触路面)与后臂(装百分表)长度比2:1。弯沉仪长度有两种(图1-15):一种长3.6m,前后臂分别为2.4m和1.2m;另一种加长的弯沉仪长5.4m,前后臂分别为3.6m和1.8m。当在半刚性基层沥青路面或水泥混凝土路面上测定时,宜采用长度为5.4m的贝克曼梁弯沉仪,并采用BZZ-100标准车。

弯沉采用百分表量得,也可用自动记录装置进行测量。

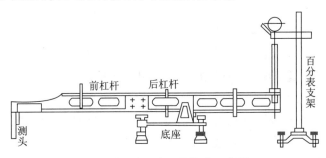

图1-15　路面弯沉仪构造示意图

（3）接触式路表温度计：端部为平头，分度不大于1℃。

（4）其他：皮尺、口哨、白油漆或粉笔、指挥旗等。

3. 检测方法

①检查并保持测定用标准车的车况及刹车性能良好、轮胎符合规定充气压力。

②向汽车车槽中装载铁块等集料，并在地中衡称量后轴质量，符合要求的轴重规定。汽车行驶及测定过程中，轴重不得变化。

③测定轮胎接地面积：在平整光滑的硬质路面上用千斤顶将汽车后轴顶起，在轮胎下方铺一张新的复写纸，轻轻落下千斤顶，即在方格纸印上轮胎印痕，用求积仪或数方格的方法测算轮胎接地面积，准确至 $0.1cm^2$。

④检查弯沉仪百分表测量灵敏情况。

⑤当在沥青路面上测定时，用路表温度计测定试验时气温及路表温度（一天中气温不断变化，应随时测定），并通过气象台了解前 5d 的平均气温（日最高气温与最低气温的平均值）。

（三）路面抗滑性能

路面抗滑性能是指车辆轮胎受到制动时沿表面滑移所产生的力。通常抗滑性能被看作是路面的表面特性，并用轮胎与路面间的摩阻系数来表示。表面特征包括路表面细构造和粗构造，影响抗滑性能的因素有路面表面特征、路面潮湿程度和行驶中的车辆因素（如速度、方向、轮胎的花纹种类、轮胎与路面的接触面积及轮胎的磨损程度）。

轮胎与路面之间的摩擦力大小除与车辆及气候因素有关外，最重要的就是与道路设计参数、路面材料及构造密切相关。

道路的设计参数如平、竖曲线及横坡均对轮胎与路面之间摩擦系数产生一定的影响。路面材料的微观构造指路面表面石料表面水平方向 0.5mm 以下，垂直方向 0.2mm 以下的表面纹理，不同类的石料在经过磨光后的摩擦力的大小有明显的差别，微观大的石料其抗滑能力愈好。在任何条件下，微观构造均对路面的抗滑性能均有一定的影响（在低速行车条件下，它的影响更为显著）。

1. 摆式仪测定路面抗滑值

用摆式摩擦系数测定仪（摆式仪）（图1-16）测定沥青路面及水泥混凝土路面的抗滑值，用以评定路面在潮湿状态下的抗滑能力。

（1）仪具与材料

①摆式仪：摆及摆的连接部分质量为（1500±30）g，摆动中心至摆的重心距离为410mm，测定时摆在路面上的滑动长度为（126±1）mm，摆上橡胶片端部距摆动中心的距离为508mm，橡胶片对路面的正向静压力为（22.2±0.5）N；

②橡胶片：当用于测定路面抗滑值时尺寸为 6.3mm×25.4mm×76.2mm，橡胶质量应符合上表的质量要求。当橡胶片使用后，端部在长度方向上磨耗超过 1.6mm 或边缘在宽度方向上磨耗超过 3.2mm，或有油类污染时，即应更换新橡

图1-16 摆式摩擦系数测定仪

胶片;

③标准量尺:长126mm;

④洒水壶;

⑤橡胶刮板;

⑥路面温度计:分度不大于1℃;

⑦其他:皮尺或钢卷尺、扫帚、粉笔等。

（2）方法与步骤

①仪器调平:将仪器置于路面测点上,并使摆的摆动方向与行车方向一致;转动底座上的调平螺栓,使水准泡居中。

②调零:放松上、下两个坚固把手,转动升降把手,使摆升高并能自由摆动,然后旋紧紧固把手;将摆向右运动,按下安装于悬臂上的释放开关,使摆上的卡环进入开关槽,放开释放开关,摆即处于水平释放位置,并把指针抬至与摆杆平行处;按下释放开关,使摆向左带动指针摆动,当摆达到最高位置后下落时,用左手将摆杆接住,此时指针应指零。若不指向零时,可稍旋紧或放松摆的调节螺母,重复本项操作,直至指针指零。调零允许误差为±1BPN。

（3）抗滑值的温度的修正

当路表温度为 T（℃）时测得的摆值为 F_{BT},必须按式换算成标准温度20℃的摆值 F_{B20},

$F_{B20} = F_{BT} + \Delta F$

式中: F_{B20} 为换算成标准温度20℃时的摆值（BPN）;

　　　F_{BT} 为路面温度 T 时测得的摆值（BTN）;

　　　T 为测定的路表潮湿状态下的温度,℃;

　　　ΔF 为温度修正值,按表1-3。

表1-3　温度修正值

温度 T / ℃	0	5	10	15	20	25	30	35	40
温度修正值 ΔF	-6	-4	-3	-1	0	+2	+3	+5	+7

2. 手工铺砂法测定路面构造深度的方法

路面材料的宏观构造指路面表层深度大于0.5mm的构造或称路面表面的凹陷与凸起,也称为表面构造深度,宏观构造主要反映了路面排水大小能力的大小,对临界水膜厚度有决定性的作用,因此宏观构造对高速行车,潮湿重要条件下的抗滑性起主要作用,其测定方法有手工铺砂、电动铺砂法及激光构造深度仪。具体是以路面的摩擦系数与构造深度来作为衡量指标。

（1）试验目的与适用范围

本方法适用于测定沥青路面及水泥混凝土路面表面构造深度,用以评定路面表面宏观粗糙程度、路面表面的排水性能及抗滑性能。

（2）仪具与材料

①量砂筒（图1-17）:一端是封闭的,容积为（25±0.15）mL,可通过称量砂筒中水质量以确定其容积 V,并调整其高度,使其容积符合规定要求。带一专门的刮尺将筒口量砂刮平。

②推平板（图1-17）:推平板应为木制或铝制,直径50mm,底面粘一层厚1.5mm的橡胶

片,上面有一圆柱把手。

③刮平尺:可用 30cm 钢板尺代替。

④量砂:足够数量的干燥洁净匀质砂,粒径 0.15~0.3mm。

⑤量尺:钢板尺、钢卷或采用已将直径换算成构造深度作为刻度单位的专用的构造深度尺。

⑥其他:装砂容量(小铲)、扫帚或毛刷、挡风板等。

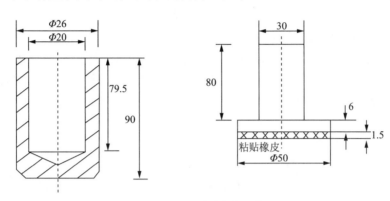

图 1-17　量砂筒与推平板

(3)计算

路面表面构造深度测定结果:

$$T_D = \frac{1000V}{\pi D^2/4} = \frac{31831}{D^2}$$

式中:T_D 为路表面的构造深度,mm;

　　　V 为砂的体积($25cm^3$);

　　　D 为摊平砂的平均直径,mm。

每一处均取 3 次路面构造深度的测定结果的平均值作为试验结果,准确至 0.1mm。并需要按照数理统计方法计算每一个评定区间路面构造深度的平均值、标准差、变异系数。

(四)桥梁检测

桥梁在长期的使用过程中不免会发生各种结构损伤。损伤的原因可能是人为因素,也可能是自然灾害。此外随着我国交通建设的迅速发展,交通运输量大幅度增加,行车密度及车辆载重越来越大,这也可能因为超载而造成桥梁结构的损伤继而加剧其自然老化。这些因素均导致了桥梁承载能力和耐久性的降低,甚至影响到运营的安全,由此而引起的一系列问题都需要相应的维修、改造和加固来解决,而这些工作又必须在对桥梁结构详细和系统的检测的基础上才能妥善进行。

1. 桥梁表观检查分析与评价

表观检查包括桥梁整体与局部构造几何尺寸的量测、结构病害的检查与量测等,表观检查的项目和要求对不同的桥型有不同的侧重点。表观检查要达到可以定量反映桥梁结构状况,依据相关规范评定桥梁技术等级的要求。结构资料的调查包括了解桥梁的原结构设计、施工工艺及过程以及桥梁的结构维修养护历史等。材料检测主要是指桥梁结构材料的无损或微损检测。对于钢筋混凝土桥梁来讲,主要是混凝土与钢筋的相关检测,包括混凝土的强度等级、碳化深度、与耐久性有关的含碱量和氯离子含量,以及钢筋的锈蚀状况、保护层厚度测试等。表观检查和材料检测技术及相关测试仪器设备发展很快,是桥梁无损检测的重点研究领域。测试仪器设备及相关技术研究在国外桥梁无损检测研究方面占有很大的比重,相继研制成功或正在研制融合电、磁、雷达、数字信号处理等相关学科的高技术成套测试仪器和设备。如用于桥面板检测的双频带红外线自动温度成像系统;用于桥面板检测的探地雷达成像系统;整桥测量的激光雷达;整桥测量的无线电脉冲发器等。

2. 桥梁承载力的静载检测法

静载试验检测法是按照特定的目的与方案将静止荷载作用于桥梁的特定位置,观测桥梁结构的静力应变、静力位移、裂缝的变化等参量,量测与桥梁结构性能相关的参数,并根据有关指标分析得出结构的强度、刚度及抗裂性能,从而判定桥梁结构的工作性能、使用能力。

(1)主要测试内容

①结构的竖向挠度、侧向挠度和扭转变形。每个跨度内至少有 3 个测点,并取得最大的挠度及变形值,同时观测支座下沉值。有时测试也为了验证所采用的计算理论,要实测控制截面的内力、挠度纵向和横向影响线。

②记录控制截面的应力分布,并取得最大值和偏载特性。沿截面高度不少于 5 个测点,包括上、下缘和截面突变处。有些结构需测试支点及附近、横隔板附近剪应力和主拉应力,此时需将应变计布成应变化。

③支座的伸缩、转角,支座的沉降;墩顶位移及转角。

④仔细观察是否已出现裂缝,出现初始裂缝时所加的荷载,仔细观察裂缝出现的位置、方向、长度、宽度及卸载后闭合情况。如果结构的控制截面变形、应力或裂缝扩展,在尚未加到预计最大试验荷载前,已提前达到或超过设计标准的允许值,应立即停止加载,同时注意观察裂缝扩展情况,撤离仪器和人员。

⑤仔细观察卸载后的残余变形。对于特殊结构而言,如悬索桥和斜拉桥,尚需观察索力和塔的变位并进行支座的测定。

(2)静载试验的理论分析计算

理论分析计算包括设计内力的计算与荷载效应的计算。设计内力的计算是根据设计图纸与设计荷载选择合理的计算图式,并按照结构分析法采用相关软件计算桥梁结构的设计内力;荷载效应的计算是依据设计内力的计算结果来确定加载的位置、等级及荷载作用下桥梁结构的反应大小的过程。在确定荷载大小、加载位置时,通常根据静载试验效率 η 进行调控,即:

$$\eta = \frac{S_t}{S_d(1 + \mu)}$$

式中:S_t 为试验荷载作用下受检测部位变形或内力的计算值;

S_d 为设计荷载作用下受检测部位变形或内力的计算值;

μ 为设计选用的冲击系数。

（3）加载方案设计

加载是静载试验的重要环节,包括加载设备、加载卸载程序及加载持续时间。其中常用的加载设备有车辆荷载加载、重物加载、加力架加载(图1-18)。加载卸载程序是指试验期间荷载同时间的关系,如加载速度的快慢、卸载的流程等。加载时间宜选在22时至次日6时之间,荷载持续时间不少于15 min,卸载后观测的间隔不少于30 min。

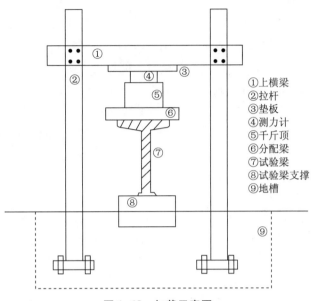

①上横梁
②拉杆
③垫板
④测力计
⑤千斤顶
⑥分配梁
⑦试验梁
⑧试验梁支撑
⑨地槽

图1-18 加载示意图

（4）实测资料整理中常用的几种数据

①测点应力: $\sigma = E \times \varepsilon$。

②常见应变化形式(见图19)。

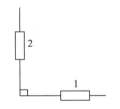 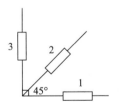 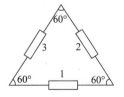

图1-19 应变花形式

③支点沉降影响的修正量计算:

$$\delta(x) = \frac{L - x}{L}a + \frac{x}{L}b$$

式中:$\delta(x)$ 为测点的支点沉降量影响修正量;

　　　L 为简支梁的跨度,mm;

　　　x 为挠度测点到A支点的距离,mm;

a 为支点 A 的沉降量,mm;

b 为支点 B 的沉降量,mm。

(5)试验主要成果与分析评价

依据静载试验的观测项目,将理论值、实测值、参考值进行比较,分析理论与实际的符合程度,判断桥梁的使用性能、承载能力。

3. 动载试验检测方法

动力荷载试验的目的在于研究桥梁结构的动力性能,该性能是判断桥梁运营状况和承载能力的重要标志之一。比如,动力系数是确定车辆荷载对桥梁动力作用的重要技术参数,直接影响到桥梁设计的安全与经济性能;桥梁过大的振动可引起乘客和行人的不舒适;桥梁自振频率处于某些范围时,可由外荷载引起共振的危险。这是以前动力检测的主要目的。

在特定动荷载作用下,结构振动特性和振动强度主要决定于结构自振特性,即结构的自振频率、振型和阻尼三要素。因此,桥梁振动测量主要是对结构自振特性的测量。除了个别用于人行或其他用途外,桥梁无时不受到来自行驶车辆的动力荷载。为了直接取得运营条件下桥梁的振动强度,在进行自振特性测量的同时,通常也进行运营条件下的跑车、跳车和刹车等受迫振动测量。

不同结构特性和不同检测项目,对测置仪器的性能有不同的要求,测量方法也不相同,为研究结构自振特性而进行结构模型试验,通常选用振动台或电磁激振激发型的振动,用小型加速度计检测模型多点振动加速度。这样可以获得理想的效果,大多数工程结的振动试验是原型结构振动测量,即现场振动测量,需要选用更适合的检测仪器和方法。

桥梁工程原型振动测量,一般采用脉动法、激振法、脉动法与激振法相结合的方法。

(1)脉动法测量

脉动法是利用结构脉动现象进行桥梁自振特性检测的一种有效方法,不需要激振设备,即可获得满意的结果。由于地壳的不规则运动,以及地震、风力、海潮和人类各种生产活动等影响,所以地表不断受到各种干扰力。这种杂乱无章的干扰力使地表无时不存在低振幅、宽频带的微弱振动。通常把这种接近"白噪声"的振动现象称为脉动现象。对应于脉动现象的各个频率称为脉动频率。当脉动频率与结构自振频率相同成相近时,信号破放大,桥梁产生较强烈的振动;相反,那些远离桥梁自振频率的脉动信号被抑制,仅引起桥梁极微弱的振动。因此,结构脉动条件下的振动信号可反映桥梁的自振特性。

必须指出,场地的"白噪声"性质是指在较长时间(几分钟至几十分种)内场地存在多种频率的振动,因而,可检测到结构的多个自振频率。因所受到的扰动频率不同,脉动测量只有通过多次取样,才可以获得桥梁多个自振频率。

合理的检测分析方法是得到理想检测效果不可忽视的关键。脉动测量中,通常利用"拍"的现象得到结构自振频率。若对振动过程曲线做频谱分析,则可同时获得若干个自振频率。"振型判别法"是分析结构脉动测量的好方法,它是指同时刻检测多个点的振动,根据各点的振动频率和相位判定是否为结构自振频率及自振频率阶数的方法。当桥梁产生对于某阶段自振频率的振动时,结构是整体振动,各测点振动相位必然与相应的振型吻合。这时可根据振型节点数判定自振频率的阶数。如果测点的振幅和相位缺乏规律性,则可以断定该频率为干扰振动。如果自振板频率测量时只在桥面布设一个测点,则难以判别振动信号的属性。有时可能把干扰信号当作自振频率，或把高阶自振板频率当作基频振动，甚至把自振频信号当成环境干扰。

（2）激振法测量

桥梁所在场地有时并不完全具备"白噪声"性质，尤其是人口密度大、机电设备多的城镇附近。有时场地附近因机械振动而产生一个或多个振动强度较大的振动频率，如果检测仪器不具备良好的滤波和带通性能，将影响检测数据的可靠性，甚至使得检测工作无法进行。这时可以采用激振法进行振动测量，激振法是用外力激发桥梁较强烈的振动，因而可以检测到脉动法无法得到的振动。

用于桥梁振动测量的激振方法有多种，根据不同的需要，可采用不同的激振法。

在桥梁抗风和抗震设计中，需要水平向自振特性，必须施加水平力激振。这时可用小火箭筒或突然卸载等激振方法。激振的部位为对应较大值处。

桥梁运营时以及在近地震作用下主要表现为竖向振动，因此，桥梁动力设计和质量检验中需要获得结构竖向自振特性，必须采用竖向力激振。最常用的方法是以行驶着的汽车进行激振，可以较方便地获得竖向振动。同时，因为桥梁经常受行驶汽车的动力荷载，而这些荷载难以用数学模式表示，所以，桥梁振动试验中，也同时进行接近桥梁实际营运条件下的跑车试验、跳车试验和刹车试验，以便直接获得桥梁在接近运营条件下的振动强度，这是桥梁动荷载试验中不可缺少的项目。对于中小型新梁，主要表现为基频振动，对于特大跨度桥梁，由于结构自振频率较低，桥梁位移振幅较大，高阶频率对桥梁振动有较大的"贡献"，所以只要仪器性能良好，一般可以检测若干个高阶自振频率及相应振型，但若仪器低频特性较差，则容易漏测若干个低阶自振频率。

4. 桥梁检测技术的发展趋势

（1）桥梁无损伤检测技术

传统的桥梁检测方法主要依赖于动静载试验和检测人员的现场目测，辅以混凝土硬度实验、超声波探测、腐蚀作用实验等多种检测手段。进入 20 世纪 90 年代，随着现代传感与通信技术的发展，无损检测技术更是出现了前所未有的发展势态，先后涌现出一大批新的检测方法和检测手段，使无损检测技术向着智能化、快速化、系统化的方向发展。近年来，致力于桥梁检测的研究人员提出了许多成功的方法对桥梁进行非破坏性评估。一些新的方法被广泛应用于桥梁检测，如利用相干激光雷达测试桥梁下部结构的挠度，利用全息干涉仪和激光斑纹测量桥体表面的变形状态，利用双波长远红外成像检测桥梁混凝土层的损伤，利用磁漏摄动检测钢索、钢梁和混凝土内部的钢筋等。随着振动实验模态分析技术的发展，运用振动测试数据进行结构动力模型修正理论得到了充分的发展，为桥梁结构的安全检测开辟了新的途径。基于振动模态分析技术，人们研究发现结构的动力响应是整体状态的一种度量，当结构的质量、刚度和阻尼特性发生变化时，选用结构振动模态作为权数，对结构损伤前后的模态变化量进行加权处理，从而实现对单元损伤的识别和有效定位。

（2）桥梁结构损伤识别技术

①小波分析损伤识别法

由于小波分析适合分析非平稳信号，因此可作为损伤识别中信号处理的较理想的工具，用它来构造损伤识别中所需的特征因子，或直接提取对损伤有用的信息。小波分析在损伤识别中的应用是多方面的,如:奇异信号检测、信噪分离、频带分析等。

②神经网络损伤识别法

神经网络在损伤识别中的基本思路是:首先,用无损伤系统的振动测量数据来构造网络,用适当的学习方法确定网络的参数;然后,将系统的输入数据送入网络,网络就有对应的输出,如果输入过程是成功的,当系统特性无变化时,系统的输出和网络的输出应该吻合;相反,当系统有损伤时,系统的输出和网络的输出就有一个差异,这个差异就是损伤的一种测度。

通过对桥梁进行检测可以得知桥梁的运营状态,确保其安全使用。传统检测方法在精度和简便性等方面有所不足。随着计算机和科学技术的快速发展,人工智能将广泛地运用在各类桥梁结构的检测试验和分析上。同时,学科交叉现象日益普遍,一些高新技术的最新研究成果应用于桥梁无损检测技术的研究,必将推动桥梁检测技术的飞速发展。

③桥梁结构模态

结构损失的发生必然导致结构参数(刚度、阻尼和内部荷载)的改变。如果恰当地估计这些变化,就能给结构损伤状态的评估提供一个量化的方法。利用振动方法对桥梁进行损伤检测的基础是从桥梁振动模态的变化中能够估计出桥梁结构参数的变化。桥梁振动模态通常可用常规的试验模态分析测试方法得到。在桥梁的不同位置布置测点,通过结构损伤前后由这些测点记录的信息可提取出桥梁振动模态特性参数的变化,以此来确定结构损伤发生的位置、大小及结构损伤的类型。

三、地下工程检测

随着我国经济社会的高速发展,大规模的地下空间工程建设的时代已经到来,目前,我国有40余城市在建或筹建地铁和轻轨等城市轨道交通设施,大规模、高速度地开发建设,必然涉及到高风险,这正是工程项目建设过程中不可回避的问题。地下工程施工是在地层内部进行,施工不可避免扰动地层,引起的地层变形会导致地表建筑和既有的管线设施破坏。因此,地铁隧道施工要考虑对城市环境的影响。隧道施工引起的地层变形,特别是在地面建筑设施密集、交通繁忙、地下水丰富的城市中进行地铁隧道施工,对于地铁开挖过程引起地层的力学响应在时间和空间上的规律,不同施工方法的不同力学响应可以通过施工监测实现,并及时预测地层变形的发展,反馈施工,控制地下工程施工对环境的影响程度。已有大量的文献和工程事实表明,隧道及地下工程涉及众多的不确定性和不确知性,其在建设阶段存在着很大和众多的技术风险。建立风险管理制度,对拟建和在建的城市地下工程项目进行定性、定量的风险识别、风险检测、风险评估、风险决策和风险跟踪控制,进行地下工程动态监控管理体系就显得尤为突出重要,对国民经济建设有着举足轻重的作用。

1. 地表沉降

地铁区间浅埋暗挖法施工隧道开挖后,地层中的应力扰动区延伸至地表,围岩力学形态的变化在很大程度上反映于地表沉降,且地表沉降可以反映隧道开挖过程中围岩变形的全过程。尤其是对于城市地下工程,若在其附近地表有建筑物时就必须对地表沉降情况进行严格的监测和控制,保证施工安全。

(1)基点埋设。首先,基点应埋设在沉降影响范围以外的稳定区域内;其次,应埋设至少两个基点,以便基点互相校核;基点的埋设要牢固可靠,采用标准地表桩,必须将其埋入原状土,并做好井圈和井盖。在坚硬的道面上埋设地表桩,应凿出道面和路基,将地表桩埋入原状土,或钻孔打入 1m 以上的螺纹钢筋做地表观测桩,并同时打入保护钢管套(图 1-20)。基点应和附近水准点联测取得原始高程,基点应埋设在视野开阔的地方,以利于观测。

(2)测点布置与埋设。区间地面及道路沉降测点分别布置在两条隧道中线上,测点间距 10m,并相隔每 100m 左右设一个主观观测断面。沉降测点的埋设时先用冲击钻在地表钻孔,然后放入沉降测点,测点采用 $\phi 20 \sim 30mm$,长 $200 \sim 300mm$ 半圆头钢筋制成。测点四周用水泥砂浆填实,并在地表做保护井(图 1-21)。

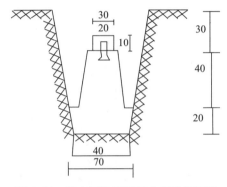

图 1-20　地表沉降观测基点埋设示意图

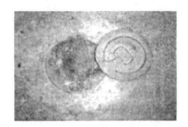

图 1-21　地表沉降的规范测点

(3)沉降值计算。地表监测基点为标准水准点(高程已知),监测时通过测得各测点与水准点(基点)的高程差 ΔH,可得到各监测点的标准高程 Δh_t,然后与上次测得高程进行比较,差值 Δh 即为该测点的沉降值。即:

$$\Delta H_t(1,2) = \Delta h_t(1) - \Delta h_t(2)$$

式中, ΔH_t, Δh_t 中的 t 为某一时刻的测量。

2. 隧道拱顶变形

监测暗挖施工时隧道初期支护结构拱顶变形状况,分析数据、总结规律,以便施工顺利、安全进行。

沿区间隧道纵向间距 10m 埋设一个拱顶沉降测点,材料选用 $\phi 22mm$ 螺纹钢,埋设或焊接在拱顶,外露长度 5cm,外露部分应打磨光滑,以减少与尺面接触不均匀的误差,用红油漆标记统一编号。

3. 隧道收敛变形

隧道净空收敛监测是隧道施工中一项必不可少的监测内容。由于地下工程自身固有的错综复杂性和变异性质,传统的设计方法仅凭力学分析和强度验算难以全面、适时地反映出各种情况下支护系统的受力变化情况。围岩应力及环境条件发生变化,周边围岩及支护随之产生位移,该位移是围岩和支护力学行为变化最直接的综合反映。因此,隧道围岩位移观测具有十分重要的作用。

第二节　土木工程检测意义

质量是工程的"生命",试验检测是工程质量的重要组成部分,土木工程检测涉及工程建设的每一个环节,严格又精确的质量安全检测是确保工程质量安全的基础,对工程的使用及养护都具有非常重要的意义。试验检测是进行公路、铁路、水运工程质量检测的一种有效手段,直接关系到交通工程建设质量,目前是全国交通基本设施建设全面推进的重要阶段,试验检测工作任重道远,在充满机遇和挑战的竞争中,开拓进取,全面提升我国交通工程试验检测水平。

一、原材料安全

原材料是土木工程的"骨骼",只有完全符合设计要求及质量要求的原材料才能保证土木工程整体质量的安全。工程建设原材料分为主要材料和次要材料,主要材料是指品种相对少,消耗量比较大,且占工程造价比重高的一些建筑材料。如钢材、木材、水泥、玻璃、沥青、地材、混凝土和工厂制品,包括各专业定额的专用材料。次要材料是指品种相对多、单耗并不大,且占工程造价比重小的一些建筑材料。如元钉、铁丝、螺栓、焊锡、焊条等。通常所说的土木工程材料主要是钢材、水泥、公路路面沥青等基础材料。随着现在新的科技的产生,出现了很多用于土木工程建设的新材料,这些材料能有效改善工程常规材料的强度,使用不同的工程类型及建设需求,保证工程建设安全及工程质量安全。

任何土木工程的建设,都有工程的使用目的,根据使用目的及使用年限的不同,土木工程在设计及施工过程中,都有相应的设计参数及标准,这些结构及材料的设计要求,是保证工程建设安全及运营安全的基础,用于工程建设的原材料的质量必须符合相应的设计标准,才能确保工程的质量及使用安全。因此,必须按照工程设计标准进行原材料的检测,确保原材料的质量符合工程要求。

二、保证施工安全

一个完整的工程建设,施工安全非常重要,在施工工程中,地基、桩基、边坡等这些工程的标准是确保后期工程安全施工的前提,对施工过程的每一步都要进行检测,确保施工的每一步都符合设计要求,才能保障安全施工。

(一)施工现场材料检测

施工现场必须对建筑工程中采用的主要材料、半成品、成品、建筑构配件、器具和设备进行验收,包括资料核对、其外观及数量核查、品质检查、抽样送检等内容,并填写相关记录。现场材料员必须对进场材料进行外观质量检测,并由项目部经理或项目主管工程师组织有关人员对主要材料进行复验;凡需复检的材料,在使用前必须由实验员进行抽查、复验,证明合格后才能使用,并填写相关记录。

凡涉及安全、功能的有关产品,应按各专业工程质量验收规范规定进行复验,若因材料质量问题而影响工程的质量,将追究采购者及验收人员的经济和法律责任。凡用于施工的原材料、材料、构配件、零配件和设备等物资,均需要有出场证明、产品合格证或质量保证书,无证不得验收使用,并立即上报有关部门处理。

混凝土构件、木构件等运到施工现场后,应逐件检查外观,并按规定进行结构性能抽检。如果有问题应及时处理,必要时还应邀请设计单位、科研机构共同研究。

(二)施工试验检测

施工试验是质量控制的重要手段,实施时要注意技术条件、试验程序及第三方见证等规定,并保证其统一性和公正性。施工现场使用的计量器具和试验设备必须按规定要求定期校准或送检,其安置也应符合规定。

涉及安全、功能的有关产品,应按各专业工程质量验收规范规定进行复验;而涉及结构安全的试块、试件以及有关材料,应按规定进行见证取样检测。涉及结构安全的试块、试件以及有关材料,见证取样和送检的比例不得低于有关标准中规定应取样数量的30%。

试验人员应遵照相关规定及要求,进行试验工作,对使用材料和构件不合格或与原试验品种不符合或有疑虑的,均应拒绝使用或提出复试要求。为了确保混凝土试块的制作养护质量,要求建筑工程的施工现场必须设置标准养护室或标养设备。在施工现场配置的各种材料,如:混凝土、砂浆等,必须按试验机构确定的配合比和操作方法进行配制和施工,并保证计量准确、可靠。

初次采用的新材料或特殊材料、代用材料必须经过试验、试制和鉴定,经有关单位认可后方可使用。涉及结构安全的试块、试件和材料应贴封或由见证人员和取样人员共同送检以保证送样真实有效。

施工现场试验和检验报告填写项目应齐全,数据应可靠,不得有不清或涂改。

(三)施工过程检(监)测

土木工程都是结构复杂的构筑物,每一个施工环节及质量,都是保证后续工程质量的安全。

在施工过程中,地基基础工程作为土木工程施工的起始工作,需要格外注意。而且前期的基坑工程是整个土木工程中最重要的基础和根基,质量检测必须从地基工程开始,地基处理的质量检测涉及上部建筑物或构筑物的整体质量,在施工过程中必须利用不同的方法对不同种类的地基进行质量检(监)测。另外桥梁工程的基础及桥墩质量,隧道工程的支护等质量,道路工程的路基等质量的基础工程施工必须进行及时的监测,只有在每一步都安全的情况下,才能保证整体工程的安全。在施工过程中必须对工程建设的每一个步骤进行检测,确保每一个步骤都符合质量安全标准。

土木工程施工监测,特别是对地下工程的施工监测,更是保证施工安全的主要措施。预测施工引起的地表变形,根据地表变形的发展趋势决定是否采取保护措施,并为确定经济、合理的保护措施提供依据。验证支护结构设计,指导施工,地下结构设计中采用的设计原理与现场实测的结构受力、变形情况往往有一定的差异,因此,施工中及时的监测信息反馈对于设计方案的完善和修正有很大的帮助。总结工程经验,提高设计、施工技术水平,地下工程施工中结构及周边环境的受力、变形资料对于设计、施工总结经验都有很大帮助。

三、保证工程质量安全

工程竣工以后的全面检测,是确保工程整体质量的关键步骤。整体工程质量检测涉及内容很多,对涉及混凝土结构安全的重要部位应进行结构实体检验。结构实体检测的目的是结构工程验收的重要依据。作为一种重要的印证式检测,结构实体检测的结果能真实地反映出结构实体的质量状况,其结果能对施工企业留取的混凝土标准养护试块和同条件试块进行比对印证。避免了混凝土试块资料和实体质量状况的较大差异和不真实性。在部分工程中,这种差异的存在,通过较全面的检测和验证,便可消除结构质量安全隐患。

结构实体检验的内容应包括混凝土强度、钢筋保护层厚度及其他项目,必要时可检验其他项目如楼板厚度、楼层净高、钢筋位置、数量,轴线间距等,承重墙砌体结构中砌筑砂浆强度、钢结构中焊缝质量也是主体结构检测的内容。

工程结构中桩基检测,试桩数量通常由设计确定,需检测桩的极限承载力值(通常说的压至破坏)。静压垂直承载力检测时,按规范的 1%(且不少于 3 根),在工程桩的检测中,一般压够承载力后即可停止试验,同时,进行小应变试验,检测桩身质量完整性。根据总桩数,对设计等级为甲级或地质条件复杂,成桩质量可靠性低的灌注桩,抽检数量不应少于总数的30%,且不应少于 20 根;其他桩基工程的抽检数量不应少于总数的 20%,且不应少于 10 根;对混凝土预制桩及地下水位以上且终孔后经过核验的灌注桩,检验数量不应少于总桩数的10%,且不得少于 10 根。

基坑监测要求开挖深度大于等于 5m 或开挖深度小于 5m,但现场地质情况和周围环境较复杂的基坑工程以及其他需要监测的基坑工程应实施基坑工程监测,以确保整体工程质量。

对工程竣工后的质量进行检测,是确保工程能安全运营或使用的最后一个环节,很多工程项目施工步骤非常复杂,而且每一步都会影响到工程质量安全,工程质量监督报告与工程竣工验收报告是决定工程能否备案的关键材料,它为工程竣工验收报告提供了可靠依据和质量保证。

四、确保工程运营养护安全

土木工程构筑物或建筑物最主要的目的就是为人所用,发挥它的作用。在工程运营过程当中,影响工程结构安全的因素复杂多样,所以必须对工程进行检测,确保工程运营安全。工程设计参数、施工质量控制、施工验收评定等检测结果是养护决策的依据;运营过程中的土木工程监测包括工程信息变化参数检测及工程病害预警分析,为后续的工程养护方案提供科学依据。

监测是工程病害预警的前提,主要是对工程结构薄弱环节、重要环节及运营过程中的工程变化进行全方位、全过程的监测,通过对大量的监测信息进行处理(整理、分类、存储、传输)并建立信息档案。通过对前后数据、实时数据的收集、整理、分析、存储和比较,建立工程变化信息或病害预警档案,将监测信息及时、准确地运用到下一病害预警环节,运用评价指标对监测信息进行分析,以识别生产活动中各类事故征兆、事故诱因,以及将要发生的事故活动趋势。

对已被识别的各种事故现象,进行成因过程的分析和发展趋势预测。判断工程病害诸多致灾因素中危险性最高、危险程度最严重的主要因素,并对其成因进行分析,对发展过程及可能的发展趋势进行准确定量的描述。对已被确认的主要事故征兆进行描述性评价,以明确工程运营活动在这些事故征兆现象冲击下会遭受什么样的危害,及时判断工程运营所处状态是正常、警戒,还是危险、极度危险、危机状态,并把握其发展趋势,在必要时准确报警。

第三节　土木工程检测现状

目前我国的土木工程结构检测技术还处于一个不断发展的阶段,在混凝土结构、砌体结构和钢结构的检测技术上还有很大提升空间。针对这些结构检测技术进行研究,能够拓展整个土木工程检测技术的发展空间。土木工程检测技术的不断改进和优化,能够为整个土木工程建设领域带来很大的影响,能够更好地保障整个工程的建设质量符合社会的发展要求。

一、工程安全事故多发

2003年7月1日,上海地铁4号线浦西联络通道发生特大涌水事故。大量流砂涌入隧道,引起隧道部分结构损坏,周边地区地面沉降严重,导致黄浦江大堤沉降并断裂,周边建筑物倾斜、倒塌,对周围环境造成严重破坏。

2004年9月25日,广州地铁2号线延长段琶洲塔至琶洲区间工地基坑旁的地下自来水管被运泥重型工程车压破爆裂,大量自来水注入基坑并引发大面积塌方,塌方面积超过400m²,此事故导致琶洲村和教师新村数千居民近8h处于停水状态。

2006年1月3日,北京东三环路京广桥东南角辅路污水管线发生漏水断裂事故,污水大量灌入地铁10号线正在施工的隧道区间内,导致京广桥附近三环路南向北方向部分主辅路坍塌,车辆被迫绕行,虽未有人员伤亡,但造成了重大经济损失和恶劣的社会影响。

2007年2月5日,江苏南京牌楼巷与汉中路交叉路口北侧,南京地铁2号线施工造成天然气管道断裂爆炸,导致附近5000多户居民停水、停电、停气,金鹏大厦被爆燃的火苗"袭击",8楼以下很多窗户和室外空调机被炸坏。

2007年11月29日,北京西大望路地下通道施工发生塌方,导致西大望路由南向北方向主路4条车道全部塌陷,主辅路隔离带和部分辅路也发生塌陷,坍塌面积约100m²,此事故虽未造成人员伤亡,但导致该路段断路,交通严重拥堵。

以上几起事故仅仅是中国城市地下工程建设事故的缩影,实际发生事故的数量是惊人的,其中造成巨大经济损失、引起严重社会影响的例子不胜枚举,这使我们深刻认识到在城市地下工程建设中面临着巨大的挑战。

二、目前工程检测技术

目前的工程检测、监测问题,无论从主观上还是客观上,都存在引发工程质量病害的可能性,主要原因有以下几个方面。

1. 检测仪器设备精度

用于工程检测仪器五花八门,虽然其工作原理几乎一样,但是检测精度差别较大,仪器的参数设置也不尽相同,所以导致检测人员在使用的过程中容易犯经验性错误,导致检测精度相差较大,甚至出现错误的检测数据。

针对不同的工程病害,检测仪器完全不同,比如针对混凝土裂缝,裂缝的长度、宽度或深度都是影响混凝土结构安全的因素,要求检测仪器必须能精确地检测到裂缝的长度、宽度及深度等数据,才能较为准确地判断工程病害的可能性及养护措施,如果检测精度不够,随着混凝土的使用,其病害问题会越来越严重,从而引发工程质量灾害。

2. 检测人员技术水平

目前,土木工程检测的工作还是需要检测技术人员完成,这就无形的增加了检测的主观性,其检测数据量及检测质量不但与检测技术人员的技术能力、责任心有关,同时还与检测工期有关,紧工期下检测人员容易偷工减料,减少采集数量,提高检测工期等。

检测人员的技术能力不但与理论水平有关,更重要的是与实践经验有关,工程的检测量,工程的病害部位的判断,都是检测工程病害的关键,由于检测施工人员技术能力的参差不齐,对同一个工程的检测也会出现不同的结果,因此对工程质量的判断就会出现差错,检测次数的积累,就无法准确地判断工程病害。

3. 检测数据局限性

工程质量的安全性是一个非常严谨的系统,工程原材料的质量、施工过程、结构可靠性、环境因素、工程运营养护等都会影响工程质量,任何一个环节的质量安全,都会影响到最终工程质量安全。

工程中每一个环节的数据信息变化均是工程整体质量变化的响应,这些信息数据也是预测工程质量安全的最重要的资料,目前的传统检测数据量有限,无法做到实时对工程信息变化进行监测,不能及时通过数据的变化而对工程病害提前作出预判,也无法有针对性的对工程病害部位进行加固或氧化,从而导致工程质量多发,为人民的生命财产带来危害。

三、无损-智能化趋势

1. 完善损伤判别的指标,提高检测正确性

现有的土木工程结构检测技术在损伤指标的判别上已经形成了科学系统的体系,在主要检测参数的设置和分类上也取得了很大的进步。但是,国内土木工程结构检测技术和国外的相比还存在一定的问题,需要对损伤判别的指标进行不断地完善,以提高整个结构检测的全面性和正确性。在选择特征量方面,通常都利用一些在损伤情况时结构中的一些变化参数来进行诊断的,这些特征量能够反映出整个土木工程结构中的抗压、抗剪以及材料的结合力等变化情况,进而通过这些指标的综合分析来诊断结构内部是否出现了裂缝或者空洞。随着我国土木工程建设技术的不断进步,在质量方面的要求也逐步提高,整个检测技术应该围绕着工程建设的质量要求来进行改进,在损伤判别的指标选定和完善上面,要进行不断地完善,最终满足整个土木工程的建设要求,提高检测技术的科学性、准确性。

2. 优化传感器的布置,提高检测的可靠度

传感器的数量、位置和类型对整个土木工程的检测技术起到了决定性的作用。随着土

木工程建设的复杂性与日俱增,在结构检测的诊断过程中对传感器的优化工作也提出了新的要求。在今后的土木工程结构检测技术的发展过程中,传感器的布置应该得到有效的优化,进而提高整个检测技术的可靠性。传感器的优化应该在结构总体分析的模型基础之上,利用广义的遗传算法来进行,从而确定传感器的优化布置工作。另外,在传感器的数量布置上,也应该进行科学的优化,利用噪声信号系统的正确运作来实现信息的最有采集工作,将优先的传感器数量设置进行最佳的合理安排,进而实现传感器优化布置。在今后的发展过程中,土木工程结构检测技术在传感器的优化布置上应该投入更多的精力,实现检测技术的精良应用。

3. 非线性诊断技术的应用,满足实际情况

土木工程的结构大体上都是非线性结构,在检测技术的应用上应该结合整个结构的非线性特点进行非线性诊断技术的应用,从而体现整个结构检测技术的科学性。虽然目前在土木工程结构检测技术中非线性诊断技术的应用存在一定的困难,相较于线性诊断而言,这种技术更加需要复杂的计算算法和技术操作,但是非线性诊断技术更加贴近实际。在今后的结构检测技术发展中,非线性技术的研究和应用应该成为一个重点,考虑到遗传算法、小波分析和神经网络在非线性分析和数据处理上所具有的优势,在结构损伤的辨识上面非线性结构诊断技术有着很大发展空间和前景。非线性结构检测技术在发展中应该不断针对土木工程的建筑结构作出调整和优化,改进和完善整个非线性结构诊断技术的应用。

第二章　土木工程无损检测常用原理

目前，基于现代检测技术的无损伤检测方法已应用到土木工程检测领域中。这种方法整体上可分为两类：即静态检测方法和动态检测方法。其中静态检测方法有射线检测法、超声波检测法、声发射检测法、雷达波检测法、红外检测法等。而动态检测方法主要是基于结构振动的损伤识别方法。

第一节　X射线检测原理

X射线是1895年由德国物理学家伦琴发现的，又称为伦琴射线，也是19世界末20世纪初物理学的三大发明之一。X射线是一种波长介于紫外线与γ射线之间的电磁波。X射线或γ射线以及中子射线易于穿透物体，且在穿透过程中受到吸收和散射而衰减的性质，在感光材料中获取材料内部结构和缺陷相对应的投射相片，从而检测出物体内部的缺陷情况。X射线检测在工程无损检测中的应用非常广泛，它不破坏构件的完整性，又能有效地对构件安全参数进行检测。

一、X射线产生

X射线的产生方法中最简单、最常用的是用加速后的电子撞击金属靶。产生X射线的主要部件是X射线管、变压器和操作台。目前常用的X射线主要由X射线管产生，X射线管是一种具有阴、阳两极的真空管，其中阴极用钨丝制成，阳极（俗称靶极）用高熔点金属制成，X射线管结构如图2-1所示。变压器为提供X射线管灯丝电源和高电压而设置，一般前者仅需12V以下电压，为一降压变压器，后者需40~150kV（常用为45~90kV）为一升压变压器。操作台主要为调节电压、电流和曝光时间而设置，包括电压表、电流表、时计、调节旋钮和开关等，X射线的产生原理如图2-2所示。

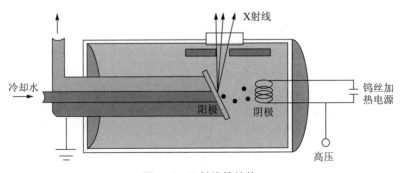

图2-1　X射线管结构

电源接通后会有大量的热电子束从被加热到白炽状态的钨丝端射出,射出后的热电子经过几万伏至几十万伏的高压加速,从阴极飞向阳极,高速的电子束撞击靶极,电子的速度急降,动能几乎全部损失,但是电子的大部分动能都转换成了热能,只有很小的一部分变成了 X 射线从阳极发出,形成 X 射线光谱的连续部分,称之为制动辐射。通过加大加速电压,电子携带的能量增大,则有可能将金属原子的内层电子撞出。于是内层形成空穴,外层电子跃迁回内层填补空穴,同时放出波长在 0.1nm 左右的光子。由于外层电子跃迁放出的能量是量子化的,所以放出的光子的波长也集中在某些部分,形成了 X 光谱中的特征线,此称为特性辐射。由于撞击后的电子动能大部分都转化成了热能,所以工作中的 X 射线管必须进行冷却,避免阴极温度过高而融化。

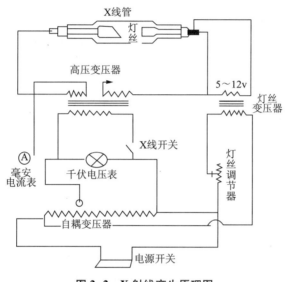

图 2-2　X 射线产生原理图

二、X 射线与物质的相互作用

1. 衰减特性

X 射线具有很强的穿透性,能够穿透很多可见光照不能透射的物质,例如塑料、纸、木材等。在 X 射线射入并透射物质的同时,不可避免的与物质发生一定的作用,这种相互作用实际上是入射 X 射线的光子与被透射物质的原子之间的相互关系,并且这种相互关系是单次的随机事件。就入射光子束中的某个辐射光子而言,它们穿透物质时只有两种可能:一种在与物质发生作用后光子丢失自身的全部能量进而转化为其他形式的能量,被称为光子的吸收;另一种情况是入射光子的能量只有部分丢失,之后光子沿着与入射光子不同的方向射出,这种情况称为光子的散射。当 X 射线透射物质时,无论是发生光子的吸收还是光子的散射,都会伴随光子数的减少,透射过的 X 射线强度必然会降低,这种现象被称为 X 射线的衰减特性。X 射线强度的改变与物质的材料、密度、厚度等因素相关。

常用的 X 射线主要有两种:一种是仅仅具有一种波长或者单一能量光子的单能 X 射线,另外一种是具有不同波长或者不同能量的光子的多能 X 射线。在理论上使用单能的 X

射线源检测物质是非常理想的,能够更准确地测量物质的特征值。但在实际的工业检测中,获得单能 X 射线是比较困难的,实际产生的射线中不可能仅仅是单一波长的 X 射线,大多数为多能 X 射线。多能射线由不同能量的光子组成,对于光子能量的变化,射线的衰减系数是变化的,在穿透材料时不同能量光子具有不同的衰减系数。

为了使 X 射线的应用更理想化,尽量获取单能 X 射线。但在获取单能 X 射线的过程中,全部单能 X 射线是很难获得的,大部分为部分单能 X 射线。研究表明,透射后的射线强度与衰减系数(μ)和物质厚度(x)成正比。设入射射线强度为 I_0,透射后的射线强度为 I,可得透射后的 X 射线强度公式为:

$$I = I_0 \times e^{-\mu x} \tag{1}$$

式中:μ 为衰减系数,等于散射系数(ζ)和吸收系数(τ)的和。但实践证明,平常散射系数要比吸收系数小的多,可以忽略不计,因此衰减系数就等于吸收系数。设 ζ 为原子的截面面积,n 为单位体积内的原子数,所以可得 $\mu = \zeta \times n$,其中单位体积内原子数 n 又可表示为:

$$n = \frac{L\rho}{A} \tag{2}$$

式中:L 为阿伏加德罗常数, $L \approx 6.022 \times 10^{23} \mathrm{mol}^{-1}$;$\rho$ 为物质密度;A 为原子的摩尔质量。

$$\mu = \sigma \frac{L\rho}{A} \tag{3}$$

则 X 射线强度衰减公式为:

$$I = I_0 \times \frac{-L\rho}{A}ax \tag{4}$$

2. 物理效应

X 射线照射物质时,主要发生光电效应、电子对效应、康普顿散射、瑞利散射这几种常见的物理效应,在发生光电效应的同时,可能会伴随俄歇电子的产生。入射 X 射线与物质相互作用如图 2-3 所示。

(1)光电效应

透射 X 射线强度衰减的多少与入射 X 射线的能量强度有关,当 X 射线处在低能区域时(通常为 1~100kV),光电效应起主要作用,此效应为当入射光子照射到物体上时,与原子作用逐出电子时候发生的,但是光电效应不能是入射光子与原子核外的自由电子发生的,必须是由入射光子与原子核内层电子相互作用产生。当入射光子的能量等于或大于原子核内层束缚能级时,入射光子与原子核内层电子相互作用,自身的能量全部消失,电子获得能量后,逃离原子核的束缚,以自由电子的形态射出,该光电子被称为光电子,光电效应由此产生,并伴随有特征 X 射线和俄歇电子的产生。光电效应产生的光

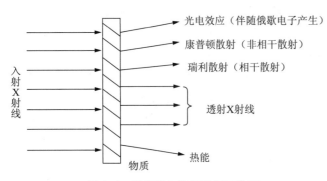

图 2-3 X 射线与物质的相互作用

电子,其发射方向与入射光子能量大小相关;当入射光子能量较低时,光电子主要在与入射光子方向垂直的方向,随着入射光子能量的增大,光电子的发射方向逐渐倾向于入射光子方向。

光电效应的横截面积(ζ_{pe})由吸收物质的属性和 X 射线光子能量决定。ζ_{pe} 随着物质的原子序数(Z)和有效原子序数(Z_{eff})的增大而增大,同时也随着入射 X 射线波长(λ)的增大而增大,可用式(5)表示:

$$\zeta_{pe} \propto Z, Z_{eff}, \lambda \tag{5}$$

当光电效应发生时,由于原子核内层的电子被释放,该层电子出现空缺,使得原子处于不稳定状态,这样就要由其他能级层的电子来填充,使原子重新回到稳定状态。在电子跃迁的过程中,伴随着一个重要特征,即荧光辐射,产生荧光 X 射线。在电子跃迁的过程中,可能存在另一种情况的发生,当较高能级层的电子填充空缺时,由于需要填充的电子能量低于填充电子的能量,在电子空缺填充完成后,多余部分的能量必然被释放,这些能量激发更外层的电子,使外层电子被激活,成为自由电子,这种现象被成为俄歇效应,产生的电子也就被成为俄歇电子。光电效应的全过程如图 2-4 所示。

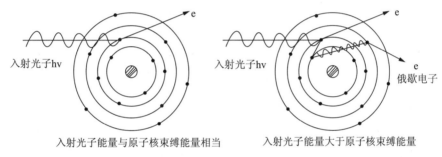

图 2-4　光电效应

(2)康普顿散射

在 X 射线通过物质散射时,散射线中除有与入射 X 射线波长相同的散射线外,还有比入射射线波长更长的射线。其波长的改变量与散射角 θ 有关,而与入射射线波长 λ_0 及散射物质均无关。

若记入射 X 射线的波长为 λ_0,康普顿散射后的波长为 λ,则波长的改变量($\Delta\lambda = \lambda - \lambda_0$),经康普顿散射后,随着散射角 θ 的增大而增大,散射物质的原子量越大,散射光中波长变长的散射线强度越小;原子量越小,散射光中波长变长的散射线强度越大。在原子序数大的原子中,内层电子占电子总数的比例大,光子被它们散射的几率大,因此,原子量大的散射物质,其康普顿效应越不明显,原子量越小的散射物质,其康普顿效应越明显。

康普顿散射可在两种情况下发生,其一是入射光子与被照物质原子的外层电子相互作用,由于外层电子质量比入射光子质量大得多,发生碰撞后,入射光子的能量基本不变,所以散射光子的波长不会改变,这部分散射光即是与入射射线波长相同部分的散射射线;另一种情况是入射光子与外层的自由电子相互作用,X 射线设为一些 $\varepsilon = h\nu$ 的光子,与自由电子发生完全弹性碰撞,电子获得一部分能量,散射的光子能量减小,频率减小,波长变长。由能量守恒和动量守恒定律可得以下两式:

$$hv_0 + m_0c^2 = hv + mc^2$$

$$\frac{hv_0}{c}e_0^\omega = \frac{hv}{c}e^\omega + mv^\omega \tag{6}$$

式中：h 为普朗克常量，c 为光速。

由以上两式经计算可得康普顿散射公式(7)和康普顿散射波长公式(8)：

$$\Delta\lambda = \frac{h}{m_0c}(1 - \cos\theta) = \frac{2h}{m_0c}\sin^2\frac{\theta}{2} \tag{7}$$

$$\lambda_0 = \frac{h}{m_0c} = 2.43 \times 10^{-12}\text{m} \tag{8}$$

将式(7)和式(8)进一步整理可得康普顿公式(9)：

$$\Delta\lambda = \frac{h}{m_0c}(1 - \cos\theta) = \lambda_0(1 - \cos\theta) \tag{9}$$

康普顿效应和光电效应有相似的部分，两者都跟原子束缚的电子发生相互作用，但不同的是康普顿效应是与原子的外层电子发生相互碰撞，部分会与自由电子发生碰撞，而光电效应是入射光子与原子的内层电子发生相互碰撞，两者的作用原理是不同的。康普顿效应发生的概率也可用作用的横截面积公式(10)表示：

$$\zeta_{is}(\lambda_0) = \pi r_0^2 \left\{ [1 - 2\lambda_0(\lambda_0 + 1)]\ln\frac{\lambda_0 + 2}{\lambda_0} + 4\lambda_0 + 2\frac{1 + \lambda_0}{(2 + \lambda_0)^2} \right\} \tag{10}$$

根据探测器接收散射射线的位置不同，可将散射射线分为前散射与背散射两种。当探测器安装位置与射线源同方向时，接收到的散射线称为前散射；探测器的安装位置与射线源相对时，接收到的散射线称为背散射。虽然前散射和背散射的能量与总散射能量成比例，但是并未存在一个准确的关系式可以描述这两种散射与总散射能量的关系。X 射线照射物质时，散射信号在检测物质成分中扮演着相当重要的角色，尤其在危险物品的检测中成果显著。

（3）电子对效应

X 射线照射物质时，在两种情况下可能发生电子对效应，一种是当入射光子能量高于 1.02MeV 时，光子穿过原子时，在原子核附近库仑场力的作用下，入射光子将转化为一个负电子和一个正电子，同时入射光子自身能量消失，这种过程被成为电子对效应。电子对效应产生的正负电子沿着不同的方向射出，射出的方向与 X 射线入射光子的能量大小有关；另一种情况是入射光子可能与原子层的电子发生电子对效应，但此种现象发生的概率要比入射光子穿过原子核附近发生电子对效应发生的概率小的多，只有当入射光子的能量大于 2.04MeV 时才有可能发生。电子对效应原理如图 2-5 所示。

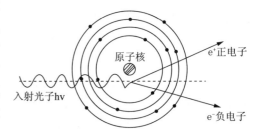

图 2-5 电子对效应示意图

（4）瑞利散射

瑞利散射主要发生在低能 X 射线照射物质时，散射后光子能量与入射光子能量相同，这种散射通常被成为弹性散射。原子中的某个束缚电子吸收入射光子的能量后，跃迁到高能级电子层，与此同时，有一个与入射光子能量相当的散射光子飞出，此过程能量损失很小可以忽略不计，即认为散射光子能量等于入射光子能量。当入射光子的能量大于 200kV 时，瑞利散射可以忽略不计。

瑞利散射主要有以下特点：

①散射光子能量强度与入射射线波长的四次方成反比；

②散射光子能量强度在不同观察方向，散射光子能量的强度是不同的；

③散射光子具有偏振性，其偏振程度同散射光子方向和耦极矩方向夹角相关；

④相对于入射射线来说，是一种频率和波长不改变而传播方向改变的次级电磁波。

综上所述可知，X 射线与被透射物质发生的作用主要有光电效应、康普顿散射、电子对效应和瑞利散射这四种物理现象，但究竟何种现象占有的比重大，这与入射光子能量的大小和作用物质成分有一定的关系，并且入射光子与之作用的对象、产物都有一定的差异。当入射光子能量较低时，主要发生的是光电效应和瑞利散射，但两者的作用对象和作用产物也不同，光电效应是入射光子与原子内层轨道电子发生碰撞，作用后的产物是光电子（荧光辐射）和俄歇电子，而瑞利散射的作用对象是轨道电子，作用产物是光子；当入射光子的能量低于 1.02MeV 时，康普顿效应占主要因素，康普顿效应的作用对象是原子的外层电子和自由电子，相互作用后的产物是前后散射光子及反冲电子；当入射光子的能量大于 1.02MeV 时，将发生电子对效应，其作用的对象为原子核及原子核周围的自由电子，相互作用后的产物是正负电子对。

总的来说 X 射线能量的改变主要是由物质的吸收和散射造成的，根据物质材料、内部结构、密度和厚度等因素的不同，X 射线与被透射物质的相互作用也存在差异。而且入射的 X 射线强度的大小在 X 射线与物质相互作用中也起到一定的作用，随着入射 X 射线强度的不同，物质对 X 射线的吸收和散射的强度也是变化的。当低能 X 射线照射物质时，物质的吸收对 X 射线的衰减起主要作用；当高能 X 射线照射物质时，散射作用对 X 射线的衰减起主要作用。

在常见的能量范围内，如几千电子伏特到十几兆电子伏特范围内，X 射线与物质的相互作用主要有：光电效应、康普顿效应和电子对效应这三类过程。这三类效应的反应截面与 X 射线的能量有关，但在一定的能量区域只有一种效应占优势，这三种主要的相互作用过程存在着竞争。当光子能量在 0.8~4MeV 之间时，无论原子序数多大，康普顿效应都占主导地位；在很宽的光子能量范围内，对于低能 X 射线和原子序数高的吸收物质，光电效应占优势；中能 X 射线和原子序数低的吸收物质，康普顿效应占优势；而对于高能 X 射线和原子序数高的吸收物质，电子对效应占优势（图 2-6）。

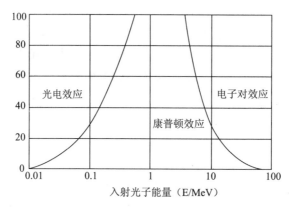

图 2-6 几种主要作用与入射光子能量、物质原子序数之间的关系

三、X 射线光谱分析

X 射线光谱可以分为连续光谱和标识光谱两类，在常规的 X 射线管中，当所加的管电压低时，只有连续光谱的产生；当管电压超过随靶材或阳极物质而定的某一临界数值时，线状光谱即以叠加在连续光谱之上的形式出现。这种线状光谱的波长决定于靶材的性质，因而线状光谱亦称标识（或特征）光谱，简单说来，连续光谱是具有连续的一系列波长的 X 射线，与白色光相似，所以有时也称之为白色 X 射线或多色 X 射线；标识光谱则是若干具有一定波长而不连续的线状光谱，与单色的可见光相似，所以也称之为单色 X 射线。

1. 连续光谱

连续光谱也叫常规谱、多色谱、白光、连续带和轫致辐射，它具有如下 4 个特征：在连续的波长范围内有一个轻度陡变的短波极限 λ_{min}；随着波长的增加，在 λI_{max} 处辐射强度最大；然后强度随着波长的增加而缓慢地下降，λI_{max} 出现在 $1.5\lambda_{min}$ 处；从实用角度，可以把 $1.5\lambda_{min}$ 视为连续光谱的有效波长，也就是说，单一的有效波长在一定的吸收体内与连续光谱在该吸收体中一样，其吸收基本相同。

入射到 X 射线管靶上的电子束，按下列若干方式与管靶相互作用：

（1）电子束从管靶向它们所能达到的各个方向发生背散射，入射电子束发生此种散射的百分数随靶元素的原子序数的增大而增加，对于最重的元素，这种散射约占一半，而对于最轻的元素，这种背散射是很小的。

（2）电子束能在靶面内与靶原子的最外层电子或等离子体渗入金属的"电子气"相互作用而发生散射，这种散射随着最外层电子数（或等离子区）的增加而增加。从靶上射出的价电子和等离子区电子称为低能二次电子（<50eV），每次相互作用，入射电子将失去 10 ~ 100eV 的能量，除背反射电子外，其余大多数电子都经历这一过程。

（3）电子可能与靶原子的内层电子相互作用，但发生这种作用的几率与过程（2）相比，是很小的。这就是连续光谱的产生过程。

（4）电子在靶原子核附近的高库伦场中可能产生卢瑟福散射，但这种散射绝大多数属于弹性散射，即不造成能量的损失。

（5）当电子通过靶原子附近但不发生碰撞时，可能经历非弹性的卢瑟福散射。此时，电子以 X 射线光子的形式释放其部分或全部能量。在使用 X 射线光谱分析所使用的电压(小于 100kV)下,轰击靶子的电子钟,只有 0.5% ~ 1% 的电子经历这种过程,这是连续光谱产生的过程。

假定在操作电压为 U 的 X 光管中,一个由灯丝发出的电子飞向金属靶,受靶的阻挡突然减速到零,它以 X 射线光子的形式释放其全部能量,则发出的最短波长为 λ_{min} 的 X 射线。在撞击过程中,若电子的能量全部损失,以光子的形式被释放,则可得 X 射线的最短波长公式:

$$\lambda_{min} = \frac{hc}{eU} \qquad (11)$$

式中普朗克常量 $h = 6.63 \times 10^{-34}$,光速 $c = 3.00 \times 10^8 \text{m/s}$,电子所带电量 $e = 1.60 \times 10^{-19} \text{V}$,并且运动电子的逐步减速能产生连续光谱,而不是产生于管电压相对应的单一波长 λ_{min}。大多数电子不是一次就释放其全部能量的,20 多次释放时,每次放出的能量 ΔV 不等,因此带入各常量值可得式(12):

$$\lambda_{min} = \frac{6.63 \times 10^{-34} \times 3.30 \times 10^8}{1.60 \times 10^{-19}} \Delta V \qquad (12)$$

X 射线管中的管电流、管电压和金属靶的材料对连续光谱的强度有一定的影响,图 2-7 给出了它们之间的相互关系:

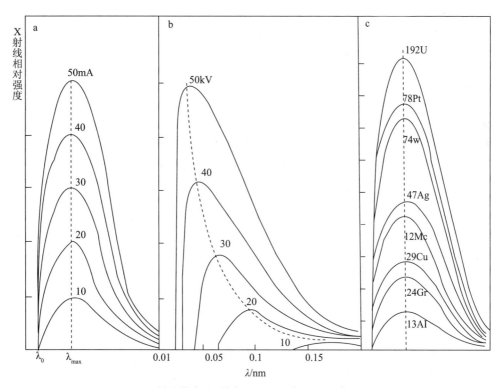

图 2-7　X 射线管电流、管电压和金属靶材对连续光谱的影响

由图 2-7 可以得出,当管电压和金属靶材料(即原子序数 Z)固定时,连续光谱强度 $I \propto i$;当管电流和金属靶材固定时,连续光谱强度 $I \propto U^2$;当管电压和管电流固定时,连续

光谱强度 $I \propto Z$。

2. 特征光谱

特征 X 射线光谱是由一组表示发光元素的不连续波长所组成,其中各条特征谱线的相对强度各不相同。如从某元素原子的内层能级上驱逐一个电子,较外层能级的电子落入该空位时,就产生标志该元素的线状光谱(图2-8)。这种电子跃迁,将多余的能量以 X 射线光子的形式被放出。例如每形成一个 K 层空位,紧接着发生一次轨道电子跃迁。每填充一个低能级空位,就放出一个 X 射线光子,但又在较高的能级上产生一个空位。某元素的大量原子同时发生这种跃迁过程,其结果就发出该元素的 K、L、M 等系列特征 X 射线光谱。因为这些电子跃迁与原子的两个相关轨道间的能量差准确对应,因此,所发出的 X 射线光子能量就等于这种能量差,因而也就表示了该元素的特征。这种电子跃迁是在电子空位形成后的 $10^{-12} \sim 10^{-14}$s 内发生的。

特征线的光子能量等于电子跃迁所涉及的初始能级和终了能级间的能量差。波长与能量成反比,即波长越长其能量越低,波长越短其能量越高。对于一种给定的元素,在某一线系中的个条谱线的波长,随着跃迁能量 ΔE 的增加而减小。此外,对于同一种给定元素,不同系列的特征线波长按 M-L-K 顺序减小,因为空位能级越接近原子核,电子填充这些空位时的能级差越大。各种元素的同一特

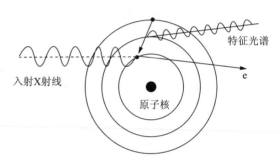

图 2-8　X 射线特征光谱产生原理图

征谱线的波长,随原子序数的增加而减小,因为正核电荷对轨道电子的束缚能以及内层轨道能级差都随原子序数的增加而增加。

相邻元素谱线的波长差,随着原子序数的减小而增加,而光子的能量差则随着原子序数的减小而减小。这就意味着随原子序数的减小,相邻元素 X 射线特征谱线的波长色散和波长分辨率逐渐增大,但能量色散和能量分辨率则变得越来越差。

X 射线光谱因发生于原子的内层轨道,故基本上不受价态的影响。X 射线光谱线的波长随 Z 的变化而变化,如同光学光谱一样,是非周期性呈单调变化的。此外,X 射线特征谱线的波长基本上与原子的化学状态无关。因为这些内层轨道离原子核较近,所以谱线波长强烈地依从于 Z ,并遵从莫塞莱定律:

$$v = \left(\frac{c}{\lambda_{cm}}\right)^2 = k_1(Z - k_2) \tag{13}$$

其中 v、λ_{cm} 和 Z 分别表示频率、波长和原子序数;k_1 和 k_2 为常数。k_2 是屏蔽常数,用以修正轨道电子对核电荷的屏蔽作用。一般来说,为实用起见,可以把上式简写成下式:

$$\lambda \propto 1/Z^2 \tag{14}$$

第二节　红外检测原理

红外线是太阳光线中众多不可见光线中的一种,由英国科学家赫歇尔于 1800 年发现,

又称为红外热辐射,他将太阳光用三棱镜分解开,在各种不同颜色的色带位置上放置了温度计,试图测量各种颜色的光的加热效应。结果发现,位于红光外侧的那支温度计升温最快。因此得到结论:太阳光谱中,红光的外侧必定存在看不见的光线,这就是红外线,可以当作传输之媒介。红外线是波长介于微波与可见光之间的电磁波,波长在 760nm～1mm 之间,是波长比红光长的非可见光,覆盖室温下物体所发出的热辐射的波段,透过云雾能力比可见光强。

目前红外线技术在工程中的应用非常广泛,而且也取得了很好的效果。

一、红外检测技术基本原理

红外技术的原理是基于自然界中一切温度高于绝对零度的物体,每时每刻都辐射出红外线,同时,这种红外线辐射都载有物体的特征信息,这就为利用红外技术探测和判别各种被测目标的温度高低与热分布场提供了客观的基础。

红外辐射是由原子和分子的振动引起的,自然界中的任何温度高于绝对零度的物体都能辐射红外线,红外辐射功率与物体表面温度密切相关,而其表面温度场得分布不直接反映了传热时材料的热工性质、内部结构及表面状况对热分布的影响。因此,红外检测法是把来自目标的红外辐射转变成可见的热图像,通过直观地分析物体表面的温度分布,推定物体表面的结构状态和缺陷,并以此判断材料的性质和受损情况的一种无损检测方法。

(一)热辐射定律

物体因自身的温度直接向外发射能量,总是从高温物体向低温物体辐射,温度越高,辐射越强。

1. 黑体

黑体具有最大的吸收力($\alpha = 1$),同时亦具有最大的辐射力($\varepsilon = 1$)。在实际物体中不存在绝对黑体,为此引出人工黑体(图 2-9)。具有一个小孔的等温空腔表面,若有外部投射辐射从小孔进入空腔内,必将在其内表面经历无数次的吸收和反射,最后能够从小孔重新选出去的辐射能量必定微乎其微。于是有理由认为,几乎全部入射能量都被空腔吸收殆尽。从这个意义上讲,小孔非常接近黑体的性质。另外,腔内空间的辐射场系由腔内表面的发射和反射叠加而成,是各向同性的,而且必定和从小孔选出的辐射具有相同的性质,也等于腔壁温度所对应的黑体辐射力。

图 2-9　黑体

2. 普朗克(M.Planck)定律

$$E_{b\lambda} = \frac{C_1 \lambda^{-5}}{e^{\frac{c_2}{\lambda T}} - 1}, \text{单位为 W/(m}^2 \cdot \mu\text{m)} \qquad (15)$$

式中,C_1、C_2 分别称为普朗克第一常数 3.7419×10^{-16} 和第二常数 1.4388×10^{-2};$E_{b\lambda}$ 为黑体光谱辐射力(W/m^3);λ 为波长(m);T 为黑体热力学强度(K)。该规律描述了黑体单色辐射力随波长及温度的变化规律(图 2-10)。

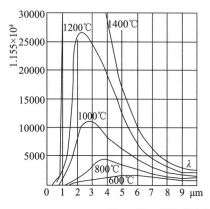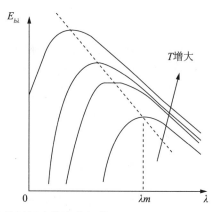

图 2-10　黑体单色辐射力随波长及温度的变化规律

（1）在一定温度下，黑体在不同波长范围内辐射能量各不相同。

（2）维恩位移定律：随着温度 T 增高，最大单色辐射力 E_b，λ_{max} 所对应的峰值波长 λ_{max} 逐渐向短波方向移动，$\lambda_{max}T = 2897.6\mu m \cdot K$。

（3）黑体 $T < 1400K$，辐射大部分能量集中在 $\lambda = 0.76 \sim 10\mu m$ 内，从而可以忽略可见光，常温下，实际物体的辐射主要是红外辐射。

3. 斯蒂芬-玻耳兹曼定律

$E_b = \sigma_b T^4$，单位为 W/m^2；$\sigma_b = 5.67 \times 10^{-8}$，单位为 $W/(m^2 \cdot K^4)$

描述了黑体辐射力随表面温度的变化规律。也可以计算某一波长范围内的辐射力。

$$E_{b(\lambda_1 - \lambda_2)} = \sigma_b T^4 \left[\left(F_{b(0-\lambda T)} \right) - \left(F_{b(0-\lambda T)} \right) \right] \tag{16}$$

其中 $F_{b(0-\lambda T)}$ 称为黑体辐射系数。

4. 兰贝特（Lambert）余弦定律

包括三个方面的内容：

（1）半球空间上，黑体的辐射强度与方向无关。即：$I_{\theta 1} = I_{\theta 2} = \cdots = I_{\theta n}$，而各朝向辐射同性的表面称为漫辐射表面。

（2）漫辐射表面定向辐射力与辐射强度间满足：

$$E_\theta = I_\theta \cos\theta = I_n \cos\theta = E_n \cos\theta，单位为 W/(m^2 \cdot Sr)$$

（3）漫辐射表面的辐射力是辐射强度的 π 倍。

$$E = I \int_0^{2\pi} d\beta \int_0^{\pi/2} \sin\theta \cos\theta d\theta = I\pi \tag{17}$$

该定律描述了黑体及漫辐射表面定向辐射力按空间方向的分布变化规律。

5. 基尔霍夫（Kirchhoff）定律

描述了物体发射辐射的能力和吸收投射辐射的能力之间的关系。

在热平衡条件下，$\alpha_{\lambda,\theta,T} = \varepsilon_{\lambda,\theta,T}$

（1）对于实际物体表面：$\alpha_{\lambda,\theta} = \varepsilon_{\lambda,\theta}$

（2）对于灰体：$\alpha_\theta = \varepsilon_\theta$

（3）对于漫射表面：$\alpha_\lambda = \varepsilon_\lambda$

（4）对于漫-灰表面（及黑体）：$\alpha = \varepsilon$

6. 实际物体的辐射特性

黑体是所有物体当中吸收能力最大,同时发射能力也最大的理想化表面,这个特点使它很自然地成了描述实际表面的吸收和发射能力大小的最佳基准。通常实际表面(固体或液体)的光谱辐射力比同温度的黑体小,而且表现出不像黑体那么有规律。一般对实际物体表面辐射特性进行一定程度的简化,再用辐射率和吸收率进行修正。引入辐射率是为了定量描述实际物体在发射辐射方面与黑体的差别,而引入吸收率是为了定量描述实际物体在吸收辐射方面与黑体的差别。

(1)辐射率

(全波长)辐射率 $\varepsilon = E/E_b$;定向辐射率 $\varepsilon_\theta = E_\theta/E_{b\theta} = I_\theta/I_{b\theta} = f(\theta)$;单色辐射率 $\varepsilon_\lambda = E_\lambda/E_{b\lambda}$。

单色辐射率在图中(图2-11),是两段线段长度之比;辐射率则是阴影面积(即实际物体辐射力)与实线下的面积(即黑体辐射力)之比;实际物体用灰体近似替代,在图上就意味着(图2-11),虚线下的面积与阴影面积相同。

(2)单色辐射率与灰体

实际材料表面的光谱辐射力不遵守普朗克定律,或者说不同波长下光谱发射率随波长的变化比较大,并且不规则。

某一温度下,实际物体的单色辐射力随波长的变化是不规则的。但工程上,实际物体一般可用灰体近似替代。

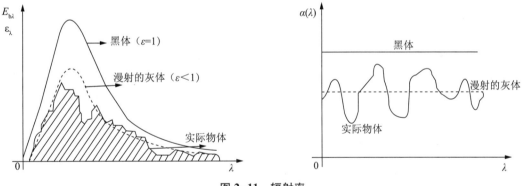

图 2-11　辐射率

灰体:是指物体单色辐射力与同温度黑体单色辐射力随波长的变化曲线相似,或它的单色发射率不随波长变化,即: $\varepsilon_\lambda \neq f(\lambda)$; $\alpha(\lambda) \neq f(\lambda)$;

(1)辐射是连续的光谱: $E_\lambda = \varepsilon_\lambda E_{b,\lambda}$。

(2)辐射力符合四次方定律: $E = \varepsilon E_b = \varepsilon_\lambda E_b$,一般实际物体表面在红外线波长范围内,可以近似作为灰体处理。

(3)定向辐射率与漫射表面,某一温度下,实际物体的定向辐射强度在各方向上的变化是不规则的。

但从图 2-12 中可以看出，金属在 $\theta = 0° \sim 40°$、非金属在 $\theta = 0° \sim 60°$ 的单色辐射率基本为常数，所以较为粗糙的实际物体表面可作为漫射表面处理，但其辐射率应做如下修正：$\varepsilon/\varepsilon_n = 0.95 \sim 1$（非金属）；$\varepsilon/\varepsilon_n = 1.0 \sim 1.2$（磨光金属表面）。漫射表面：各朝向辐射同性的表面称为漫辐射表面，$\varepsilon_\theta \neq f(\theta)$；$\alpha_\theta \neq f(\theta)$

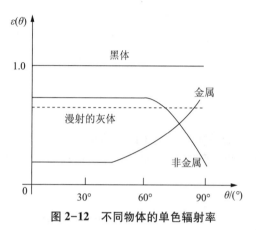

图 2-12　不同物体的单色辐射率

（1）符合兰贝特余弦定律。

（2）定向吸收率与空间方向无关。

（3）辐射力符合四次方定律：$E = \varepsilon E_b = \varepsilon_\theta E_b$

一般较为粗糙的实际物体表面可作为漫射表面处理。

7. 实际物体的吸收特性

实际物体的辐射换热比较复杂，在表面间将形成多次反射、吸收的现象。因此，确定其辐射和吸收特性也是极其重要的。

实际物体吸收率不仅与本身性质和状况有关，还取决于投射辐射的特性。日常生活中也有明显例子：红光投射到红玻璃上时，玻璃背面有红光透出，说明红玻璃对红光的吸收率不大；但当绿光投射到红玻璃上时，玻璃背面无光透出，说明红玻璃对绿光的吸收率很大。可见，投射光的波长对红玻璃的吸收率有很大的影响。

实际物体辐射率的计算方法：$\varepsilon = \dfrac{\displaystyle\int_0^\infty \varepsilon_\lambda E_\lambda \mathrm{d}\lambda}{\displaystyle\int_0^\infty E_{b\lambda} \mathrm{d}\lambda} = \dfrac{\displaystyle\int_{\omega-2\pi} \varepsilon_\theta E_\theta \mathrm{d}\omega}{\displaystyle\int_{\omega-2\pi} E_\theta \mathrm{d}\omega}$

实际物体吸收率的计算方法：$\varepsilon\alpha = \dfrac{\displaystyle\int_0^\infty \alpha_\lambda(T_1) G_\lambda(T_2) \mathrm{d}\lambda}{\displaystyle\int_0^\infty G_\lambda(T_2) \mathrm{d}\lambda} = \dfrac{\displaystyle\int_{\omega-2\pi} \alpha_\theta(T_1) G_\theta(T_2) \mathrm{d}\omega}{\displaystyle\int_{\omega-2\pi} G_\theta(T_2) \mathrm{d}\omega}$

（二）热传导微分方程

传导传热也称热传导，简称导热。导热是依靠物质微粒的热振动而实现的。产生导热的必要条件是物体的内部存在温度差，因而热量由高温部分向低温部分传递。热量的传递过程统称热流。发生导热时，沿热流方向上物体各点的温度是不相同的，呈现出一种温度场，对于稳定导热，温度场是稳定温度场，也就是各点的温度不随时间的变化而变化。

1. 热传导方程

在一质量均匀的平板内，当 $t_1 > t_2$ 热量以导热方式通过物体，从 t_1 向 t_2 方向传递（图 2-13）。

假设温度在空间的分布和在时间中的变化为 $\mu(x,y,z,t)$。热传导的起缘是温度的不

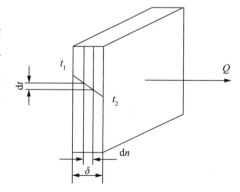

图 2-13　导热基本关系

均匀,可以用温度梯度$\nabla\mu$表示,热传导的强弱可用热流强度q,即单位时间通过单位截面积的热量表示。

根据实验结果,热传导现象所遵循的热传导定律,及傅里叶定律是:

$$q = -k\nabla\mu \tag{18}$$

比例系数k叫做热传导系数,是物质的特性。

应用热传导定律和能量守恒定律,可导出没有热源的热传导方程:

$$c\rho\frac{\partial u}{\partial t} - \left[\frac{\partial}{\partial t}(ku_x) + \frac{\partial}{\partial y}(ku_y) + \frac{\partial}{\partial z}(ku_z)\right] = 0 \tag{19}$$

其中c是比热容,ρ是密度。对于均匀物体,k,c和ρ是常数,式(19)可写为:

$$\nabla^2 u = \frac{1}{a^2}\frac{\partial u}{\partial t} \quad ; \quad a = \sqrt{\frac{k}{c\rho}} \tag{20}$$

式(20)即为热传导方程。

若在物体中存在热源,热源强度(单位时间在单位体积内产生的热量)为$F(x,y,z,t)$,则式(19)应修改为:

$$c\rho\frac{\partial u}{\partial t} - \left[\frac{\partial}{\partial t}(ku_x) + \frac{\partial}{\partial y}(ku_y) + \frac{\partial}{\partial z}(ku_z)\right] = F(x,y,z,t) \tag{21}$$

所以热传导方程要改写为:

$$\frac{\partial u}{\partial t} = a^2\nabla^2 u + f(x,y,z,t) \tag{22}$$

其中

$$f(x,y,z,t) = \frac{1}{c\rho}F(x,y,z,t) \tag{23}$$

式(23)为按单位热容量计算的热源强度,∇^2运算子为 Laplace 算子。

2. 导热系数

导热系数(λ)是物质导热性能的标志,是物质的物理性质之一。导热系数λ的值越大,表示其导热性能越好。物质的导热性能,也就是λ数值的大小与物质的组成、结构、密度、温度以及压力等有关。λ的物理意义为:当温度梯度为 1K/m 时,每秒通过$1m^2$的导热面积而传导的热量,其单位为 W/(m·K)或 W/(m·℃)。各种物质的λ可用实验的方法测定。一般来说,金属的λ值最大,固体非金属的λ值较小,液体更小,而气体的λ值最小。各种物质的导热系数的大致范围如下:

金属 2.3~420W/(m·K);

建筑材料 0.25~3W/(m·K);

绝缘材料 0.025~0.25 W/(m·K);

液体 0.09~0.6 W/(m·K);

气体 0.006~0.4 W/(m·K)。

固体的导热在导热问题中显得十分重要,本章有关导热的问题大多数都是固体的导热问题。因而将某些固体的导热系数值列于表 2-1,由于物质的λ影响因素较多,本课程中采用的为其平均值以使问题简化。

表 2-1　某些固体在 0~100℃ 时的平均导热系数

金属材料			建筑和绝缘材料		
物料	密度/(kg/m³)	λ/[W/(m·℃)]	物料	密度/(kg/m³)	λ/[(W/m·℃)]
铝	2700	204	石棉	600	0.15
紫铜	8000	65	混凝土	2300	1.28
黄铜	8500	93	绒毛毯	300	0.046
铜	8800	383	松木	600	0.14~0.38
铅	11400	35	建筑用砖砌	1700	0.7~0.8
钢	7850	45	耐火砖砌	1840	1.04
不锈钢	7900	17	绝热砖砌	600	0.12~0.12
铸铁	7500	45~90	85%氧化镁粉	216	0.07
银	10500	411	锯木屑	200	0.07
镍	8900	88	软木	160	0.043

二、红外检测的影响因素及解决对策

1. 大气吸收的影响

由于大气中的水蒸气、二氧化碳、臭氧、氧化氮、甲烷、一氧化碳等气体分子有选择性地吸收一定波长的红外线,红外线辐射在传输过程中总会受到一定的能量衰减,从而造成测量的误差。因此,在室外进行工程病害红外检测时应在无雨无雾,空气湿度最好低于75%的环境条件下进行。

2. 大气尘埃及悬浮粒子的影响

由于大气尘埃的悬浮粒子可以吸收红外能量并重新辐射出去的同时改变了红外辐射的方向和辐射的偏振度,从而影响测量的精确度。因此,红外检测在无尘或空气较清新的环境条件下进行。

3. 风力的影响

在风力较大的环境下,由于受风速的影响,存在发热缺陷的设备热量会被风力加速发散,使得设备的散热系数增大,从而使缺陷设备的温度下降。因此,在室外进行红外测温诊断时应在无风或风力很小的条件下进行。

4. 太阳光的影响

当被测工程处于阳光辐射下时,由于阳光的反射在 3~14μm 波长区域与红外仪器设定的波长区域相同而极大地影响仪器的正常工作和准确判断。所以红外测温应当选择在没有阳光的天气条件下进行。

5. 被测物体距离和邻近物体热辐射的影响

当被测物体的距离太远时,仪器接收到的红外辐射能减少,从而对温升小的设备检测存在一定的误差。因此在现场测试工作中应当尽量避免由于被测物体距离太远而造成的测量误差。当环境温度比被测物体的表面温度高很多或低很多时,或被测物体本身的辐射率很低时,邻近物体的热辐射的反射将对被测物体的测量造成影响。

第三节　超声波检测原理

在土木工程检测中,超声波原理也是无损检测的技术之一。超声波是由机械振动源在弹性介质中激发的一种机械振动波,其实质是以应力波的形式传递振动能量,其必要条件是要有振动源和能传递机械振动的弹性介质(实际上包括了几乎所有的气体、液体和固体),它能透入物体内部并可以在物体中传播。

一、超声波的性质与声场特征量

1. 超声波的性质

人耳能感受到的机械振动波称为声波,其频率范围为 16~2000Hz。当声波的频率低于 20Hz 时,人耳不能感受到,这种机械振动波称为次声波。频率高于 2000Hz 时,人耳也不能感受到,这种机械振动波则称为超声波。一般把频率在 2000Hz 到 25MHz 范围的声波叫做超声波。

超声波具有如下特性:

(1)超声波具有波长短、沿直线传播(在许多场合可应用几何声学关系进行分析研究)、指向性好,可在气体、液体、固体、固熔体等介质中有效传播。

(2)超声波可传递很强的能量,穿透力强。

(3)超声波在介质中的传播特性包括反射与折射、衍射与散射、衰减、声速、干涉、叠加和共振等多种变化,并且其振动模式可以改变(波型转换)。

(4)超声波在液体介质中传播时,达到一定程度的声功率就可在液体中的物体界面上产生强烈的冲击,即"空化现象"。

2. 超声波声场的特征量

介质中有超声波存在的区域叫做超声场,涉及的特征量有声压、声强与声特性阻抗(简称声阻抗)。

声压:有声波传播时,介质中质点承受的压强将超过无声波时的静态压强,声压就是在有声波传播的介质中,某一介质质点在交变振动的某一瞬间所具有的压强与没有声波存在时该点的静压强之差(附加压强),常用字母 P 代表。

声强:声强是在声场中某点上一个垂直于声波传播方向上的介质单位面积在单位时间内通过的平均声能量,即声波的能流密度,常用字母 I 代表。在自由平面波或球面波的情况时,设有效声压为 P,传播速度为 c,介质密度为 ρ_0,则在传播方向的声波的声强为:$I = P^2/\rho_0 \cdot c$。

声特性阻抗(简称声阻抗):在超声波检测中,为了便于表征介质的声学特性,把介质的密度与声速的乘积称为介质的声特性阻抗(简称声阻抗),常用字母 Z 代表,即 $Z = \rho \cdot c$,其中 ρ 为介质密度,c 为介质中的声速。Z 越大,质点振动速度越小,反之则质点振动速度越大。

在超声检测中,常把两个声强之比或两个声压之比用常用对数值来表示,以便于表示与运算,并以分贝(dB)为单位:

声强 I_1 与 I_2 之比：Δ（dB）$= 10\lg(I_1/I_2)$

声压 P_1 与 P_2 之比：Δ（dB）$= 20\lg(P_1/P_2)$

在超声波检测中，检测到的超声波信号幅度与声压成正比，因此在超声波检测仪器上显示的回波幅度 H_1 与 H_2 之比也是：Δ（dB）$= 20\lg(H_1/H_2)$

3. 超声波声场的特性

超声波所占的空间称为超声场，对于圆盘声源辐射的情况下，其超声场结构（图2-14）包括近场（N 为近场长度）和远场两个部分。

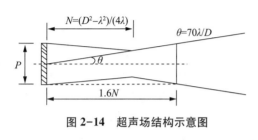

图2-14 超声场结构示意图

圆盘声源向自由场（均匀而各向同性媒质中，边界影响可以忽略不计的声场）辐射时，声源附近声压和质点速度不同相的声场称为近场，在近场区中，中心轴线的声压分布是不均匀的，我们把声轴线上最后一个极大值点至声源的距离称为近场长度，在近场长度范围内，整个声束轴线上存在声压极大值和声压极小值的波动。

大于近场长度范围的称为远场，在远场中，声压和质点速度同相，声压随着距离的增大按指数规律呈单调下降变化。

根据连续波理论，近场长度 $N = (D^2 - \lambda^2)/(4\lambda)$，$\lambda$ 为传声介质中的超声波长，D 为晶片直径。当晶片直径一定时，随着检测频率的提高，波长变短，近场长度加大。

近场区内的声压分布变化是不均匀的，只有在远场时，才能利用声压反射规律评估各种反射体的回波声压变化。

由于超声波检测使用的是脉冲波，在叠加效应影响下，实际的近场长度要比按连续波公式计算的近场长度小一些，有资料介绍在脉冲波的情况下，实际近场长度约为计算值的0.7倍左右。

对于方形或矩形压电晶片，其产生的声场不是如圆盘声源那样的圆形横截面声场，而是成近似方形或椭圆形横截面的合成声场，在评估其近场长度影响时，可以依据上述公式，分别用晶片的边长独立计算，然后以最大的近场长度来考虑对超声波检测的影响。

近场区的长度与压晶片直径和传声介质中超声波的波长有关，在近场区的超声波束呈收敛状态，在近场区末端，亦即从近场区进入远场区的过渡点上声束直径最小（故也将此点称作自然焦点），进入远场区后声束将以一定角度发散，声束边缘的斜度以半扩散角（也称为指向角）θ 表示，声束的半扩散角同样与压电晶片直径和超声波的波长有关。扩散角越大，超声波束的指向性越差，对超声波检测中准确评定缺陷位置是不利的。

在一般情况下，波长 λ，圆形晶片（直径 D）的 0dB 半扩散角 $\theta_0 = \arcsin(1.22\lambda/D)$ 或近似为 $\theta_0 = 70(\lambda/D)$，其负 3dB 半扩散角 $\theta_{-3dB} = 29(\lambda/D)$，负 6dB 半扩散角 $\theta_{-6dB} = \arcsin(0.51\lambda/D)$；对于边长 a 的方形晶片，则有 $\theta_0 = 57(\lambda/a)$，负 3dB 半扩散角 $\theta_{-3dB} = 25(\lambda/a)$，在晶片尺寸一定时，选用较高的检测频率可因波长较短而获得较好的指向性（半扩散角小），从而提高检测时对缺陷的定位准确性。不过，在某些特殊情况下，有时也考虑选用小晶片、低频率的探头，利用其声束扩散特性探测倾斜取向的缺陷。

二、超声波的类型

1. 按振动模式分类

超声波在弹性介质中传播时,视介质质点的振动型式与超声波传播方向的关系,最常见的有以下几种波型(图2-15)。

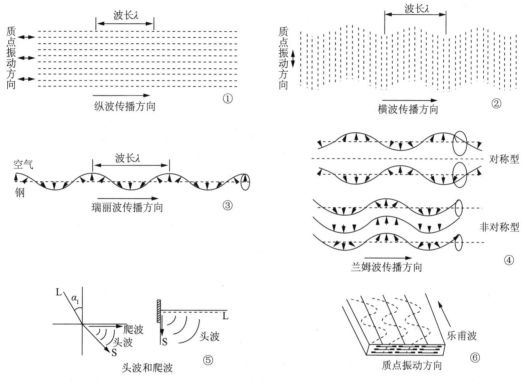

图 2-15　各种波型的示意图

(1)纵波(longitudional wave,简称 L 波,又称作压缩波、疏密波):纵波的特点是传声介质的质点振动方向与超声波的传播方向平行。

(2)横波(shear wave,简称 S 波,又称作 transverse wave,简称 T 波,也称为切变波或剪切波):横波的特点是传声介质的质点振动方向与超声波的传播方向垂直,并且视质点振动平面与超声波传播方向的关系又分为垂直偏振横波(SV 波,这是工业超声波检测中最常应用的横波)和水平偏振横波(SH 波,也称为 love wave,乐甫波,实际上就是地震波的震动模式)。横波只能在具有切变弹性的媒质中传播。

(3)表面波(surface wave):在工业超声波检测中应用的表面波主要是指瑞利波(rayleigh wave,简称 R 波),它是在半无限大固体介质(厚度远大于波长)与气体介质的交界面上沿固体表面层传播,在介质上的有效透入深度一般在一个波长之内,传声介质的质点运动轨迹呈椭圆形,长轴垂直于波的传播方向,短轴平行于波的传播方向,只能用于检查介质表面的缺陷,不能像纵波与横波那样深入介质内部传播以检查介质内部的缺陷。此外,水平偏振横波

（SH 波,也称为 love wave,乐甫波)也是一种沿表面层传播的表面波,不过目前在工业超声波检测中尚未获得实际应用。

（4)兰姆波(lamb wave):这是一种由纵波与横波叠加合成,以特定频率被封闭在特定有限空间时产生的制导波(guide wave)。在工业超声波检测中,主要利用兰姆波来检测厚度与波长相当的薄金属板材,因此也称为板波(plate wave,简称 P 波)。兰姆波在薄板中传递时,薄板上下表面层质点沿椭圆形轨迹振动,随振动模式的不同,其椭圆长、短轴的方向也不同。薄板中层的质点将以纵波分量或横波分量形式振动,从而构成全板作复杂的振动,这是兰姆波检测的显著特征。根据薄板中层的质点是以纵波分量或横波分量形式振动,可以分为 S 模式(对称型)和 A 模式(非对称型)两种模式的兰姆波。在细棒和薄壁管中也能激发出兰姆波,此时称为扭曲波、膨胀波等。

除了上述 4 种主要的应用波型外,现在已经发展应用的还有头波(head wave)和爬波(creeping longitudional wave,又称作爬行纵波),特别是后者能够以纵波的速度在介质表面下传递,适合用于检测表面特别粗糙,或者表面存在不锈钢堆焊层等情况下的近表层缺陷检测。

2. 按波形分类

在超声波传播过程中,同一时刻介质中振动相位相同的所有质点所联结构成的轨迹曲面叫作波阵面,某一时刻振动所传到距离声源最远的各点所联结构成的轨迹曲面则称为"波前"。

这里所说的相位是指:质点在其平衡位置的振动是一种周期变化量,在变量达到某一值时,相对于原始值的变化量,就是此时的相位,对于简谐振动量按 $A = A_0 \sin(\omega t + \theta)$ 规律变化,其中 $(\omega t + \theta)$ 称为相位或相位角、相角,它确定了 A 在时间 t 时的数值,θ 是 $t = 0$ 时的相位,称为初始相位,如果该振动从平衡位置(零位)开始,则 $\theta = 0$。

波阵面形状为与传播方向垂直的平行平面称为平面波,波阵面为同心球面的称为球面波,波阵面为同轴圆柱面的波称为柱面波。

波阵面的形成与声源形状、尺寸有关,例如在理想的各向同性的弹性介质中:

点状球体振子发出的超声波形成以声源为中心的球面波波阵面,球面波的声强与距离声源的距离的平方成反比,即声压与距离声源的距离成反比。

无限长(远大于波长)的线状直柱振子发出的超声波形成柱面波波阵面,柱面波的声强与距离声源的距离成反比,即声压与距离声源的距离的平方根成反比。

无限大平面振子发出的超声波形成平面波波阵面,声压将不随距离声源的距离变化而变化。事实上,由于介质中声能吸收现象的存在,声压是不可能保持为衡量的。当声源平面的长、宽尺寸远远大于波长时,就可以近似地认为它发出的是平面波。

对于圆盘形辐射体,其发出的超声波波阵面介于球面波与平面波之间,称为活塞波(图 2-16)。

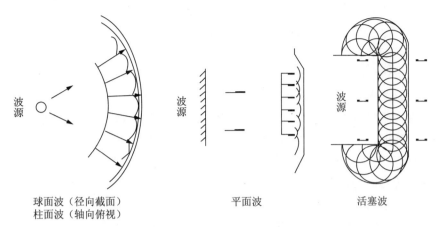

球面波（径向截面）　　　　　　　平面波　　　　　　　活塞波
柱面波（轴向俯视）

图 2-16　各种波阵面的示意图

3. 按振动的持续时间分类

超声波检测中利用了连续波与脉冲波(图 2-17)。

连续波传播时介质中各质点作相同频率的连续谐振动,是一种连续地、不停歇振动的超声波,通常具有单一的频率,一般用于穿透法、共振(谐振法,利用频率可调的超声波)以及共振(谐振)法测厚。

脉冲波传播时介质中各质点是有一定持续时间的间歇振动,其振动频率是多个不同频率连续波的叠加,按一定重复频率间歇发射的前后不存在其他声波的很短的一列超声波,一般用于脉冲反射法、脉冲穿透法检测。

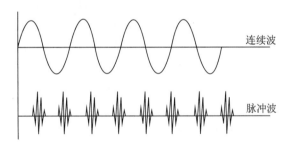

连续波

脉冲波

图 2-17　连续波与脉冲波的示意图

三、超声波在介质中的传播特性

1. 超声波的传播速度、波长与频率的关系

超声波在介质中的传播速度 c(与介质、波型等有关,在不同介质中以及不同的超声波波型具有不同的传播速度)、振动频率 f(单位时间内完成全振动的次数,以每秒一次为 $1Hz$)和超声波的波长 λ(超声波完成一次全振动时所传递的距离,或者说相同相位的相邻点之间的距离,或者说一个特定点与相邻的相应点之间的距离)三者有如下关系:

$$c = \lambda \cdot f$$

式中: λ 为波长(m), f 为频率(Hz), c 为声速(m/s)。

应当注意 $c = \lambda \cdot f$ 是一个数学量的关系式,不能认为增高频率或者加大波长就能增大声速,因为在不同介质中以及不同的超声波波型具有不同的传播速度,例如在同一材料钢或铝中,横波、纵波、瑞利波的声速差异有:

钢:$c_S \approx 0.55c_L$;$c_R \approx 0.92c_S$;铝:$c_S \approx 0.49c_L$;$c_R \approx 0.93c_S$;

式中:c_L 为纵波速度,c_S 为横波速度,c_R 为瑞利波速度。

超声波在介质中传播是通过质点振动实现的,在超声波传播时,介质质点在其平衡位置上往返振动的速度,即质点自身的振动位移速度,这是质点振速,它远小于超声波在介质中的传播速度即声速,质点振速与声速是两个完全不同的概念,声波传播不是把在平衡位置附近振动的质点传走而是把它的振动能量传走。

2. 超声波的叠加与干涉

当两个或两个以上的波源发出的超声波同时在一个介质中传播时,如果在某些点相遇,每个波不因其他波存在而改变其传播规律,相遇处质点的振动是各个波在该点激发振动的合成,合成声场的声压等于各个超声波声压的矢量和,此即超声波的叠加原理。

如果发生叠加的超声波波列具有频率相同、波型相同(相同振动方向)、相位相同或者相位差恒定的波源,则合成声压的频率与各列相同,但是幅度不等于各列声波声压幅度之和,而与声波波列的相位差有关,在叠加区的不同地点出现加强或减弱的现象,某些位置上的振动始终加强,在另一些地方的振动始终减弱或者完全抵消,这种现象就是超声波的干涉现象。

3. 超声波的反射、透射与折射

(1)反射

超声波从第一介质入射到具有不同声阻抗的第二介质时,在两种介质之间的界面上,入射超声波改变入射方向返回第一介质的现象,称为超声波的反射,这包括是一部分超声波被反射,而另一部分进入第二介质,或者全部的超声波被反射(全反射)两种情况,这取决于超声波的入射角度和两种介质的性质。例如超声波从固体中入射到与空气的界面上时,将发生全反射。

如果超声波垂直入射到两种具有不同声阻抗的异质界面(声束轴线与界面垂直)时,超声波的反射状况可由声压反射系数和声强反射系数表征:

反射波声压与入射波声压之比称为声压反射系数:

$$r = P_r / P_0 = (Z_2 - Z_1)/(Z_2 + Z_1)$$

反射波声强与入射波声强之比称为声强反射系数:

$$I = I_r / I_0 = r^2 = [(Z_2 - Z_1)/(Z_2 + Z_1)]^2$$

式中:r 为声压反射系数,I 为声强反射系数,P_r 为反射波声压,P_0 为入射波声压,I_r 为反射波声强,I_0 为入射波声强,Z_1 为第一介质的声阻抗,Z_2 为第二介质的声阻抗。

如果超声波倾斜入射到两种具有不同声阻抗的异质界面时,超声波的反射状况要考虑波型以及入射角和反射角的因素:

纵波斜入射:$\sin \alpha_L / c_L = \sin \alpha'_L / c_L = \sin \alpha_t / c_S$,式中:$\alpha_L$ 为纵波在第一介质中的入射角,α'_L 为第一介质中的纵波反射角,α_t 为第一介质中的横波反射角(当第一介质为固体的情况下才有可能产生反射横波),c_L 为第一介质中的纵波速度,c_S 为第一介质中的横波速度。

横波斜入射：$\sin\alpha_t / c_S = \sin\alpha'_t / c_S = \sin\alpha'_L / c_L$，式中：$\alpha_t$ 为横波在第一介质中的入射角，α'_t 为第一介质中的横波反射角，α'_L 为第一介质中的纵波反射角，c_L 为第一介质中的纵波速度，c_S 为第一介质中的横波速度。

注意：当第一介质为固体的情况下才有可能有横波存在。由式可见在同一介质中，相同波型情况下的入射角与反射角相等。

在超声波倾斜入射的情况下，声压反射系数和声强反射系数将变成：

声压反射系数：$r = (Z_2\cos\alpha - Z_1\cos\beta)/(Z_2\cos\alpha + Z_1\cos\beta)$

声强反射系数：$I = r^2 = [(Z_2\cos\alpha - Z_1\cos\beta)/(Z_2\cos\alpha + Z_1\cos\beta)]^2$

式中：α 为声束入射角，β 为声束反射角，Z_1 为第一介质声阻抗，Z_2 为第二介质声阻抗。

（2）透射

超声波从第一介质入射到第二介质时，如果两个介质具有相同的声阻抗时，超声波将全部透射到第二介质中，但是如果两个介质具有不同的声阻抗时，则超声波在界面上将同时发生反射与透射，超声波的透射状况可由声压透射系数和声强透射系数表征。

在垂直入射的条件下：

透射波声压与入射波声压之比称为声压透射系数：

$$t_p = P_t / P_0 = 2Z_2/(Z_2 + Z_1) = 1 + r_p$$

透射波声强与入射波声强之比称为声强透射系数：

$$t_i = I_t / I_0 = (P_t^2/2Z_2)/(P_0^2/2Z_1) = 4Z_1 Z_2/(Z_2 + Z_1)^2$$

在倾斜入射的条件下：

声压透射系数：$t_p = 2Z_2\cos\alpha/(Z_2\cos\alpha + Z_1\cos\beta)$，

声强透射系数：$t_i = 4Z_1 Z_2\cos\alpha\cos\beta/(Z_2\cos\alpha + Z_1\cos\beta)^2$，

式中：t_p 为声压透射系数，P_t 为透射波声压，P_0 为入射波声压，t_i 为声强透射系数，I_t 为透射波声强，I_0 为入射波声强，α 为声束入射角，β 为声束反射角，Z_1 为第一介质声阻抗，Z_2 为第二介质声阻抗。

根据能量守恒定律，有 $I_0 = I_r + I_t$，即入射声强等于反射声强与透射声强之和。

第一介质与第二介质的声阻抗不同，在有些情况下（例如 $Z_1 > Z_2$）计算得到声压反射系数为负数时，负号表示反射波相位与入射波相位相反。

（3）声压往复透过率

超声波从第一介质垂直入射到第二介质并在第二介质底面由空气界面完全反射后返回穿过第一、第二介质的界面时的返回声压与入射声压之比称为声压往复透过率，这在超声波检测中是经常遇到的情况，因此是很实用的：

声压往复透过率：

$$T_p = 1 - r_p^2 = \frac{2Z_1 Z_2}{Z_2 + Z_1}$$

式中：T_p 为声压往复透过率，r_p 为第一、第二介质界面的反射声压，Z_1 为第一介质声阻抗，Z_2 为第二介质声阻抗。

（4）三层平界面时的反射与透射

超声波在声阻抗为 Z_1 第一介质中垂直入射到具有一定厚度的声阻抗为 Z_2 的第二介质，

再进入声阻抗为 Z_3 的第三介质的情况下,从第二、第三介质界面反射并穿过第一、第二介质界面回到第一介质的反射声压与第一介质中的入射声压之比,即声压反射率绝对值有如下关系:

$$r_{\mathrm{p}} = \sqrt{\frac{\frac{1}{4}\left(m - \frac{1}{m}\right)^2 \sin^2 \frac{2\pi\delta}{\lambda}}{1 + \frac{1}{4}\left(m - \frac{1}{m}\right)^2 \sin^2 \frac{2\pi\delta}{\lambda}}}$$

式中: m 为 Z_1/Z_2, δ 为第二介质(中间介质层)的厚度, λ 为超声波在第二介质(中间介质层)的波长。

当第二介质(中间介质层)厚度 δ ,并且 $Z_1 = Z_3$ 时,相当于超声波脉冲反射法检测时在被检测材料中遇到有一定厚度的缺陷的情况,则声压反射率有: $\delta = n\lambda/2$ 时 r_{p} 有最小值, $\delta = (2n + 1)\lambda/4$ 时 r_{p} 有最大值,这里 n 为正整数。这意味着缺陷厚度达到 $\delta = (2n + 1)\lambda/4$ 时能获得最大反射而容易被检测出来。

当第二介质(中间介质层)厚度 δ ,并且当 $Z_1 \neq Z_3$ 时,相当于超声波脉冲反射法检测时对耦合剂层、保护膜厚度要求的情况,则声压反射率有: $\delta = n\lambda/2$ 时 r_{p} 有最大值, $\delta = (2n + 1)\lambda/4$ 时 r_{p} 有最小值,这里 n 为正整数。这意味着耦合剂层或保护膜厚度在 $\delta = (2n + 1)\lambda/4$ 时能有最大的穿透。

声压透射率则有如下关系:

$$t_{\mathrm{p}} = \sqrt{\frac{1}{1 + \frac{1}{4}\left(m - \frac{1}{m}\right)^2 \sin^2 \frac{2\pi\delta}{\lambda}}}$$

式中: m 为 Z_1/Z_2, δ 为第二介质(中间介质层)的厚度, λ 为超声波在第二介质(中间介质层)的波长。

当第二介质(中间介质层)厚度 δ ,并且 $Z_1 = Z_3$ 时,相当于超声波脉冲反射法检测时在被检测材料中遇到有一定厚度的缺陷的情况,则声压透射率有: $\delta = n\lambda/2$ 时 t_{p} 有最大值, $\delta = (2n + 1)\lambda/4$ 时 t_{p} 有最小值。这同样意味着缺陷厚度达到 $\delta = (2n + 1)\lambda/4$ 时能获得最大反射而容易被检测出来。

当第二介质(中间介质层)厚度 δ ,并且当 $Z_1 \neq Z_3$ 时,相当于超声波脉冲反射法检测时对耦合剂层、保护膜厚度要求的情况,则声压透射率有: $\delta = n\lambda/2$ 时 t_{p} 最小; $\delta = (2n + 1)\lambda/4$ 时 t_{p} 最大。这同样意味着耦合剂层或保护膜厚度在 $\delta = (2n + 1)\lambda/4$ 时能有最大的穿透。

上述公式是以连续波为基础推导出来的,超声波检测中应用的主要是脉冲波,涉及的波长是一个复杂的合成量,以实验为基础得到的数据表明,一般在 $\delta/\lambda < 0.001$ 时绝大多数声能透入工件, $\delta/\lambda > 0.001$ 时穿透声能减少,接触法检测时的耦合层和超声波单晶直探头的保护膜厚度应该越薄越有利于超声波的透射。

(5)折射

超声波从第一介质倾斜入射到第二介质,而这两种介质具有不同的声速时,在两种介质之间的界面上,入射声波的一部分进入第二介质但是改变了原来的入射方向,这种现象称为超声波的折射。当第二介质是固体的情况下,在发生折射的同时,还伴有波型转换发生。

超声波从第一介质倾斜入射到第二介质而发生的折射与界面两侧介质的声速比(折射率)和入射、折射角度(正弦函数)相关,即:$\sin\alpha/c_1 = \sin\beta/c_2$,式中 α 为入射角,c_1 为第一介质中入射超声波的速度;β 为反射或折射角,c_2 为在第一介质中反射或者在第二介质中折射超声波的速度。该数学式也称为斯涅尔定律或折射定律,它能反映入射角、反射角、折射角与介质中的声速的关系。

如图 2-18 所示,以纵波 L 倾斜入射为例,由于在相同介质中相同波型有相同的波速,因此 $L_{反}$ 的反射角 β 与 L 的入射角 α 相同,在同一介质中横波的速度小于纵波速度,因此反射横波 $S_{反}$ 的反射角 β 小于 L 的入射角 α ,折射横波 $S_{折}$ 的折射角小于折射纵波 $L_{折}$ 的折射角。

在超声波检测中利用超声波在界面上的折射特性主要用于达到波型转换的目的,例如把一般压电晶体产生的纵波转换成横波、瑞利波、兰姆波等,以适应不同工件及不同情况下的检测。但是在对形状复杂的工件进行超声波检测时,有时也需要注意超声波在被检工件内由于型面反射造成波型转换的现象,避免发生误判。

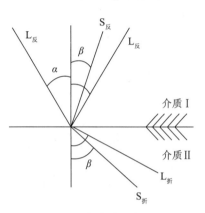

图 2-18　超声波反射与折射时的波型转换

斯涅尔定律的完整表达式可写为:

$$\sin\alpha_{L1}/c_{L1} = \sin\beta_{L1}/c_{L1} = \sin\alpha_{S1}/c_{S1} = \sin\beta_{S1}/c_{S1} = \sin\theta_{L2}/c_{L2} = \sin\theta_{S2}/c_{S2}$$

式中:α_{L1} 为纵波入射角,α_{S1} 为横波入射角,β_{L1} 为纵波反射角,β_{S1} 为横波反射角,θ_{L2} 为纵波折射角,θ_{S2} 为横波折射角。

在倾斜入射的情况下,随着入射角的增加,相应一定波型(一定波速)的折射角也随之增大,当达到 90° 的情况下,该波型的折射波将不能在第二介质中存在,我们把这时的入射角称之为临界角,具体可分为:

第一临界角:$\alpha_{I} = \arcsin(c_{L1}/c_{L2})$,这时折射纵波的折射角达到 90°,第二介质中只留下了折射横波。在超声横波检测中,一般要求采用纯横波检测,因此入射角应该大于第一临界角。

第二临界角:$\alpha_{II} = \arcsin(c_{L1}/c_{s2})$,这时折射横波的折射角达到 90°,第二介质中已没有折射波存在,但可以在第二介质表层激发出瑞利波,可用于瑞利波检测,即激发瑞利波的入射角大于等于第二临界角:

$$\alpha_{R} = \arcsin(c_{L1}/c_{R}) \geqslant \arcsin(c_{L1}/c_{s2})$$

第三临界角:$\alpha_{III} = \arcsin(c_{s1}/c_{L1})$,这是在入射波为横波,倾斜入射到固体/气体界面的情况下发生的,当未达到第三临界角时,有反射横波与反射纵波存在,一旦达到第三临界角,则反射纵波的反射角达到 90°,介质中只留下了反射横波。在对形状复杂的工件进行超声横波检测时,有时也需要注意超声波在被检工件内由于型面反射造成波型转换的现象,避免发生误判。

上面各式中:c_{L1} 为第一介质纵波声速,c_{L2} 为第二介质纵波声速,c_{S1} 为第一介质横波声速,c_{S2} 为第二介质横波声速,c_R 为第二介质瑞利波速度(在有机玻璃-钢界面的情况下,通常取 α_R 为 67°~72°。

（6）汇聚与发散

一束声波从第一介质透射进入具有不同声速的第二介质且界面弯曲的情况下，会发生声束汇聚或发散，汇聚的现象称为聚焦，扩散的现象称为发散，汇聚还是发散取决于两种介质的声速差异、界面的弯曲方向，汇聚或发散的程度符合折射定律（以曲面的法线确定入射角和折射角）（图2-19）。

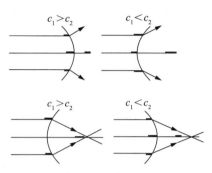

超声波检测用的声透镜聚焦探头就是利用声波透过具有不同声速的第二介质弯曲界面能产生汇聚或发散的现象。

图 2-19 平行声束在圆弧曲面上透射时的汇聚与发散示意图

（7）侧壁效应与角偶反射

与超声波的反射特性有关，在被检工件中常会因为工件形状影响而产生一些特殊的反射及波型转换，有可能影响对超声波检测结果的正确判断。这里介绍典型的3种情况：

①侧壁效应

对于单晶直探头，其声束呈圆锥状，在其外圆周面部分碰到侧面时，将由于侧面的反射以及可能产生波型转换了的反射波（例如横波）与原来声束发生叠加干涉，使得原声束横截面形状变成非轴对称，最大声压值的连线（即声轴线）发生偏斜甚至弯曲，偏向离开侧面的工件内部。探头越接近侧面，声轴线偏离的程度越大，此即侧壁效应干扰的结果（图2-20）。

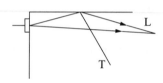

图 2-20 侧壁效应

侧壁效应对于超声波检测最大的影响是使得靠近侧面的检测灵敏度显著降低，探头越靠近侧面，检测灵敏度越低，以致难以甚至无法检出靠近侧面的缺陷，侧壁效应也影响底面反射波，在侧面附近的底面反射波也会显著降低。

在超声波检测中，为了避免侧壁效应的干扰影响，对于钢而言，在探测缺陷时要求单晶直探头距离侧面的最小距离有：$d_{min} > 3.5 \, (a/f)^{1/2}$（mm），式中 d_{min} 为单晶直探头距离侧面的最小距离，f 为超声波频率，a 为预定探测距离（即探头中心轴线上要评定缺陷的埋藏深度）。在判定底面反射波时要求：$d_{min} > 5 \, (a/f)^{1/2}$（mm），这里的 a 为被检工件的厚度。

在有些情况下，侧壁效应对于超声波检测反而是有用的，即在两个相距较近的相对侧面情况下，例如检测螺栓上的周面径向疲劳裂纹，可以用单晶直探头从螺栓端面入射，探头位于螺栓端面的一侧，利用侧壁效应使声轴线弯曲而检测到对面的裂纹。

②纵波的61°反射

如图2-21（a）所示，在钢质试件的条件下，如果纵波入射到与入射面成61°的斜面上时，反射横波基本上垂直于斜面对侧壁面再反射回来被接收，而反射纵波则因进入了多次反射状况甚至可能不能返回探头被接收。因此，在超声波仪器上接收到的回波实际上包括一段纵波时间和一段横波时间，由于横波速度低于纵波速度，结果在仪器显示屏上显示的回波位置就不准确了，会被误认为是从较深的位置反射回来的。对于这种回波的判别有个特征，即探头位置左右移动时（按图平面），回波位置不变，即传播时间不变，这是因为长路径的纵波速度快，短路径的横波速度慢，两者可以达到平衡。如图2-21（a）中将试样的横断面补足为三角形,即可看到即使在短边上改变声束入射位置,其实反射波的传播时间是一样的,并且反射波的视在距离等于长边 a_s。

在铝质试件的情况下,也有同样的表现,但其斜面与入射面的角度是 64°。

在超声波实际检测应用中,这种情况主要涉及位于直角附近有圆柱孔的情况,例如高压泵缸体内壁或模具等,如图 2-21(b)所示。在检查孔壁裂纹时,除了缺陷反射回波外,还有距离探测面 d_1 的孔壁回波,当探头移动到某个位置时,会有纵波在孔壁上以 45° 反射到侧壁的回波,这时该回波大约在距离: $d_1 + d_2 + 2R(1 - \sin 45°) \approx d_1 + d_2 + 0.568R$,在移动探头到某个位置时,就会出现上述 61°(钢,如果是铝则为 64°)反射波,其视在距离(按钢计算)

为: $d_1 + d_2\tan \alpha_\mathrm{L} + R\left[1 - \tan\left(\dfrac{90° - \alpha_\mathrm{L}}{2} \right) \right] = d_1 + 1.82\,d_2 + 0.742R$,当 $d_1 = d_2 = R$ 时,反射波的距离为 $1 : 2.57 : 3.56$。实际上,还会有其他由形状引起的反射波以及上述反射波的多次反射波等,在检测时应注意鉴别。

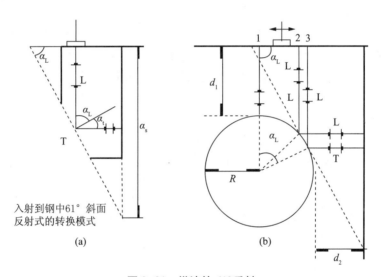

图 2-21　纵波的 61° 反射

③横波的角偶反射

图 2-22 所示为折射角 60° 的横波在端角侧面上反射的情况,在端角侧面上的横波入射角为 30°,当探头位置为某个适当位置时,会出现反射产生的反射纵波 L_2 比反射横波 T_2 提前被探头接收(因为纵波速度大于横波速度),在超声波仪器显示屏上出现 L_2 在 T_2 前面的情况,存在时间差 Δt,在判别缺陷回波时应注意这种情况,避免误判。

例如采用折射角 60° 的横波探头检测焊缝时,如果遇到较大的根部未焊透,或者检测例如板材、型材的与表面垂直的较深的裂纹,如果它们的高度超过波长,就有可能出现这种角偶反射现象,如果不做正确判别,就有可能导致对缺陷位置的评定发生错误。

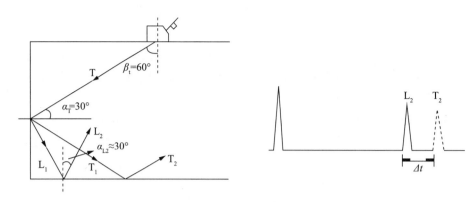

图 2-22　横波的角偶反射

4. 超声波的衍射与散射

（1）衍射（绕射）

超声波在介质中传播时,遇到异质界面的障碍物（例如缺陷）,根据惠更斯原理,在其边缘会有衍射现象发生,产生新激发的衍射波,从表观上看,能使原来的超声波绕过缺陷继续前进,波长对障碍物尺度的比值越大,衍射现象越显著,如果障碍物的尺度远大于波长,虽然仍有衍射现象,但是在障碍物后面会形成声影区（没有超声波的空间区域）（图 2-23）。

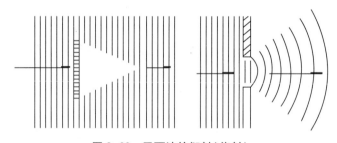

图 2-23　平面波的衍射（绕射）

在超声波检测中,衍射现象的存在一方面限制了超声脉冲反射法可检出缺陷的最小尺寸（一般以缺陷垂直于声轴线方向的面线度尺寸为缺陷中二分之一波长作为最小可检出尺寸,这与缺陷中的声速和超声波频率相关,在实际应用中,通常近似地取被检工件材料中的波长估算,由于使用的是脉冲波,因此缺陷检出率能够达到更高）,另一方面则被利用于测量缺陷的垂直高度（例如棱边再生波法或者 TOFD 法,以及焊缝检测中评估缺陷长度的端部峰值法,参见后面相关章节）。

（2）散射

超声波在传声介质中遇到诸如材料中的晶粒、晶界、晶界析出物、相质点,甚至晶内相组织等由于成分上的差异以及声速的各向异性,或者媒介物中的悬浮粒子、杂质、气泡等声阻抗（数值上等于声速与密度的乘积）有差异（哪怕是微小的差异）的区域时,构成了超声波反射、折射的条件,成为超声波的散射体,因为发生反射或折射而使原有的超声波束沿着长而复杂的路径连续不断地被分裂或分解,改变原来的传播方向,散乱地向各方向传递,这种现象称为散射。

散射状态与超声波在传声介质中的波长及散射质点(例如平均晶粒直径)的大小有密切关系。在金属材料中,按波长 λ 和晶粒平均直径 d 之比,可以划分为 3 种散射状况:

瑞利散射:$d \ll \lambda$ 时,其散射程度与频率的四次方成正比($\alpha_S = C_2 F d^3 f^4$),这是金属中大多数的情况。

随机散射:$d \approx \lambda$ 时,其散射程度与频率的平方成正比($\alpha_S = C_3 F d f^2$),例如

通常在粗晶铸件中容易出现这种情况。

漫散射:$d \geqslant \lambda$ 时,其散射程度与 D 成反比($\alpha_S \approx C_4 F/d$),当晶粒平均直径大到一定程度时,α_S 反而变小,这相当于遇到了一个单个物体的情况,此时 α_S 与频率无关。对于粗糙表面也是能对超声波产生漫散射的情况,这可以比喻为一束照明光柱(例如汽车灯光)在雨雾中被众多小水珠所散射以致光柱的照射距离大大减小,或者,一束照明光柱投射到一块平板玻璃上将发生有规律的反射,但若投射到一片沙滩上,或投射到一张砂纸上,则反射光就成为与无规律的漫反射光一样了。

上面式中的 α_S 为散射衰减系数(反映散射衰减能力的大小),C_2、C_3、C_4 为比例常数,F 为各向异性因子,d 为晶粒平均直径。

由于散射现象的存在,使得垂直于声路上的单位面积通过的声能减少,亦即减弱了原来传递方向上的超声能量,被散射的能量最终变成内耗损失,造成散射衰减。尽管在超声波脉冲反射法检测中这种散射现象的存在不但使得超声波的穿透能力降低,而且还对回波判别带来干扰,但是也可以利用在金属材料中散射超声波的叠加混响返回到超声波探头并被接收后,在超声波探伤仪显示屏上以杂草状回波形式(如草状波、丛状波、林状波等杂波)显示为杂波信号,根据杂波信号的形态与大小(杂波水平评定),也可以作为判断和评价金属材料内部的显微组织形态的判据,如判断粗晶、过热、过烧、高温合金中的碳化物、铁素体/珠光体钢中铁素体与渗碳体的片层间距大小、及组织不均匀等,特别是在航空工业中,杂波水平的评定已经成为例如钛合金锻件超声检测验收标准中的一项重要指标。

5. 超声波的衰减

超声波在材料中传递时,随着传播距离的增大,垂直于声路上的单位面积通过的声能会逐渐减弱,这种现象称之为超声波的衰减。

造成超声波能量衰减的因素主要有 3 个方面:

(1)扩散衰减:超声波在介质中传播时,由于声束存在扩散现象,其自身的波前扩散会造成随着传播距离(声程)的增大而垂直于声束传播方向的单位面积(声束横截面)通过的声能逐渐减小(声能密度减小),即称为扩散衰减,其取决于波的几何形状,而与传声介质的性质无关。

(2)散射衰减:散射衰减与传声介质中质点的声阻抗特性均匀性有关,即与材料自身的成分、显微结构特性相关,如与晶粒大小、晶界析出物、晶界形态、晶内相成分等显微组织形态有关,并将最终变成热能损耗。

(3)吸收衰减:超声波传递时能量衰减的另一个重要原因是内吸收造成的衰减,与传声介质的粘滞性、热传导、边界摩擦、弹性滞后、分子弛豫等机理有关,这些原因导致的超声能量衰减统称为吸收衰减。

超声波在材料中衰减的大小与超声波频率密切相关,实际上是与超声波的波长相关,在同一材料中,即使频率相同而波型不同,具有不同的传播速度,亦即波长不同,则表现出来的超声波衰减也不相同。

6. 超声波的速度特性

同一波型的超声波在不同材料中有不同的传播速度,而在同一材料中,不同波型的超声波也有不同的传播速度。由于声速受材质的各向异性、形状及界面的影响,并且根据超声波的振动形式不同而要分别采用各自的弹性模量,因此有:

无限固体中的纵波速度: $c_L = \sqrt{\dfrac{E}{\rho} \cdot \dfrac{1-\sigma}{(1-2\sigma)(1+\sigma)}}$

细棒(直径 $d \leqslant 0.1\lambda$)轴向的纵波速度: $c_L = \sqrt{\dfrac{E}{\rho}}$

无限固体中的横波速度: $c_T = \sqrt{\dfrac{E}{\rho} \cdot \dfrac{1}{2(1+\sigma)}} = \sqrt{\dfrac{G}{\rho}}$

半无限固体中的瑞利波速度: $c_R = \dfrac{0.87+1.12\sigma}{1+\sigma} \sqrt{\dfrac{E}{\rho} \cdot \dfrac{1}{2(1+\sigma)}}$

式中,E 为介质的杨氏弹性模量; G 为介质的切变模量; σ 为介质的泊松比; ρ 为介质的密度。

不同的超声波振动模式对应不同材料中不同的弹性模量(杨氏弹性模量、体积弹性模量、切变弹性模量)以及材料的泊松比(材料在力的方向上出现纵向应变的同时,在垂直方向上也会产生横向应变,它们之间的比率称为泊松比,这是材料的物理特性之一),它们之间存在不同的关系式,利用这些关系式,在测定了声速并已知其中另一参数时,即可计算得到其他的参数。

利用超声波的速度变化特性,可以应用于许多领域的测量,并已经成为声学测量技术中的主要测量方法,例如通过超声波速度的测量确定液体的黏度 η:根据切变声阻抗 Z 与 $(\eta \cdot \rho)^{1/2}$(η 为液体的黏度,ρ 为液体的密度)存在正比关系,而声阻抗 $Z = \rho \cdot c$,因此通过测量声速并确定了液体的密度后,即可确定液体的密度。又例如通过时间差异与多普勒技术对超声波速度测量的超声流量计,能够实现对金属、塑料或水泥管道中的所有类型的液体,包括水、液压油、冷冻剂、石油产品以及许多其他液体的流速、流量、水平高度、浓度、密度以及热能等流体物理特性的测量。利用超声波速度与介质温度之间的关系,还可以实现对介质温度的测量。利用超声波速度与传声介质组分的关系,可以用于对液体、气体的成分分析等。

7. 超声波的谐振特性

超声波是一种机械振动波,同频率、同波型的超声波在传声介质中如果反射波与入射波方向相反相遇时,就有可能因为相互干涉而形成驻波,这是在空间分布固定的周期波,其特点是具有在空间固定的波节(此处声场特性为零)或波腹(此处声场特性为极大值),它是局限于某区域而不向外传播的波动现象,波腹和波节的位置不随时间变化,振动的能量也不随时间逐点传播。

利用驻波现象,可以利用超声波谐振仪把频率可调的超声波(主要利用纵波)入射到被检工件中,当超声波与工件的固有频率发生频率共振时,相向传播的入射波与反射波互相叠加形成驻波(图2-24),即纵波垂直入射的厚度共振,可以应用于工件测厚:

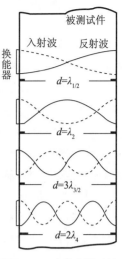

图2-24　试件中的驻波

如图2-24所示,试样厚度为 d,在其中传播的超声波波长为 λ,则在发生谐振时得到:$d = \lambda_1/2 = 2\lambda_2/2 = 3\lambda_3/2 = \cdots = n \cdot \lambda_n/2$,式中 n 为任意正整数,亦即此时被检工件的厚度等于谐振超声波半波长的整数倍。

当试件材料的超声波速 c 为已知时,根据声速、波长和频率的关系式:$c = \lambda \cdot f$,可以得到在厚度共振时的超声波频率:$f_n = c/\lambda_n = n \cdot c/2d$,当 $n = 1$ 时,$f_1 = c/2d$,这 f_1 就是厚度共振的基频,由于任何两个相邻谐波的频率之差等于基频,则有:$f_n - f_{n-1} = nf_1 - (n-1)f_1 = f_1$,因此可以利用谐振仪确定厚度共振时两个相邻谐波的频率,则工件厚度为:$d = c/[2(f_n - f_{n-1})]$,或者在两个不相邻谐波的频率分别为 f_m 和 f_n 时,由于:$f_m - f_n = (m - n)f_1$,因此 $d = (m - n) \cdot c/[2(f_m - f_n)]$。

在胶接结构和复合材料的超声波检测中,也常利用超声波的谐振特性检测胶接质量。

第四节　声发射检测原理

声发射是一种常见的物理现象,20世纪50年代初,德国人 Kaiser 对多种金属材料的声发射现象进行了研究并发现了声发射不可逆效应——Kaiser 效应,即声发射现象仅在第一次加载时产生,第二次加载及以后各次加载所产生的声发射变得微不足道,除非后来所加外应力超过前面各次加载的最大值。声发射技术作为检测技术早期应用于材料研究,20世纪60年代开始应用于无损检测领域,我国在20世纪70年开始应用声发射技术。声发射检测技术可以对检测对象进行实时监测,且检测灵敏度高,几乎所有材料都具有声发射特性,不受材料介质限制,且不受检测对象的尺寸、几何形态、工作环境等因素的影响。在工程检测的应用中,研究进展很慢,主要是由于声发射信号的复杂多变,难以提取并容易受外界干扰造成信息失真。

一、声发射信号的产生

当材料或零件部受外力作用产生变形、断裂或内部应力超过屈服极限而进入不可逆的塑性变形阶段,都会以瞬态波形式释放出应变能,或者在外部条件作用下,材料或零部件的缺陷或潜在缺陷改变状态而自动发出瞬态弹性波的现象,称为声发射,有时也称为应力波发射。如果释放的应变能足够大,就产生可以听得见的声音。大多数金属材料塑性变形和断裂时也有声发射产生,但声发射信号的强度很弱,人耳不能直接听见,需要借助灵敏的电子仪器才能检测出来。

声发射检测是一种动态无损检测方法,利用外部条件使构件或材料的内部结构发生变化,从而使缺陷或潜在缺陷处在运动变化的过程中,才能实施无损检测。因此,裂纹等缺陷在检测中主动参与了检测过程。如果裂纹等缺陷处于静止状态,没有变化和扩展,就没有声发射产生,也就不可能实现声发射检测。而且由于声发射信号来自缺陷本身,因此可用声发射法判断缺陷的严重性。声发射检测到的是一些电信号,根据这些电信号来解释结构内部的缺陷变化往往比较复杂,需要丰富的知识和其他试验手段的配合。

1. 位错运动和塑性变形

实际上,材料或构件晶体内存在各种各样的缺陷,当晶体内沿某一条线上的原子排列与完整晶格不同时就会形成缺陷,告诉运动的位错产生高频率、低幅值的声发射信号,而低速运动的位错则产生低频率、高幅值的声发射信号。100~1000 个位错同时运动时可产生仪器能检测到的连续信号,几百个到几千个位错同时运动可产生突发型信号。

2. 裂纹的形成和扩展

塑性材料裂纹的形成与扩展同材料的塑性变形有关,一旦裂纹形成,材料局部区域的应力集中得到卸载,产生声发射(图 2-25)。材料的断裂过程大体分为 3 个阶段:裂纹产生、裂纹扩展、最终断裂。这 3 个阶段都能产生强烈的声发射。

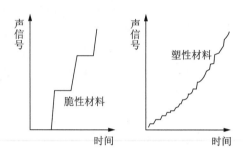

脆性材料不产生明显的塑性变形,因此一般认为,位错塞积是脆性材料形成微裂纹的基本原理,因此脆性材料发射频率低,每次的发射强度大,塑性材料与之形成对比,声发射频率高,每次发射强度小。

图 2-25 脆性和塑形材料声发射信号比较

二、声发射检测原理及系统

1. 检测原理

声发射的检测从声发射源发射的弹性波最终传播到达材料的表面,引起可以用声发射传感器探测的表面位移,这些探测器将材料的机械振动转换为电信号,然后再被放大、处理和记录(图 2-26)。固体材料中内应力的变化产生声发射信号,在材料加工、处理和使用过程中有很多因素能引起内应力的变化,如位错运动、孪生、裂纹萌生与扩展、断裂、无扩散型相变、磁畴壁运动、热胀冷缩、外加负荷的变化等等。人们根据观察到的声发射信号进行分析与推断以了解材料产生声发射的机制。

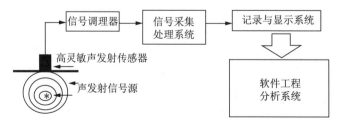

图 2-26 声发射检测原理方框图

2. 检测系统

声发射检测系统主要有声发射传感器、前置放大滤波器、信号处理三部分组成(图 2-

27）。在预期产生缺陷的部位放置声发射传感器,AE 源产生声发射信号,通过耦合界面传导 AE 传感器,AE 传感器采集包含 AE 源的状态信息的 AE 信号,通过放大滤波器等对采集的 AE 信号进行放大、滤波、转换等处理,并将转换后的信号进行对比及特征分析,通过外端现实设备输出。

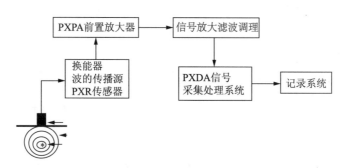

图 2-27　声发射检测系统

（1）换能器声发射装置使用的换能器是由壳体、保护膜、压电元件、阻尼块、连接导线及高频插座组成。压电元件通常使用锆钛酸铅、钛酸钡和铌酸锂等,灵敏度高,裂纹形成和扩展发出的声发射信号由换能器将弹性波变成电信号输入前置放大器。

（2）前置放大器声发射信号经换能器转换成电信号,其输出可低至十几微伏,这样微弱的信号若经过长的电缆输送,可能无法分辨出信号和噪声。设置低噪前置放大器,其目的是为了增大信噪比,增加微弱信号的抗干扰能力,前置放大器的增益为 40~60dB。

（3）滤波器声发射信号是宽频谱的信号,频率范围可从几赫兹到几兆赫兹,为了消除噪声,选择需要的频率范围来检测声发射信号,目前一般选样的频率范围为 5Hz~2MHz。

（4）主放大器和阈值整形器信号经前述处理之后,再经过主放大器放大,整个系统的增益可达到 80~100dB。为了剔除背景噪声,设置适当的阈值电压,低于阈值电压的噪声被割除,高于阈值电压的信号则经数据处理,形成脉冲信号,包括振铃脉冲和事件脉冲。

三、声发射信号处理

（一）声发射信号特征参数

1. 声发射事件

突发型声发射信号,经过包络检波后,波形超过顶置的阈值电压形成一个矩形脉冲（图 2-28）,叫作一个事件。设置某一阈值电压,振铃波形超过这个阈值电压的部分形成矩形窄脉冲（图 2-29）,计算这些振铃脉冲数就是振铃计数,累加起来成为振铃总数。某一个事件的振铃计数就是事件振铃计数。仪器发出的声发射信号是一个随机信号（图 2-30）,那么一个时间的振铃计数为 $n_0 = \dfrac{f_0}{\beta} \ln \dfrac{U_p}{U_t}$,其中 f_0 为工作频率,β 为衰减系数,U_p 为峰值电压,U_t 为阈值电压。

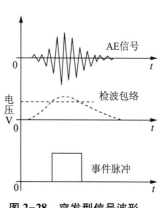

图 2-28　突发型信号波形

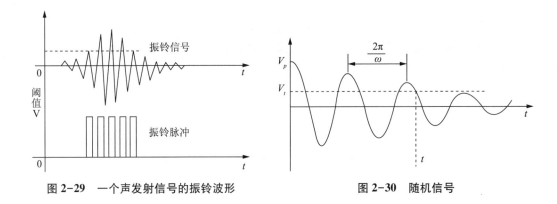

图 2-29 一个声发射信号的振铃波形　　　　图 2-30 随机信号

2. 能量

声发射能量反映了声发射源以弹性波形式释放的能量,瞬态信号的能量定义是:$E = \frac{1}{R}\int_0^\infty V^2(t)\,dt$ 式中 $V(t)$ 是随时间变化的电压,R 是电压测量电路的输入阻抗。

(二)信号处理

声发射信号是一种复杂的波形,包含着丰富的声发射源信息,同时在传播的过程中还会发生畸变并引入干扰噪声。如何选用合适的信号处理方法来分析声发射信号,从而获取正确的声发射源信息,一直是声发射检测技术发展中的难点。根据分析对象的不同,可把声发射信号处理和分析方法分为两类:一是声发射信号特征参数分析,利用信号分析处理技术,由系统直接提取声发射信号的特征参数,然后对这些参数进行分析和评价得到声发射源的信息。二是声发射信号波形分析,根据所记录信号的时域波形及与此相关联的频谱、相关函数等来获取声发射信号所含信息的方法,如 FFT 变换,小波变换等。很多声发射源的特性可以用这些参数来进行描述,为工程实际应用带来极大的方便。

1. 参数分析

参数分析是目前声发射信号分析较为常用的方法,主要是通过对测得的声发射信号进行初步的处理及整理,变换成不同的声发射参数来对声发射源的特征及状态进行分析与处理。涉及的主要声发射参数有撞击(波形)计数、振铃计数、能量、幅度、峰值频率、持续时间、上升时间、门槛、脉冲持续时间、阈值电压(图 2-31、图 2-32)等。

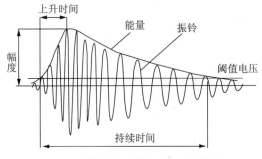

图 2-31 声发射信号简化波形参数的定义

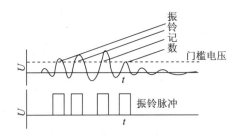

图 2-32 常用声发射参数示意图

声发射检测中,每一个声发射参数都能提供与声发射源特征相关的信息,但是参数的选择存在较大的主观性和随意性,致使对声发射的评价也会存在较大的误差,所以参数分析法在声发射检测中的应用受到很大的局限。

2. 波形分析

声发射信号波形分析处理方法有频谱分析法、模态声发射分析法和时频分析法。由于声发射信号本身是一种机械波,因此,对声发射信号的分析以机械波在固体中的传播理论为基础,对于无限大或半无限大的理想介质,我们可按弹性波的传播规律处理发射波,波动方程:

$$\rho \frac{\partial^2 \zeta}{\partial t^2} = (\lambda + \mu) \frac{\partial}{\partial X} + \mu \nabla^2 \zeta \tag{24}$$

$$\rho \frac{\partial^2 \eta}{\partial t^2} = (\lambda + \mu) \frac{\partial}{\partial Y} + \mu \nabla^2 \eta \tag{25}$$

$$\rho \frac{\partial^2 \zeta}{\partial t^2} = (\lambda + \mu) \frac{\partial}{\partial Z} + \mu \nabla^2 \zeta \tag{26}$$

式中: $\Delta = \varepsilon_{xx} + \varepsilon_{yy} + \varepsilon_{zz}$;

$$\nabla^2 = \frac{\partial^2}{\partial X^2} + \frac{\partial^2}{\partial Y^2} + \frac{\partial^2}{\partial Z^2}$$

可以得到固体弹性介质中两种不同类型波的波动方程。首先对方程式中的式(1)对 X 求微分,式(25)对 Y 求微分,式(26)对 Z 求微分,然后将式(24)、式(25)、式(26)相加,得到下式:

$$\rho \frac{\partial^2 \Delta}{\partial t^2} = (\lambda + 2\mu) \nabla^2 \Delta \tag{27}$$

式中, Δ 是体积的相对变形,即在固体弹性介质中压缩变形以波动形式传播,称为弹性介质中的压缩波,其传播速度:

$$V = \sqrt{\frac{\lambda + 2\mu}{\rho}} \tag{28}$$

在实际构件中声发射波的传播要比在理解介质重的传播复杂的多,声发射信号具有不可预知性、瞬态性、信号多样性和干扰噪声多样性特点。在实际生产中,声发射波在有限厚度介质中的传播方式如图2-33所示,声波传播过程中在两个界面上发生多次反射,每次反射都要发生模式变换,这样传播的波成为循轨波,具有复杂的特性。

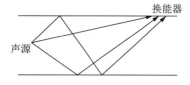

图 2-33　声发射波的传播示意图

四、声发射检测技术特点

1. 优点

声发射检测方法在许多方面不同于其他常规无损检测方法,其优点主要表现为:

(1)声发射是一种被动的动态检验方法,声发射探测到的能量来自被测试物体本身,而

不是像超声或射线探伤方法一样由无损检测仪器提供;

(2)声发射检测方法对线性缺陷较为敏感,它能探测到在外加结构应力下这些缺陷的活动情况,稳定的缺陷不产生声发射信号;

(3)在一次试验过程中,声发射检验能够整体探测和评价整个结构中缺陷的状态;

(4)可提供缺陷随载荷、时间、温度等外变量而变化的实时或连续信息,因而适用于工业过程在线监控及早期或临近破坏预报;

(5)由于对被检件的接近要求不高,而适于其他方法难于或不能接近环境下的检测,如高低温、核辐射、易燃、易爆及极毒等环境;

(6)对于在役压力容器的定期检验,声发射检验方法可以缩短检验的停产时间或者不需要停产;

(7)对于压力容器的耐压试验,声发射检验方法可以预防由未知不连续缺陷引起系统的灾难性失效和限定系统的最高工作压力;

(8)由于对构件的几何形状不敏感,而适于检测其他方法受到限制的形状复杂的构件。

2. 缺点

由于声发射检测是一种动态检测方法,而且探测的是机械波,因此具有如下的缺点:

(1)声发射特性对材料甚为敏感,又易受到机电噪声的干扰,因而,对数据的正确解释要有更为丰富的数据库和现场检测经验;

(2)声发射检测,一般需要适当的加载程序。多数情况下,可利用现成的加载条件,但有时,还需要特作准备;

(3)声发射检测只能给出声发射源的部位、活性和强度,不能给出声发射源内缺陷的性质和大小,仍需依赖于其他无损检测方法进行复验。

第五节 电磁波检测原理

电磁波目前桥梁、隧道工程检测中兴起的一种新的检测方法。对于自然界存在的物体,只要是本身温度大于绝对零度,都可以发射电磁辐射。电磁波理论是 1864 年,英国科学家麦克斯韦在总结前人研究电磁现象的基础上提出的,他断定电磁波的存在,推导出电磁波与光具有同样的传播速度。1887 年,德国物理学家赫兹用实验证实了电磁波的存在。1898 年,马可尼又进行了许多实验,不仅证明光是一种电磁波,而且发现了更多形式的电磁波,它们的本质完全相同,只是波长和频率有很大的差别。

地质雷达(Ground Penetrating/Probing Ra-dar,简称 GPR)是一种利用不同物体的不同电磁特性对地下或物体内不可见的目标体或界面进行定位的电磁探测技术,检测时雷达天线向混凝土结构内部发射电磁波,由于结构内部的混凝土、钢筋、空气和水分的介电常数各不相同,使电磁波在不同的介质界面处发生反射、折射或绕射,其回波信号由混凝土表面的天线接收,由雷达主机对回波信号的时间、振幅的变化、频率的衰减等信息进行处理分析,据此确定反射体的物理性质、目标大小及其具体方位。

一、方法原理

地质雷达利用高频电磁波(主频为数十兆赫至数百兆赫以至千兆赫)以宽频带短脉冲形

式,由地面通过天线 T 送入地下,经地下地层或目的体反射后返回地面,为另一天线 R 所接收(图 2-34)。脉冲波行程需时: $t = \sqrt{4 z^2 + x^2}/v$ 。当地下介质中的波速 v 为已知时,可根据测到的精确的 t 值(ns,1ns = 10^{-9}s)。由上式求出反射体的深度(m)。式中 x(m)值在剖面探测中是固定的: v 值(m/ns)可以用宽角方式直接测量,也可以根据 $v \approx c/\sqrt{\varepsilon}$ 近似算出(当介质的导电率很低时),其中 c 为光速($c = 0.3$m/ns),为地下介质的相对介电常数值,后者可利用现成数据或测定获得。

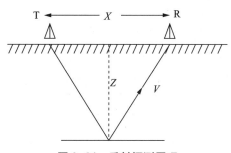

图 2-34　反射探测原理

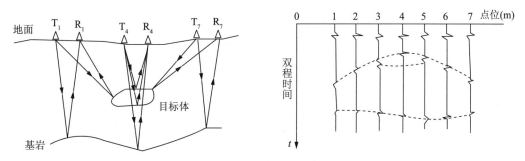

图 2-35　雷达记录示意图

雷达图形常以脉冲反射波的波形形式记录。波形的正负峰分别以黑、白色表示,或者以灰阶或彩色表示。这样,同相轴或等灰度、等色线即可形象地表征出地下反射面。图 2-35 为波形记录的示意图。图上对照一个简单的地质模型.,画出了波形的记录。在波形记录图上各测点均以测线的铅垂方向记录波形,构成雷达剖面。与反射地震剖面相似,雷达剖面亦同样存在反射波的偏移与绕射波的归位问题。故雷达图形也需作偏移处理。

反射脉冲信号的强度,与界面的波反射系数和穿透介质的波吸收程度有关"垂直界面入射的反射系数 R 的模值和幅角,分别可由下列关系式表示:

$$R = \sqrt{(a^2 - b^2)^2 + (2ab\sin\varphi)^2}/(a^2 + b^2 + 2ab\cos\varphi)$$
$$\arg R = \varphi = \tan^{-1}(\sigma_2/\omega \varepsilon_2) - \tan^{-1}(\sigma_1/\omega \varepsilon_1)$$

式中, $a = \mu_2/\mu_1$, $b = \sqrt{\mu_2 \varepsilon_2 \sqrt{1 + (\sigma_2/\omega \varepsilon_2)^2}}/\sqrt{\mu_1 \varepsilon_1 \sqrt{1 + (\sigma_1/\omega \varepsilon_1)^2}}$, μ 和 ε 、 σ 分别为介质的导磁系数、相对介电常数和电导率。下角标 1 和下角标 2 分别代表入射介质和透射介质。由关系式可以看出,反射系数与界面两边介质的电磁性质和频率 ω($= 2\pi f$)有关。很明显,电磁参数差别大者,反射系数也大,因而反射波的能量也大。上式可以用作大

致的数值估计。对于斜入射情况,反射系数将因波极化性质而变,反射系数还与入射角大小有关。介质的含水量一般也会对 σ、ε 值有所影响,含水多者 σ、ε 值变大,相应地,反射系数也会不同。波的吸收程度与衰减因子有关,表示为:

$$\beta = \omega\sqrt{\mu}\sqrt{\frac{1}{2}\left[\sqrt{1+\left(\frac{\sigma}{\omega\varepsilon}\right)^2}-1\right]}$$

当介质的电导率很低时:$\beta \approx \dfrac{\sigma}{2}\sqrt{\dfrac{\mu}{\varepsilon}} = 60\pi\sigma\sqrt{\dfrac{1}{\varepsilon}}$

这是一个与电磁参数有关的量,随 σ 的增大而增大,随 ε 的增大而减小;但介质电导率高时,β 值则与 σ、ω 有关,而与 ε 几乎无关。表 2-2、表 2-3 列出了常见介质的有关参数。

表 2-2　高速公路中常见介质的相对介电常数与对应电磁波速度

介质	相对介电常数	速度/(m/s)
空气	1	0.300
干沥青	2~4	0.212~0.150
湿沥青	6~12	0.122~0.086
干黏土	2~6	0.212~0.122
湿黏土	5~40	0.134~0.047
干沙土	4~10	0.150~0.095
湿沙土	10~30	0.095~0.054
干混凝土	4~40	0.150~0.047
湿混凝土	10~20	0.095~0.067
淡水	81	0.033

表 2-3　常见介质的物理量参数

介质	电导率/(S/m)	介电常数(相对值)	速度/(m/ns)	衰减系数/(dB/m)
空气	0	1	0.3	0
纯水	1×10^{-4} ~ 3×10^{-2}	81	0.033	0.1
海水	4	81	0.01	10^3
冰		3.2	0.17	0.01
土壤	1.4×10^{-4} ~ 5.0×10^{-2}	2.6~15	0.13~0.17(ε_r 为 3~5)	
		15~40	0.095($\varepsilon_r = 10$)	
肥土		15	0.078	
混凝土		6.4	0.12	
沥青		3~5	0.12~0.18	

探测的分辨率问题,是指对多个目的体的区分或小目的体韵识别能力。概括地说,这个

问题决定于脉冲的宽度,即与脉冲频带的设计有关。频带越宽,时域脉冲越窄,它在射线方向上的时域空间分辨能力就越强,或可近似地认为深度方向的分辨率高,其关系式为:

$$1/\Delta t \approx B_{eff}$$

式中:B_{eff} 有效频带宽度;Δt 为分辨界面的有效波形之间的时间间隔。

若从波长的角度来考虑,则工作主频率越高(即波长短),雷达反射波的脉冲波形就越窄,其分辨率应越高。实际应用中可以半波长为尺度来表明纵向分辨率。例如,对于100MHz 的中心频率,在黏土中,波长 $\lambda = 0.6m$(以 $v = 0.06m/ns$ 计),其分辨能力为 0.3m。

分辨率问题,尚应包含水平空间方向上的区分性概念。这个分辨能力,在很大程度上决定于介质的吸收特性。介质吸收越强,目的体中心部位与边缘部位的反射能量相对差别也越大,水平方向的分辨能力相对也就较强。吸收系数 β 和探测深度 d 均较大时,可写出关系式:

$$1/\Delta x \approx 1/3.3\sqrt{d/\beta}$$

式中,Δx 为目的体水平方向的间距。当然;分辨率还与地下各个方向上脉冲波的能量分布情况,即天线的方向图有关。此外,波的散射截面也对分辨率有影响,面介质与目的体的物理性质、工作频率的大小以及目的体的埋深则与散射截面有关。因此,要了解雷达探测的实际分辨能力,需要根据不同的仪器通过具体试验来进行。需要特别指出的是天线的极化性质,对于线性极化的情形,有时在一些走向方位上接收信号的幅度为零,而圆极化辐射则可避免这一现象。因此,对于前一种极化性质的天线,现场工作中必须配合天线试验进行。

二、有耗媒质中电磁波的传播特性

地质雷达和探空雷达不同,它所发射的电磁波是在地下媒质中传播的。由于岩石具有一定的导电性,电磁波在这种有耗媒质中的传播,和空气相比就有其独特的特点。Pulse EKKO Ⅳ型地质雷达仪的发射、接收装置采用半波偶极天线,其特性和短偶极天线基本相同。因此,本文从阐述均匀无限各向同性媒质中电偶极子源的辐射入手,浅析电磁波在有耗媒质中的传播规律。

1. 单色水平电偶极子源的辐射场

在频率域内(时谐因子 $e^{-i\omega t}$),均匀各向同性媒质中的麦克斯韦方程为:

$$\nabla \times E = i\omega\mu H \tag{29}$$

$$\nabla \times E = -i\omega\tilde{\varepsilon}\mu H + J \tag{30}$$

$$\nabla \cdot E = q/\tilde{\varepsilon} \tag{31}$$

$$\nabla \times E = 0 \tag{32}$$

式中:E 为电场强度(V/m);H 为磁场强度(A/m);J 为外加源的电流密度(A/m^2);q 为外加源的电荷密度(C/m);μ 为导磁率(H/m);$\tilde{\varepsilon}$ 为复介电常数。

$$\tilde{\varepsilon} = \varepsilon + i\frac{\sigma}{\omega} \tag{33}$$

式中:ε 为介电常数(F/m);σ 为导电率(S/m)。

真空的导磁率和介电常数分别为：$\mu_0 = 4\pi \times 10^{-7}$，$\varepsilon_0 = 1/36\pi \times 10^{-9}$

通常用 ε_r 和 μ_r，表示相对介电常数和相对导磁率，即：$\varepsilon = \varepsilon_0 \cdot \varepsilon_r$，$\mu = \mu_0 \cdot \mu_r \sigma/\omega\varepsilon$ 为媒质中传导电流密度相对于位移电流密度的比值。当 $\sigma/\omega\varepsilon \ll 1$ 时，位移电流起着主导作用，媒质的特性和电介质相近，称为准电介质；当 $\sigma/\omega\varepsilon \gg 1$ 时，传导电流起着主导作用，称为良导媒质。对于地质雷达所使用的频段来说，地下媒质一般可视为准电介质。

在对偶极子源的求解时常采用赫芝势 π，它满足非齐次波动方程

$$\nabla^2 \pi + k^2 \pi = -P/\tilde{\varepsilon} \tag{34}$$

式中 P 为单位体积中外加源的电偶极矩；k 为传播常数.在导电媒质中 k 为复数：

$$k = \omega\sqrt{\mu\varepsilon} = \alpha + i\beta \tag{35}$$

实部 α 称为相位常数（rad/m），虚部 β 称为吸收系数（Np/m）。

$$\alpha = \omega \left[\frac{\mu\varepsilon}{2} \left(\sqrt{1 + \left(\frac{\sigma}{\omega\varepsilon}\right)^2} + 1 \right) \right]^{1/2}$$

$$\beta = \omega \left[\frac{\mu\varepsilon}{2} \left(\sqrt{1 + \left(\frac{\sigma}{\omega\varepsilon}\right)^2} - 1 \right) \right]^{1/2}$$

对于 P，如图 2-36 所示，在球坐标系 (R, θ, φ) 中，θ 为矢径 R 对 Y 轴的夹角，r 为 R 在 XZ 平面上的投影，φ 为 r 对 X 轴的交角。水平电偶极子位于原点。其偶极矩为：

$$P = \hat{y}\theta \, d_L = \hat{y} \frac{i}{\omega} I \, d_L \tag{36}$$

式中 d_1 为短天线的长度，θ 是偶极子两端的电荷，交变电流 $I = d\theta/dt = -i\omega\theta$

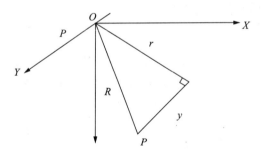

图 2-36　位于原点并取向 Y 轴的水平电偶极

对波动方程求解得到：

$$\pi = \hat{y} \frac{P}{4\pi \tilde{\varepsilon}} \frac{e^{ikR}}{R} \tag{37}$$

$\tilde{\varepsilon}$ 在求得赫芝势 π 后，按下式计算电磁场。

$$E = k^2 \pi + \nabla\nabla \cdot \pi \tag{38}$$

$$H = -i\omega \tilde{\varepsilon} \nabla \times \pi \tag{39}$$

从场势关系求得空间各点的场强为：

$$E_y = k^2\pi + \frac{\partial^2\pi}{\partial y^2} = \frac{k^2 P}{4\pi} \frac{\mathrm{e}^{ikp}}{R}\left[\frac{r^2}{R^2} + \frac{i}{kR}\left(1 - \frac{3y^2}{R^2}\right) - \frac{1}{k^2 R^2}\left(1 - \frac{3y^2}{R^2}\right)\right] \tag{40}$$

$$E_r = \frac{\partial^2\pi}{\partial r\partial y} = \frac{k^2 P}{4\pi\overset{\sim}{\varepsilon}}\frac{\mathrm{e}^{ikp}}{R}\left(\frac{3}{k^2 R^2} - \frac{3i}{kR} - 1\right)\frac{ry}{R^2} \tag{41}$$

$$H_\varphi = i\omega\overset{\sim}{\varepsilon}\frac{\partial\pi}{\partial r} = \frac{\omega kP}{4\pi}\frac{\mathrm{e}^{ikp}}{R}\left(1 + \frac{i}{kR}\right)\frac{r}{R} \tag{42}$$

当接收天线处于 X 轴上并和发射天线平行时, $R = r, E_r = 0$,这时得到主剖面($y = 0$)中的场强为:

$$E_y = \frac{k^2 P}{4\pi\overset{\sim}{\varepsilon}}\frac{\mathrm{e}^{ikr}}{r}\left(1 + \frac{i}{kr} - \frac{1}{k^2 r^2}\right) \tag{43}$$

$$H_\varphi = \frac{\omega kP}{4\pi}\frac{\mathrm{e}^{ikr}}{r}\left(1 + \frac{i}{kr}\right) \tag{44}$$

在辐射区 ($|kr| \gg 1$),忽略 $1/kr$ 的高次项,得到水平电用极子源在主剖面中的剖面中的辐射场为:

$$E_y = \frac{\omega^2\mu P}{4\pi}\frac{\mathrm{e}^{ikr}}{r} = \frac{\omega^2\mu P}{4\pi}\frac{1}{r}\mathrm{e}^{-\beta r}\mathrm{e}^{-iar} \tag{45}$$

$$H_\varphi = \frac{\omega kP}{4\pi}\frac{\mathrm{e}^{ikr}}{r} = \frac{\omega kP}{4\pi}\frac{1}{r}\mathrm{e}^{-\beta r}\mathrm{e}^{-iar} \tag{46}$$

可见在主剖面中,电场和发射天线平行,磁场则垂直向下,且电磁场在辐射区的比值为:

$$E_y / H_\varphi = \sqrt{\frac{\mu}{\overset{\sim}{\varepsilon}}} = \eta \tag{47}$$

η 称为媒质的波阻抗在空气中 η 等于 377 Ω,在导电媒质中 η 为复数,说明电场和磁场之间存在相位差,磁场滞后于电场。在主剖面中辐射场强与 φ 无关,即辐射场在主剖面中无方向性,辐射图呈圆形。

偶极子源辐射的电磁波是球面波,能流密度呈球面发散,发散因子为 $1/R$。由于能流密度正比于电、磁场的乘积,场强的发散因子为 $1/R$。在有耗媒质中,场强因被吸收而按指数规律 $\mathrm{e}^{-\beta r}$ 衰减,电磁波向外传播的功率则按 $\mathrm{e}^{-2\beta r}$ 衰减。

2. 岩矿石的相位常数和吸收系数

相位常数 a 决定了电磁波传播的相速。当波在空间行进一个波长 λ 时,相位相应地改变了 2π,即 $a\lambda = 2\pi$,从而相速为:

$$v = \lambda f = \frac{2\pi}{a}f = \omega/a$$

在无损耗的非磁性媒质中, $a = \omega\sqrt{\varepsilon\mu_0}$,相速为: $v_0 = 1/\sqrt{\varepsilon\mu_0} = c/\sqrt{\varepsilon_r}$。式中光速 $c = 0.3\mathrm{m/ns}$($1\mathrm{ns} = 10^{-9}\mathrm{s}$)。在以位移电流为主的媒质中,相速接近于 v_0。图 2-37 给出了 v/v_0 和 $f\varepsilon_r\rho$ 的关系曲线,当 $f\varepsilon_r\rho > 5 \times 10^{10}$ 时,可以认为相速 v 与无损耗媒质中的相速 v_0 接近,而与频率 f 无关。若设 $f = 10^8\mathrm{Hz}$, $\varepsilon_r = 10$,那么就要求媒质的电阻率 $\rho > 50$ $\Omega\mathrm{m}$,相速 v 才接近于 v_0,即 $v_0 = c/\sqrt{10} = 0.095\mathrm{m/ns}$。

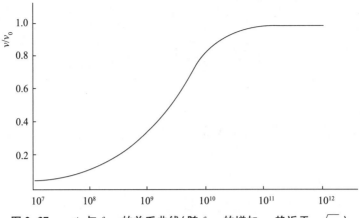

图 2-37　v_0/v 与 $f\varepsilon_r\rho$ 的关系曲线(随 $f\varepsilon_r\rho$ 的增加,v 趋近于 $c\sqrt{\varepsilon_r}$)

　　表 2-4 是地质雷达探测中常遇到的媒质的相对介电常数和波速值,该表为综合数据,援引自北原高木(1979,1000MHz 频率下的测定值)及同本的 OYO 仪器制造公司(表中圆括弧内)的资料。

表 2-4　媒质的相对介电常数和波速值

媒质	ε_1	v /(m/ns)	媒质	ε_1	v /(m/ns)
花岗岩	4(9)	0.15(0.1)	土壤(含水 20%)	10(4~0.095)	(0.05~0.15)
安山岩	2	0.21	土壤(干)	4(3~5)	0.15(0.13~0.17)
玄武岩	4	0.15	沼泽肥土	12	0.087
凝灰岩	6	0.12	肥土	15	0.078
石灰岩	7(6)	0.11(0.12)	混凝土	6.4	0.12
大理岩	6	0.12	沥青	3~5	0.12~0.18
砂岩	(4)	(0.15)	冰	3.2	0.17
煤	4.5	0.14~0.15	聚氯乙烯	3	0.15

　　吸收系数 β 决定了场强在传播过程中的衰减速率,对以位移电流为主($\sigma/\omega\varepsilon \ll 1$)的媒质,$\beta$ 的近似值为:$\beta = \dfrac{\sigma}{2}\sqrt{\dfrac{\mu_0}{\varepsilon}} = 188\sigma/\sqrt{\varepsilon_r}$,$\beta$ 值与电导率成正比而与频率无关。图 2-38 给出了 $\beta/\sqrt{\varepsilon_r}$ 与频率 f 的关系曲线当媒质的 ε_r 和 ρ 值已知时,对于不同的频率 f 可从图上读出 $\beta/\sqrt{\varepsilon_r}$,从而求出 β 值。从其关系曲线(图 2-38))分析得出,当 $f\varepsilon_r\rho$ 乘积的值大于 2×10^{10} 时,媒质的吸收系数与频率无关。如 $f > 10^8$ Hz,$\varepsilon_r = 10$,要求媒质的电阻率大于 $20\,\Omega\cdot m$,吸收系数即与频率无关。值得注意的是,当采用直流电阻率计算岩石的吸收系数时,由于导电率的频散现象,计算值往往低于实测值。

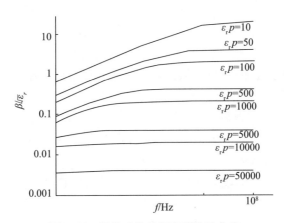

图 2-38 吸收系数与频率的关系曲线

3. 脉冲偶极子源

当已知脉冲子波的时间函数 $f(t)$ 时其频谱可由傅里叶变换求得：

$$F(\omega) = \int_{\infty}^{\infty} f(t) \mathrm{e}^{\mathrm{i}\omega t} \mathrm{d}t \tag{48}$$

若给出的是有限离散序列 $f(n\Delta t), n = 0, 1, \cdots, N-1, \Delta t$ 为取样间隔，$n\Delta t$ 为时窗，则：

$$F(m\Delta\omega) = \sum_{n=0}^{N-1} f(n\Delta t) \mathrm{e}^{\mathrm{i}mn\Delta\omega\Delta t} \Delta t \qquad (m = 0, 1, \cdots, N-1) \tag{49}$$

其反变换为：

$$F(n\Delta t) = \frac{1}{2\pi} \sum_{m=0}^{N-1} F(m\Delta\omega) \mathrm{e}^{-\mathrm{i}mn\Delta\omega\Delta t} \Delta\omega \tag{50}$$

对脉冲 Ⅳ 型探地雷达仪可设：$f(t) = t^2 \mathrm{e}^{-\omega t} \sin\omega_0 t$

式中 ω_0 为中心频率；脉冲的衰减速率取决于系数 a，可取 $a = \omega_0 / \sqrt{3}$。其频谱为：

$$F(\omega) = \frac{2\omega_0 [3(a - \mathrm{i}\omega)^2 - \omega_0^2]}{[(a - \mathrm{i}\omega)^2 + \omega_0^2]^3} \tag{51}$$

脉冲波形及其相对振幅谱如图 2-39 所示。

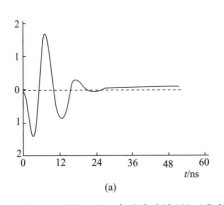

(a)

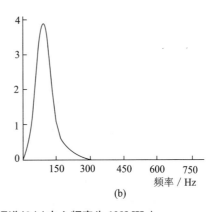

(b)

图 2-39 电磁脉冲波形(a)和相对振幅谱(b)(中心频率为 100MHz)

对长度有限并包含着不同频率谐波的波列,前面所定义的相速便失去了确切的含义。一个载信息的波列通常含有一个高频载波和以载波为中心向两侧扩展的频带。这种由一个"频率群"组合的讯号构成一个波包,波包包络的传播速度称为群速。为了说明群速的概念,考虑最简单的情况,即它是由两个振幅相同、角频率分别为 $\omega + \omega_0$ 和 $\omega_0 - \Delta\omega(\Delta\omega \ll \omega_0)$ 的行波组合而成。因为它们的角频率略有差别,作为频率函数的相位常数也会有微小差异。设对应于这两个频率的相位常数分别为 $\alpha_0 + \Delta\alpha$ 和 $\alpha_0 - \Delta\alpha$,于是有:

$$E(r,t) = E_0\cos[(\alpha_0 + \Delta\alpha)r - (\omega_0 + \Delta\omega)t] + E_0\cos[(\alpha_0 - \Delta\alpha)r - (\omega_0 - \Delta\omega)t]$$
$$= 2E_0\cos(\Delta\alpha r - \Delta\omega t)\cos(\alpha_0 r - \omega_0 t) \tag{52}$$

上式表示沿路径 r 传播的波,以中心频率 ω_0 快速振荡,其振幅随角频率 $\Delta\omega$ 缓慢变化,如图 2-40 所示。包络的传播速度由下式决定:

$$\Delta\alpha r - \Delta\omega t = 常数$$

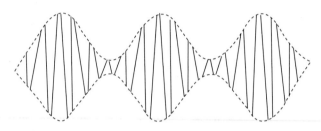

图 2-40　两个频率非常接近的讯号

由此求得群速: $U = \Delta r/\Delta t = \Delta\omega/\Delta\alpha$

对 $\Delta\omega \rightarrow 0$ 的极限情况,群速 $U = 1/(\mathrm{d}\alpha/\mathrm{d}\omega)$ 。这相当于宽频带讯号的速度。对无色散的媒质,相速 v 与 ω 无关,讯号中不同频率的谐波都以同一相速前进,群速等于相速。对正常色散媒质,相速 v 随 ω 增加而减少,这时群速小于相速。对异常色散的媒质,相速随 ω 的增加而增加,则群速大于相速。导电媒质属于异常色散媒质,例如对 $\sigma/\omega\varepsilon \ll 1$ 的准电介质,相位常数可近似地表示为:

$$\alpha = \omega\sqrt{\varepsilon\mu}\left[1 + \frac{1}{8}\left(\frac{\sigma}{\omega\varepsilon}\right)^2\right] \tag{53}$$

由此求得相速和群速为:

$$v = \frac{\omega}{\alpha} = \frac{1}{\sqrt{\varepsilon\mu}}\left[1 - \frac{1}{8}\left(\frac{\sigma}{\omega\varepsilon}\right)^2\right]$$

$$U = 1/\left(\frac{\mathrm{d}\alpha}{\mathrm{d}\omega}\right) = \frac{1}{\sqrt{\omega\varepsilon}}\left[1\,\frac{1}{8}\left(\frac{\sigma}{\omega\varepsilon}\right)^2\right]$$

可知群速大于相速,但对以位移电流为主的媒质,两者的差别很小。对 $\sigma/\omega\varepsilon \ll 1$ 的良导媒质,相位常数近似为:

$$\alpha = \sqrt{\frac{\omega\mu\sigma}{2}}$$

相速和群速分别为:

$$v = \sqrt{\frac{2\omega}{\mu\sigma}} \ , \ U = 2\sqrt{\frac{2\omega}{\mu\sigma}}$$

即相速是群速的一半。在良导媒质中,由于各个谐波分量的相速和吸收系数有明显的差别,脉冲波在传播过程中很快发生畸变,无法根据波峰或波谷来确定其速度,群速失去了它的物理意义。图 2-41 为在 $\rho = 10\Omega \cdot m$, $\varepsilon_r = 25$ 的媒质中,对不同传播距离 r 的脉冲波形进行计算的结果。计算中将脉冲频谱 $F(\omega)$ 乘上因子 e^{ikr} ,然后用傅里叶反变换求得 $f(r, t)$ 。由于着重考察波形形状的变化,对脉冲的振幅采用了任意的相对单位。图 2-42 是在 $\rho = 10\Omega \cdot m$, $\varepsilon_r = 26$,$\rho = 10$ 的媒质中计算的结果,只有当距离 r 很大时,才出现波形的明显变化。

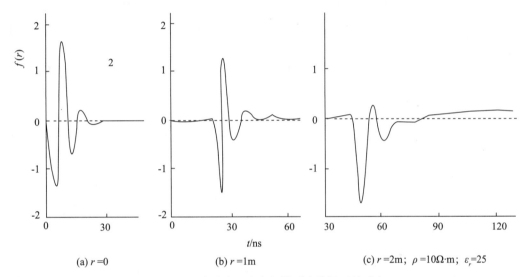

(a) $r = 0$　　　　　　(b) $r = 1m$　　　　　　(c) $r = 2m$; $\rho = 10\Omega \cdot m$; $\varepsilon_r = 25$

图 2-41　脉冲波形在有耗媒质中传播时的畸变

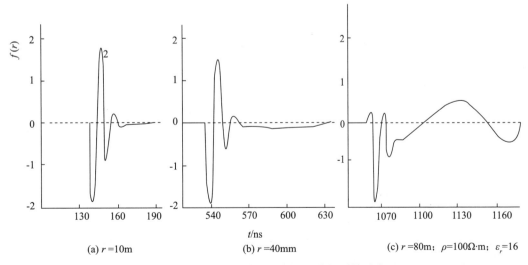

(a) $r = 10m$　　　　　　(b) $r = 40mm$　　　　　　(c) $r = 80m$; $\rho = 100\Omega \cdot m$; $\varepsilon_r = 16$

图 2-42　脉冲波形在有耗媒质中传播时的畸变

三、解释原理

雷达探测资料的解释,包含两部分内容,一为数据处理,二为图像解释。由于地下介质相当于一个复杂的滤波器,介质对波的不同程度的吸收以及介质的不均匀性质,使得脉冲到达接收天线时,波幅被减小,波形变得与原始发射波形有较大的差别。此外,不同程度的各种随机噪声和干扰波,也歪曲了实测数据,因此,必须对接收信号实施适当的处理,以改善数据资料,为进一步解释提供清晰可辨的图像。

目前,数字处理主要是对所记录的波形作处理。例如取多次重复测量的平均,以抑制随机噪声;取邻近的不同位置的多次测量平均,以压低非目的体杂乱回波,改善背景;做自动时变增益或控制增益以补偿介质吸收和抑制杂波;做滤波处理或时频变换以除去高频杂波或突出目的体、降低背景噪声和余振影响,或进一步考虑测域的一维、二维空间滤波,设计与脉冲波形有关的反滤波或匹配滤波器,做与目的体有关的三维处理等。对于小的、局部的和细长物体,其回波散射有一些频谱特性或极化特性需专门考虑,而天线的极化性质也影响着接收效果。这些都是当前数字处理的研究对象。

和地震勘探的数字处理一样,地质雷达实测资料的数字处理正处在不断的发展中。

图像解释的第一步是识别异常,然后进行地质解释。对于异常的识别在很大程度上基于地质雷达图像的正演成果,然而这方面的内容至今报道甚少。中国地质大学(武汉)在完成国家自然科学基金项目"地质雷达目的体物理模拟和数值模拟研究"的过程中,做了某些理论计算和大量的物理模拟实验。这些成果无疑为识别现场探测中可能遇到的种种有限目的体所引起的异常,以及对各类图像进行地质解释提供了理论依据。

和所有物探技术一样,雷达异常的地质解释是一个"系统工程",它包含了高频技术、地质和地理、工程人文等多方面的知识和经验。目前的人工判读解释,只是对异常的识别作一些联系已知条件的注释,但仅就这一工作,应深入研究的问题仍不少。可以肯定,和专家系统、人工智能的研究类同,雷达图像异常解释的成功率,必将随着"系统工程"的不断完善而大大提高。

第六节　震波检测原理

地震波检测属于无损检测,主要是研究人工激发的地震(弹性)波在被检样件中的传播规律。其传播的动态特征集中反映在两个方面,一是波传播的时间与空间的关系,称为运动学特征;另一是波传播中它的振幅、频率、相位等的变化规律,称为动力学特征。地震波场的基本理论和方法是利用地震波实现无损检测的基本,每一位检测技术人员都必须了解地震波的基本原理。

一、地震波基本特征

由弹性力学的理论可知,任何一种固体,当它受外力作用后,其质点就会产生相互位置的变化,也就是说会发生体积或形状的变化,称为形变。外力取消后,由于阻止其大小和形状变化的内力起作用,使固体恢复到原来的状态,这就是所谓的弹性。外力取消后,能够立即完全地恢复为原来状态的物体,称为完全弹性体,通常称之为理想介质。反之,若外力去掉后,仍保持其受外力时的形态,这种物体称为塑性体,亦称为黏弹性介质。

在外力作用下,自然界大部分物体,既可以显示弹性也可以显示黏弹性,这取决于物体本身的性质和外力作用的大小及时间的长短。当外力很小且作用时间很短时,大部分物体都可以近似地看成是完全弹性体(理想介质)。反之,当外力很大且作用延续时间很长时,则多数物体都显示出其粘弹性,甚至于破碎。

在工程地震勘察中,除震源四周附近的岩性由于受到震源作用(如爆炸)而遭到破坏外,远离震源的介质,它们所受到的作用力都非常小,且作用时间短,因此地震波传播范围内,绝大多数岩石都可以近似地看成是完全弹性体(理想介质)来研究。

此外,通常我们还把固体的性质分为各向同性和各向异性两种。凡弹性性质与空间方向无关的固体,称为各向同性介质。反之则称为各向异性介质。工程地震勘察中,大部分工作是在比较稳定的沉积岩区进行,沉积岩大都由均匀分布的矿物质点的集合体所组成,因此很少表现出岩石的各向异性。

综上所述,工程地震勘察所研究的弹性介质,完全可以作为各向同性的理想弹性介质来讨论,因此弹性力学中的许多基本理论可以顺利地引用到工程勘察领域中来。

1. 纵波和横波

振动在介质中的传播过程就是波,介质中有无数个点,在波的传播过程中每个点都会或早或晚地受到牵动而振动起来。单独考虑每一个点,它的运动只是在平衡位置附近进行振动。把介质中的无限多个点当作一个整体来看,它的运动就是波动。所以,波动是一种不断变化、不断推移的运动过程,而不是任何固定的、僵化的过程。

任何一种振动总有一定形式的振动能量。既然波动就是振动在介质中的传播过程,那么伴随着振动的传播,当然也就有能量的传播。波动是能量传播的重要方式之一。这种方式的特点是,当能量在介质中通过波动从一个位置传到另一个位置时,介质本身并不传播。

按照介质质点的振动方向和波动传播方向之间的关系进行分类,可以将弹性波分为纵波和横波两类。介质质点的震动方向和波传播方向一致,称为纵波;介质质点的震动方向和波传播方向相互垂直,称为横波。

纵波是体积形变及拉伸和挤压变形在介质中的传递,该波的传播方向和质点震动发的方向一致(图2-43),在纵波经过的扰动带内,会间隔地出现膨胀(稀疏)带和压缩(稠密)带,故纵波有时也叫作疏密波或者压缩波,它是同一介质中传播速度最快的波。

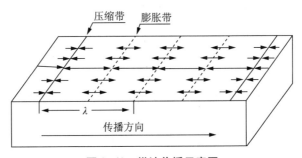

图2-43　纵波传播示意图

横波,也叫切变波,是形状形变,即剪切形变在介质中的传递。横波的质点位移是衰减的正弦振动;横波的振幅也随波的传播距离 r 增大而减小,亦具有球面扩散;横波亦为线性极化波,横波的质点位移振动方向有别于纵波,它与波的传播方面垂直。在研究中,通常把横波看作是由两个方向的振动所组成(图 2-44),一个是质点振动在垂直平面内的横波分量,称为 SV 波,另一个是质点振动在水平平面内的横波分量。

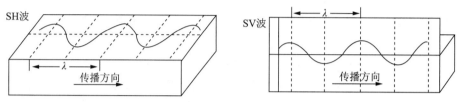

图 2-44　横波传播示意图

2. 波的振动图和波剖面

根据波动方程达朗贝尔解,函数 $C_1(\tau)$ 中的自变量 $\tau = t - \dfrac{r-a}{V}$,既是时间 t 又是空间 r 的函数,即 $u = u(t,r)$,因此就可以从不同的角度描述波动。若在某一确定的距离 $r = r_1$ 上观测该处质点位移随时间的变化规律图形,令横坐标表示时间 t,纵坐标表示质点位移 u,这种由 $u - t$ 坐标系表示的图形称波的振动图形(图 2-45),振动图的极值(正或负)称为波的相位,极值的大小称波的振幅 A,相邻极值间的时间间隔为视周期 T^*,视周期的倒数称视频率 $f^* = 1/T^*$,图上质点振动的起始时间 t_1 和终了时间 t_2 之间的时间长度 $\Delta t = t_2 - t_1$,即为波的时间延续长度。

令时间 $t = t_1$,此时可以研究波动在 $u - r$ 坐标系中的状态。令横坐标代表波离开震源的距离 r,纵坐标仍表示质点移开平衡位置的位移 u,这种图形称波的剖面图(图 2-46),波剖面上具有极大正位移的点称波峰,极大负位移的点称波谷,两相邻波峰(谷)之间的距离称视波长 λ^*,视波长的倒数称波数 $k = 1/\lambda^*$,即单位距离内波的数目。

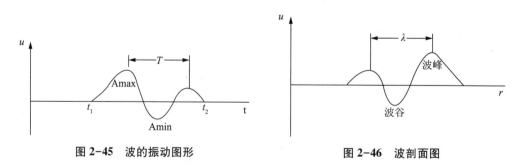

图 2-45　波的振动图形　　　　　　　图 2-46　波剖面图

视波长 λ^*、波数分量 k (一般沿地表观测就是 k_x,也有人称之为视波数)和视速度 V^* 之间有下述关系

$$\lambda^* = T^* \cdot V^* = \frac{V^*}{f^*}$$

$$k = \frac{1}{\lambda^*} = \frac{1}{T^* \cdot V^*} = \frac{f^*}{V^*}$$

观察波剖面在介质中的传播过程可以看出,在波到达的介质处,介质的质点都离开平衡位置产生位移,由于地下岩石介质质点间是紧密相连,振动的质点又波及其邻近静止的质点使其振动,由此及彼,形成质点振动相互传递,这就是地震机械波动的物理机理。波在介质中传播将介质划分为3个球形层(图2-47),处于球层内的质点以各自的状态振动,称扰动区,其横截面即为波剖面。扰动区的最前端(传播方向上)刚开始振动的质点与尚未振动的质点间的分界面称为波前面,而振动区的另一个面是将要停止振动与已经停止振动的质点间之分界面,称为波尾面。对于纵波而言,扰动区内某一时刻一些质点相互靠近,密集在一起,形成局部密集带,而另一些质点却彼此分开,形成局部疏松带,结果在扰动区内构成了彼此相间的压缩和疏松带(图2-48),随着波的传播,介质中的压缩带和疏松带交替更换,这就是纵波传播的形象表述。对横波来说,由于其质点位移方面垂直于波传播方向,它构成了质点运动与波前(尾)面相切的扰动层(图2-49)。

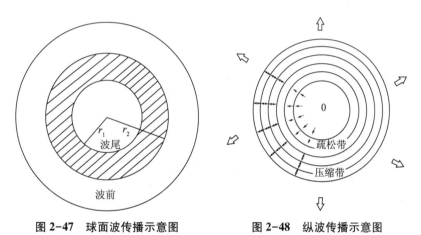

图 2-47 球面波传播示意图　　　　图 2-48 纵波传播示意图

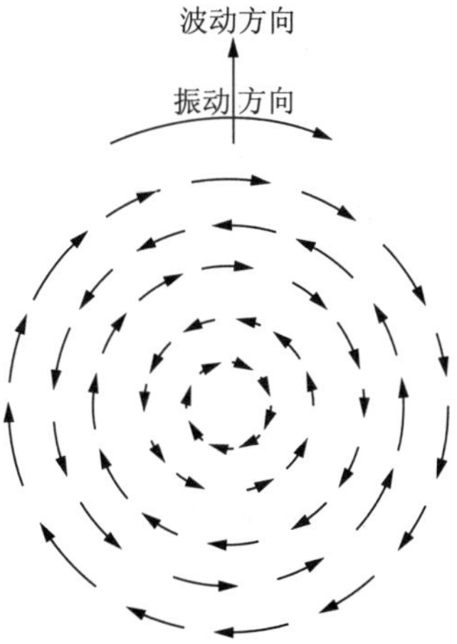

图 2-49 球面横波的质点位移

在同一时刻,介质中不同质点位移都处于不同的振动相位,其中必有某些点是处于相同相位的状态,这些相同相位的质点联系起来构成了等相位面。均匀介质中,在球腔对称的震源作用下,等相位面是以震源为球心的同心球面,显然波前面和波尾面亦应该是等相位面。球面波随着传播距离的增大,球面不断地扩大,当球面扩大到非常大时,可以把球面的局部看成是一个近似的平面来研究,于是球面波蜕变成平面波。从能量来说真正的平面波是一种数学的抽象,它当然不存在球面的扩散问题。

3. 地震波的频谱

由震源激发、经地下传播并被人们在地面或井中接收到的地震波通常是一个短的脉冲振动,应用信号分析领域中的广义术语,称为该振动为地震子波。它可以被理解为有确定起始时间和有限能量,在很短时间内衰减的一个信号。地震子波其振动的一个基本属性是振动的非周期性。因此,它的动力学参数应有别于描述周期振动的振幅、频率、相位等参数,而用振幅谱、相位谱(或频谱)等概念来描述。

根据傅里叶(Fourier)变换理论,任何一个非周期的脉冲振 $g(t)$ 可以用傅里叶积分写成如下形式

$$g(t) = \int_{-\infty}^{\infty} G(f) e^{j2\pi ft} df \tag{54}$$

$$G(f) = \int_{-\infty}^{\infty} g(t) e^{-j2\pi ft} dt \tag{55}$$

式中, t 是时间; f 是频率; $G(f)$ 称频谱,一般是复变函数。式(55)表示一个非周期振动 $g(t)$ 和周期的谐和振动之间的关系,它的物理意义是:任何一个非周期振动 $g(t)$ 是由无限多个不同频率、不同振幅的谐和振动 $G(f) e^{j2\pi ft}$ 之和构成。每一个频率的谐和振动的振幅和初相位由复变函数 $G(f)$ 决定。 $G(f)$ 可以写成:

$$G(f) = A(f) e^{j\Phi(f)} \tag{56}$$

其中 $A(f)$, $\Phi(f)$ 都是实变函数。 $A(f)$ 表示每一谐和振动分量的振幅,称为振幅谱; $\Phi(f)$ 表示每一个谐和振动分量的初相位,称为相位谱。于是式(55)中的被积函数可以写成:

$$G(f) e^{j2\pi f} = A(f) e^{j[2\pi f - \Phi(f)]} \tag{57}$$

可见 $A(f)$ 表示了每一个谐和振动分量对振动 $g(t)$ 的贡献大小,而 $\Phi(f)$ 表示组成 $g(t)$ 的谐和振动之间在时间分布上的相互关系。图2-50表示由许多不同频率、不同振幅、不同起始相位的谐和振动合成一个非周期振动的示意图。

式(55)的物理意义是:如果已知非周期振动 $g(t)$ 的形状,那么可以求得频谱 $G(f)$,进而按式(56),复变谐 $G(f)$ 的模 $A(f)$ 即为振幅谱(图2-51)。即:

$$A(f) = |G(f)| = [a^2(f) + b^2(f)]^{1/2} \tag{58}$$

式中 $G(f) = a(f) = jb(f)$, $a(f)$ 表示 $G(f)$ 的实部, $b(f)$ 表示 $G(f)$ 的虚部。复变谱 $G(f)$ 的幅角就是相位谱。即:

$$\Phi(f) = \tan^{-1} \frac{b(f)}{a(f)} \tag{59}$$

式(54)、式(55)是一对傅里叶变换,前者称傅里叶正变换,后者为傅里叶反变换,它们

之间具有互相单值对应的关系,亦即任何一个形状的地震波都单一地对应有它的频谱,反之任何一个频谱都唯一的确定着一个地震波波形。这就是说,地震波的动力学特征既可以用随时间而变化的波形来描写,也可以用其频谱特性来表述。前者是地震波的时间域表征,后者则是其频率域表征。由于它们具有单值对应性,因此在任何一个域内讨论地震波都是等效的。

地震子波的另一个属性是它具有确定的起始时间和有限的能量,因此经过很短的一段时间即衰减,衰减时间的长短称为地震子波的延续时间长度,以后将会讨论到,它决定了地震勘探的分辨能力,而且可以很容易地证明:地震子波的延续时间长度同它的频谱的频带宽度成反比。在频谱分析中,具有无限长延续时间的单频谐和振动对应着很窄的线谱,而仅有单位时间延续长度的 $d(t)$ 脉冲则具有无限宽的白噪声谱即是这种关系的两个极限例子。

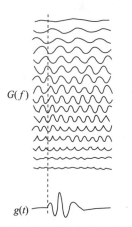

图 2-50 谐和振动合成非周期振动示意图

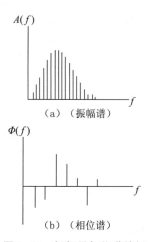

图 2-51 振幅及相位谱特征

二、地震波的传播规律

惠更斯原理和费马原理是研究地震波传播的基本原理,我们首先从该原理出发介绍地震波的传播规律,然后讨论地震波在非均匀各向同性介质中的传播等问题。

1. 惠更斯原理

惠更斯原理是 1960 年,由荷兰科学家惠更斯综合一些实验结果提出,到后来才被弹性理论加以正式。惠更斯原理又称波前原理,它给出根据已知波前来确定其他时刻波前位置的准则。惠更斯原理表明,在弹性介质中,可以把已知 t 时刻的同一波前面上的各点看作从该时刻产生子波的新点震源,在经过 Δt 时间后,这些子波的包络面就是原波到 $t + \Delta t$ 时刻新的波前。应用惠更斯原理可以说明波的反射、折射和绕射现象(图 2-52)。

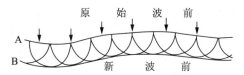

图 2-52 惠更斯原理示意图

2. 费马原理

费马原理是 1660 年发表的几何光学的基本原理,也是几何地震学的基本原理之一,又称射线原理。费马原理表明,地震波沿射线传播的旅行时和沿其他任何路径传播的旅行时相比为最小,亦波是沿旅行时最小的路径传播(最小时间原理)的。根据费马原理,弹性波在弹性介质中传播时,其波前到达某一位置的时间是确定的,因此波前的传播时间可以表示成空间位置的函数,即

$$t = (x, y, z)$$

若知道了上述函数关系,则可确定波前到达空间任一点 $M(x, y, z)$ 的时间 t,因而就确定了时间 t 的空间分布。把上式所确定的时空关系定义为时间场,时间场是一个标量场。

在时间场内,将时间相同的值连起来,组成等时面,用 $M(x, y, z) = t_i$ 表示。显然,t_i 时刻的波前面与 t_i 时刻的等时面重合,而等时面与射线成正交关系(图 2-53,图 2-54)。

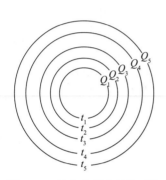

图 2-53 均匀介质中的等时面

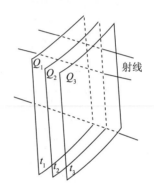

图 2-54 等时面族同射线族的正交关系

3. 视速度定理

同光线在非均匀介质中传播一样,地震波在遇到弹性分界面时亦要产生反射和透射。首先从平面波理论出发(认为波前面是平面,它以恒定的入射角投射到分界面上)讨论平面波的反射和透射。

(1)斯奈尔(Snell)定律

假设界面 R 将空间分为上、下两部分 W_1 和 W_2,上半空间纵横波传播速度为 V_{p1}、V_{s1},下半空间为 V_{p2}、V_{s2}(图 2-55),当一平面纵波以 θ_1 角投射至界面,根据惠更斯原理,波前到达界面上的点可看成一新震源,并产生新扰动向介质四周传播,从而形成反射和透射的纵波和横波(SV 波)。根据光学原理,不难证明在弹性分界面上入射波、反射波和透射波之间的关系为:

$$\frac{\sin\theta_1}{V_{p1}} = \frac{\sin\theta'_1}{V_{p1}} = \frac{\sin\theta_2}{V_{p2}} = \frac{\sin\varphi_1}{V_{s1}} = \frac{\sin\varphi_2}{V_{s2}} = P \tag{60}$$

该式即为斯奈尔定律,又称为反射和透射定律。其中 $P = \sin\theta_i / V_i$ 称为射线参数,它取决于波的入射角度,$\theta_1, \theta'_1, \theta_2, \varphi_1, \varphi_2$ 分别为入射波、反射和透射纵波以及反射和透射横波与界面法线的夹角。

若设入射纵波的能量为 1,并记反射纵波 R_p 和反射横波 R_S 的振幅分别为 A_{RP} 和 A_{RS},透

射纵波 T_p 和透射横波 T_S 的振幅分别 A_{TP} 和 A_{TS}，则根据斯奈尔定律、位移的连续性及应力的连续性，并根据波动方程，可推导出描述上述各波在弹性界面上的能量分配表达式，即 Zoeppritz 方程：

$$\begin{bmatrix} \sin\theta_1 & \cos\Phi_1 & -\sin\theta_2 & \cos\Phi_2 \\ -\cos\theta_1 & \sin\Phi_1 & -\cos\theta_2 & -\sin\Phi_2 \\ \sin 2\theta_1 & \dfrac{V_{p2}}{V_{s1}}\cos 2\Phi_1 & \dfrac{\rho_2 V_{S2}^2 V_{p1}}{\rho_1 V_{S1}^2 V_{p2}}\sin 2\theta_2 & -\dfrac{\rho_2 V_{S2} V_{p1}}{\rho_1 V_{S1}^2}\cos\Phi_2 \\ \cos 2\Phi_1 & -\dfrac{V_{S1}}{V_{p1}}\sin 2\Phi_1 & \dfrac{\rho_2 V_{p2}}{\rho_1 V_{p1}}\cos 2\Phi_2 & -\dfrac{\rho_2 V_{S2}}{\rho_1 V_{p1}}\sin 2\Phi_2 \end{bmatrix} \begin{bmatrix} A_{RP} \\ A_{RS} \\ A_{TP} \\ A_{TS} \end{bmatrix} = \begin{bmatrix} -\sin\theta_1 \\ -\cos\theta_1 \\ \sin 2\theta_1 \\ -\cos 2\Phi_1 \end{bmatrix}$$

$$MA = C \tag{61}$$

即：

$$\vec{M}\vec{A} = \vec{C} \qquad A = \vec{M}^{-1}\vec{C} \tag{62}$$

该方程是在假定反射波的位移与传播方向一致的条件下导出的。

（2）平面波的法线入射

当地震波垂直入射到界面上时，$\theta_1 = 0°$，如图 2-56 所示。据斯奈尔定律，$\theta_1 = \theta_2 = \Phi_1 = \Phi_2 = 0°$，解方程组（61）可得

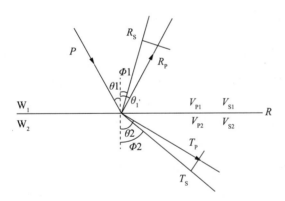

图 2-55 平面波垂直入射

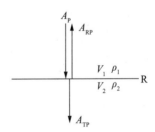

图 2-56 平面波垂直入射

$$\left. \begin{aligned} A_{TS} &= A_{RS} = 0 \\ A_{RP} &= \frac{\rho_2 V_{p2} - \rho_1 V_{p1}}{\rho_2 V_{p2} + \rho_1 V_{p1}} \\ A_{TP} &= 1 - A_{RP} = \frac{2\rho_1 V_{p1}}{\rho_2 V_{p2} + \rho_1 V_{p1}} \end{aligned} \right\} \tag{63}$$

式（63）中第一个方程表明，在平面波垂直入射时，不存在转换横波，因为此时转换波的反射系数 A_{RS} 和透射系数 A_{TS} 均为零；第二个方程说明，欲使反射波强度不为零的条件是：

$$\rho_2 V_{p2} - \rho_1 V_{p1} \neq 0 \text{ 或 } \rho_2 V_{p2} \neq \rho_1 V_{p1} \tag{64}$$

这意味着波阻抗不相等的界面构成地震反射界面。于是式（11）可以说是地震反射波界面形成的必要条件。显然满足不等式（11），可以是 $\rho_1 V_{p1} < \rho_2 V_{p2}$，亦可以是 $\rho_1 V_{p1} > \rho_2 V_{p2}$。

当 $\rho_1 V_{p1} < \rho_2 V_{p2}$ 时，A_{RP} 为正，说明反射波振幅和入射波振幅同相；反之，$\rho_1 V_{p1} > \rho_2 V_{p2}$，$A_{RP}$ 为负，表示它们反相，即相位相差 π。分析式(10)中第三个方程可以看出，透射系数永远为正，故透射波同入射波永远是同相的。

（3）平面波的倾斜入射

当平面波以不为零的任意角度入射至界面时，图 2-57 中各二次波的能量分配关系完全由(8)式决定，此时各波的能量变化不仅与入射角有关，而且还与速度和密度参数变化有关，欲直观了解它们之间的关系，通常采用作图的方法，下面我们选择一些典型的关系曲线进行分析，以便从中引出对地震勘探有益的结论。

①图 2-57(a)是在条件 $V_{p2}/V_{p1} = 0.5$，$\rho_2/\rho_1 = 0.8$ 情况下，反映反射系数和透射系数同入射角 α 的关系曲线。入射波由波阻抗大的密介质向疏介质投射。此时在入射角 $\alpha < 20°$，除反射纵波外，能量主要分配在透射纵波上，横波能量很小，这同上述法向入射的情况是相符的。随入射角加大，纵波的某些能量转化为反射横波和透射横波能量，但主要能量还是在纵波方面，说明在纵波入射的条件下，横波的相对强度不是很大，但值得注意的是，$\alpha \approx 40° \sim 60°$ 时，反射横波强度可以超过反射纵波，说明在远离震源或大倾角入射时，容易接收到反射的转换横波。

②图 2-57(b)是由波阻抗较小的疏介质向密介质入射的情况。这簇曲线的条件是 $V_{p2}/V_{p1} = 2.0$，$\rho_2/\rho_1 = 0.5$，因此

$$\frac{V_{p2}\rho_2}{V_{p1}\rho_1} = \frac{Z_2}{Z_1} = 1$$

说明在法线入射时无反射纵波。当 α 逐渐增大，增至某一角度时，反射波强度有突然的变化，而且透射纵波的强度很快下降。这种强度的急剧变化，反映了波的能量转换，我们将在后面讨论到，此时在称为临界角的附近将产生一种新波动，地震勘探中称为折射波。同时在临界角附近反射纵波和反射横波强度都增大，在那里的反射称为广角反射，人们期望在这一范围内追踪广角反射，以便在波阻抗小的弱反射界面上得到更强的振幅。图 2-57 中 R、B、T 和 D 分别表示反射纵波、反射横波、透射纵波和透射横波的能量系数。

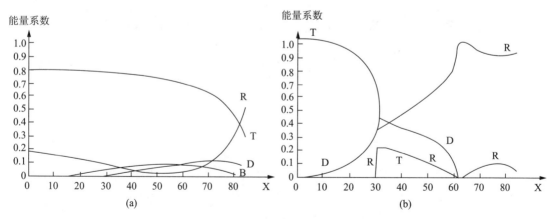

图 2-57　反射系数、透射系数同入射角 α 的关系图

③图 2-58(a)和 2-58(b)是描述 V_{p2}/V_{p1} 和 ρ_2/ρ_1 等参数比值发生变化时对反射系数的

影响。从图 2-58(a)可以看出,当 $V_{p2}/V_{p1} < 1$ 时,曲线变化缓慢,V_{p2}/V_{p1} 越趋于 1,则曲线越平缓,这反映上下介质的波阻抗值差异越小,反射越弱,反之则为强反射。当 $V_{p2}/V_{p1} > 1$ 时,则曲线变化急剧,尤其是在临界角附近。至于图 2-58(b)上 V_{p2}/V_{p1} 比值变化时,曲线没有多大的变化,说明密度的变化对反射波的强度影响不大。

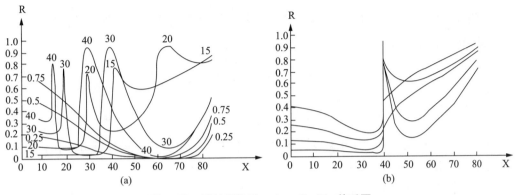

图 2-58　反射系数同 ρ_2/ρ_1 , V_{p2}/V_{p1} 关系图

三、地震面波

在弹性分界面上形成的反射波和折射波,随着时间的增加向整个弹性空间的介质内传播,因而这些波统称为体波,相对于体波而言,在弹性分界面附近还存在着一类波动,从能量来说它们只分布在弹性分界面附近,故统称为面波。其中由英国学者瑞雷(Rayleigh)首先于1887 年在理论上确定的,分布在自由界面附近的面波称为瑞雷面波。此外在表面介质和覆盖层之间还存在一种 SH 型的面波,称勒夫(Love)面波;在深部两个均匀弹性层之间还存在类似瑞雷面波型的面波称史东尼(Stoneley)面波。在此我们只讨论瑞雷面波及其传播特点。

1. 瑞雷面波的传播特点

瑞雷面波存在的物理模型是一个半无限弹性空间,空间内充满着弹性常数为 λ(单位为:μm)和密度为 ρ_r 的介质,其上面为空气。令 $x-y$ 面同自由面重合,z 轴垂直自由面向下。为简单起见,我们仅讨论 $x-z$ 平面内的二维问题。由于瑞雷面波只存在于自由表面附近且沿 x 轴方向传播,所以其解的位函数形式可写为:

$$
\left.
\begin{aligned}
\varphi &= a\mathrm{e}^{kz} \cdot \mathrm{e}^{i2\pi f\left(t-\frac{x}{V_R}\right)} \\
\psi &= b\mathrm{e}^{-\varepsilon z} \cdot \mathrm{e}^{i2\pi f\left(t-\frac{x}{V_R}\right)}
\end{aligned}
\right\}
\tag{65}
$$

式中 a、b、k、ε 为常数且 $k>0$,$\varepsilon > 0$。f 为平面谐波的频率,V_R 为面波的传播速度。将该式代入波动方程式(66),可求得 k、ε 的值分别为:

$$
\left.
\begin{aligned}
\frac{\partial^2 \varphi}{\partial t^2} - V_p^2 \nabla^2 \varphi &= \Phi \\
\frac{\partial^2 \vec{\psi}}{\partial t^2} - V_s^2 \nabla^2 \vec{\psi} &= \vec{\Psi}
\end{aligned}
\right\}
\tag{66}
$$

$$
k^2 = \frac{k_1^2}{\lambda_R^2}, \varepsilon^2 = \frac{\varepsilon_1^2}{\lambda_R^2}
\tag{67}
$$

式中:

$$k_1^2 = 4\pi^2(1 - \frac{k^2}{n^2}), \varepsilon_1^2 = 4\pi^2(1 - k^2)$$

$$n = \frac{V_\mathrm{p}}{V_\mathrm{S}}, k = \frac{V_\mathrm{R}}{V_\mathrm{S}}, T = \frac{1}{f} \tag{68}$$

λ_R 为面波波长。由于自由表面上的位移不受限制,则位移连续条件无意义,而自由面上的应力为零。则有应力连续的边界条件为:

$$\lambda\theta + 2\mu(\frac{\partial w}{\partial z}) = 0$$

$$\mu(\frac{\partial u}{\partial x} + \frac{\partial w}{\partial x}) = 0 \tag{69}$$

将式(65)代入式(69),则可求得满足常数 a 和 b 的一组方程。经分析可知在自由表面存在瑞雷面波并且 $0 < V_\mathrm{R} < V_\mathrm{S}$。

假设弹性介质为绝对钢体 ($V_\mathrm{P} \to \infty$),则可求得:$V_\mathrm{R}^2 = 0.91275V_\mathrm{S}^2$。可见面波比横波传播要慢。

下面我们来考虑面波的质点位移规律,面波在 x 及 z 方向上的两个分量:

$$\left. \begin{array}{l} u = \dfrac{\partial\varphi}{\partial x} - \dfrac{\partial\psi}{\partial z} \\ w = \dfrac{\partial\varphi}{\partial z} + \dfrac{\partial\psi}{\partial x} \end{array} \right\} \tag{70}$$

将式(65)代入上式,经推导可得:

$$\left. \begin{array}{l} u = A_0(\mathrm{e}^{-\frac{k_1}{\lambda_\mathrm{R}}z} - \dfrac{\varepsilon_1 C}{\pi}\mathrm{e}^{-\frac{\varepsilon_1}{\lambda_\mathrm{R}}z}) \cdot \sin\dfrac{2\pi}{T}(t - \dfrac{x}{V_\mathrm{R}}) \\ w = A_0(2C\mathrm{e}^{-\frac{\varepsilon_1}{\lambda_\mathrm{R}}z} + \dfrac{k_1}{2\pi}\mathrm{e}^{-\frac{k_1}{\lambda_\mathrm{R}}z}) \cdot \cos\dfrac{2\pi}{T}(t - \dfrac{x}{V_\mathrm{R}}) \end{array} \right\} \tag{71}$$

式中:$C = \dfrac{\sqrt{\dfrac{1}{k^2} - \dfrac{1}{n^2}}}{\dfrac{2}{k} - k}$,$A_0$ 为任意常数。

从式(71)可见,在 x 轴和 z 轴方向上的振动 u 和 w 在相位上差 $\pi/2$,其振幅也不同。由此可得结论:将 w, u 两分量合成后瑞利面波使介质质点沿椭圆轨道运行,因此它是面的椭圆极化波(图2-59)。

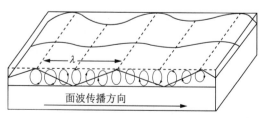

图 2-59　瑞雷面波的传播

为使问题有数量的概念,我们取 $\lambda = \mu$,则 $V_p = \sqrt{3} V_S$, $V_R = 0.92 V_S$ 。由上述方程可算出 $k_1 \approx 5.33$, $\varepsilon_1 \approx 2.48$, $C = 0.73$ 。则式(17)变为:

$$
\left.
\begin{aligned}
u &= A_0 (e^{\frac{-5.33}{\lambda_R} z} - 0.58 e^{\frac{-2.48}{\lambda_R} z}) \cdot \sin \frac{2\pi}{T} (t - \frac{x}{V_R}) \\
w &= A_0 (- 0.85 e^{\frac{-5.33}{\lambda_R} z} + 1.46 e^{\frac{-2.48}{\lambda_R} z}) \cdot \cos \frac{2\pi}{T} (t - \frac{x}{V_R})
\end{aligned}
\right\}
\tag{72}
$$

由上式可见,介质质点振动的振幅随深度 z 迅速地衰减,且衰减系数与波长 λ_R 成反比,即波长越大,波随离开自由界面的深度衰减越慢,即面波在介质中穿透越深。

现以 z/λ_R 为参数,按式(72)计算位移分量 u 、 w ,如图 2-60 所示。位移垂直分量 w 恒为正值,且在 $z/\lambda_R = 0.1$ 附近有极大值;位移水平分量 u 在 z/λ_R 为 $0.1 \sim 0.2$ 之间其数值改变符号。因此,在 $z = 0$ 处($u = 0.42$, $w = 0.62$),从式(72)看出,由于 u 是正弦函数, w 是余弦函数,且 u 和 w 同号,两者合成之后形成一长轴垂直地面的质点逆时针方向转动的椭圆轨迹,其长短轴之比 $w/u \approx 1.5$;随着深度 z 增加, u 分量变号,质点向反方向作顺时针方向的椭圆活动,由于 w 值总大于 u 值,故它仍是一长轴垂直地面的椭圆,仅幅度变小了。

三维空间中瑞雷波的传播同二维空间是一样的。但在三维空间中,面波的能量差不多只集中在大约等于一个波长 λ_R 的范围内,因此它从震源 O 出发时,其波前近似是一个高度为 $h = \lambda_R$ 的圆柱体(图 2-61),如果震源作用时间为 ΔtD ,则与面波的振动将发生在厚度为 $\Delta r = V_R \Delta t$ 的圆柱层界限内,圆柱外围为其波前,内周为波尾。该圆柱层的体积为:

$$ w = 2\pi h \cdot r \cdot \Delta r $$

其中 r 是面波波前的半径。由于震源的能量是一定的,所以能量密度随波的传播半径 r 增大而减小,其振幅将随 $1/\sqrt{r}$ 而衰减,这比体波按 $1/r$ 的球面扩散的衰减要慢得多。这样,在远离震源处,面波有可能强于体波。

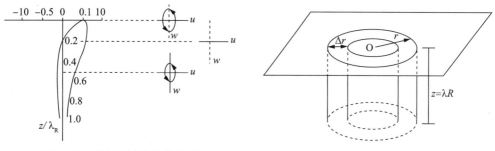

图 2-60　瑞雷面波质点位移图　　　　图 2-61　面波波前示意图

2. 面波的波散

面波在传播过程中有别于体波的另一个特征是具有波散现象。所谓波散(频散)现象是指面波在介质中的传播速度是频率的函数,即速度随频率而变。面波亦是一个脉冲波,根据频谱分析可知,如果面波的传播速度是频率的函数,那么构成面波脉冲的每一个单频波都有其自己传播的速度,物理上称它为相速度 V (通常指波峰或波谷的传播速度)。由于相速度随频率而变,于是各分振动的相位随波的传播而改变,由这些分振动叠加之后的总振动(构成面波脉冲)的波剖面在传播过程中就会发生变化,那么整个面波脉冲的传播速度就可以这样理解,把面波脉冲包络线的极大值的传播速度作为整个面波传播速度,并称之为面波脉冲的群速度 U(图 2-62)。相速度 V 和群速度 U 之间有如下的关系

$$U = V - \lambda \frac{\mathrm{d}V}{\mathrm{d}\lambda}$$

式中 λ 是单频波波长。

$$V = \frac{\Delta x}{\Delta T_{\mathrm{p}}} ; U = \frac{\Delta x}{\Delta T_{\mathrm{g}}}$$

可以看出群速度 U 可以大于或小于相速度 V,它决定于 $\mathrm{d}V/\mathrm{d}\lambda$ 是正值还是负值。正的称为正常波散,反之称速度具有异常波散。由于波散现象,面波的波包变得比较伸长,同时振幅逐渐平滑,各处的波剖面类似正弦线段,但波包的前面部分和后面部分的波长是不相同的,正常波散,前面部分波长较长,异常波散则相反。

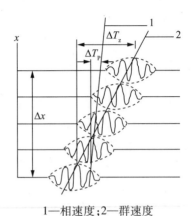

1—相速度;2—群速度

图 2-62 面波的相速度和群速度

面波的频散特点已被利用于工程勘察。因为瑞雷面波向地下传播的范围约等于一个波 λ_{R} 的深度。所以在地面测量得到的瑞雷波速度被认为是二分之一波长深度内的介质的平均弹性性质。故用可改变振动频率的震源激发瑞雷面波,即改变瑞雷波的波长 λ_{R},每次激发用不同的频率,频率由高到低,探测的深度则由浅变深。在地面两个固定接收点放置检波器,测定瑞雷波在接收点间的传播时间和频率,即可计算平均传播速度 $\bar{V}_{\mathrm{R}}$ 和深度 h,分析所测量的结果,可进行速度分层,经换算后可得到各分层的横波速度参数。

四、地震波的绕射

实际地质介质中,除具有成层性外,还存在许多特殊的复杂地质结构,诸如断层、尖灭等,它们构成了地层的间断点(二维空间)或间断线(三维空间)。地震波传播到这些地层间断点(线)时,就会像物理光学中光线通过一个小孔发生衍射现象一样,这些间断点都可看成是一个新震源,由此产生一种新的扰动向弹性空间四周传播,这种现象称为绕射,所产生的扰动称为绕射波。

图 2-63 用一个断层的物理模型说明绕射现象。假设平面波 AB 垂直入射到断层体 CO 上,当它在 $t = t_0$ 时刻到达断层体表面时,波前的位置是 COD。在 $t = t_0 + \Delta t$ 时,O 右面的平面波前继续往下传播至 GH 的位置,而 O 左面的波前在断层体表面反射到达线段 EF。根据惠更斯原理,可以把 CO 和 OD 上各点作为圆心,并以 $V \cdot \Delta t$ 为半径作圆弧,这些圆弧的包络线就是 GH 和 EF 的波前面,其中断棱点 O 为圆心的点构成上行波波前面 EF 和下行波波前面 GH 之间的转换点,而圆弧 FPG 就是以 O 点为新震源产生的绕射波波前,它在 $t = t_0 + \Delta t$ 时刻把 EF 和 GH 两个波前联系起来。这个绕射波当然亦存在于几何阴影圆弧 GN 和 FM 范围内,在 FM 范围内绕射波和反射波相互叠加,因此在断点 O 右侧虽无弹性界面存在,但仍可观测到由 FPG 绕射波波前面构成的波动。

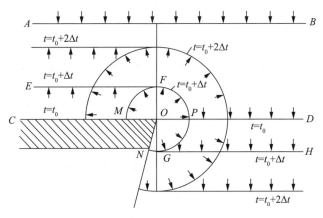

图 2-63　断层绕射示意图

严格地说,根据惠更斯原理,实际上波传播到空间每一个点都可以看成一个新的绕射源。例如,当波传播到某一弹性界面时,可以把该界面上的每一个点都看作是新震源,在地面上某点观测到的反射波,是这些反射界面上各新震源产生的绕射波在该双测点上的总叠合。从这个角度说,不存在上述断层点,尖灭点等绕射点,空间上每一个点实际上都是绕射点,或者说断层点、尖灭点是空间的某些特殊绕射点。如果把空间的每一个点都看作是绕射点这种思想称为广义绕射的话,那么断层、尖灭等绕射就称为狭义绕射,以后凡提到绕射现象,如不加特殊说明,均指这种狭义绕射。

求解绕射波的波动方程,可得出绕射波在介质中传播的动力学特点如下:①绕射波振幅随波前传播距离 r 的增大而与成反比衰减;②绕射波的振幅与入射波的频率 f 的平方根成反比。对于一个非周期性的入射波来说,其低频成分的绕射波振幅比高频成分的绕射波振幅相对增大,因而绕射波相对入射波来说有较低的频率成分。

广义绕射理论说明,地面上某点 O(自激自收点)的能量都是地下界面上每一绕射点对它"贡献"的结果,问题是每一个点的"贡献"都是等量的吗?理论和实践证明它们不是等量的并且有一个确定的范围。分析认为在地面 O 点观测到的波的能量主要是由该范围内的绕射点形成的绕射波对该观测点的"贡献"。这个带称为菲涅尔带(图 2-64)。

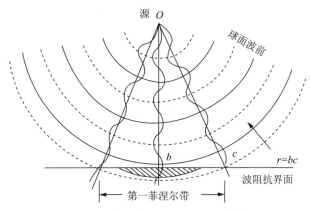

图 2-64　球面波遇到平面反射层的情况

从 O 点发出一球面波,波前到达界面上时形成绕射,考虑到所有绕射对 O 点的贡献,要使得所有绕射叠加后产生相长干涉,其绕射波时差必须在二分之一周期范围内,否则产生相消干涉。此时,绕射源发出的能量主要集中在界面上以半径 r 为圆的圆周带内(即第一菲涅尔带内)。设界面上的介质是均匀的,速度为 v,波在主频为 f_c,λ 为波长,则第一菲涅尔带半径为:

$$r = \sqrt{oc^2 - ob^2} = \sqrt{\left(\frac{vt}{2} + \frac{vT}{4}\right)^2 - \left(\frac{vt}{2}\right)^2} \tag{73}$$

其中 t 为双程时,T 为周期,且 $\lambda = v/f_c$,界面深度 $h = \frac{1}{2}vt$,化简上式得:

$$r = \sqrt{\frac{\lambda h}{2} + \frac{\lambda^2}{16}} = \frac{v}{2} \cdot \sqrt{\frac{t}{f} + \frac{1}{4f^2}} \tag{74}$$

对于浅层而言,地震波主频较高,$1/4f_c^2 \ll 1/f_c$,则有:

$$r \approx \frac{v}{2} \cdot \sqrt{\frac{t}{f_c}} = \sqrt{\frac{\lambda h}{2}} \tag{75}$$

分析式(75)可知:

(1)随着频率的增高,菲涅尔带减少。

(2)随着地层埋深的增大,由于吸收衰减作用使得频率降低,波长增大,则菲涅尔的范围增大。

由此可见,当地质体的横向长度 a 小于菲涅尔带(r^2)时,地质体的反射归结成了一个点的绕射,此时地震勘探难以区分出反射是来自一个点还是来自于地质体;只有地质体的横向长度 a 大于或等于菲涅尔带($2r^2$)时,才可以区分(菲涅尔带越小,横向分辨率越高)。因此,不等式 $a < r^2$ 决定了地震勘探的横向分辨率(即横向上可分辨地质体的最小长度的能力)。可见提高地震勘探的横向分辨率的关键在于提高反射波的频率。

第七节　结构模态参数识别理论

土木工程建设的目的是为了使用,除了在建设过程中的检测,在使用过程中的病害监测才是有效的工程养护基础,土木工程在运营过程中的病害因素很多,必须进行动态检测。

动态检测方法即基于结构振动的损伤识别方法,利用结构的振动响应和系统动态特性参数来进行结构损伤检测。其基本原理是:结构模态参数(如固有频率、模态振型、模态阻尼等)是结构物理特性(如质量、刚度和阻尼)的函数。因而结构物理特性的改变会引起结构振动响应的改变,这种损伤探测方法属于整体检测方法,相对于前述的局部无损检测方法而言,它能够检测一些较大形体的复杂结构及其构件。目前该方法已经被广泛应用在航空、航天以及精密机械结构等方面。除了整体检测的优点外,对石油平台、大型桥梁等大型土木工程结构,可以利用环境激励引起的结构振动来对结构进行检测,从而实现实时监测。

一、模态及模特分析的概念

1. 结构模态

物体按照某一阶固有频率振动时,物体上各个点偏离平衡位置的位移是满足一定的比例关系的,可以用一个向量表示,这个就称之为模态。模态这个概念一般是在振动领域所用,可以初步地理解为振动状态,我们都知道每个物体都具有自己的固有频率、阻尼比和模态振型,在外力的激励作用下,物体会表现出不同的振动特性。

任何振动系统在振动中,外界作用或系统本身固有的原因引起的振动幅度呈逐渐下降的特性(图 2-65),这一特性的量化表征称为阻尼,其物理意义是力的衰减,或物体在运动中的能量耗散。

当物体受到外力作用而振动时,会产生一种使外力衰减的反力,称为阻尼力(或减震力),通常阻尼力的方向总是和运动的速度方向相反。阻尼力和作用力(物体所受外力)的比被称为阻尼系数,因此,结构的阻尼系数越大,意味着其减震效果或阻尼效果越好。

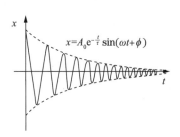

$$x = A_0 e^{-\frac{t}{\tau}} \sin(\omega t + \phi)$$

图 2-65　结构阻尼特征

一阶模态是外力的激励频率与物体固有频率相等的时候出现的,此时物体的振动形态叫做一阶振型或主振型;二阶模态是外力的激励频率,在物体固有频率的两倍时候出现,此时的振动外形叫做二阶振型,依次类推。

一般来讲,外界激励的频率非常复杂,物体在这种复杂的外界激励下的振动反应是各阶振型的复合。物体受到振动时的模态参数可以由计算或试验分析取得,这样一个计算或试验分析过程称为模态分析。

2. 模态分析

模态分析是将线性定常系统振动微分方程组中的物理坐标变换为模态坐标,使方程组解耦,成为一组以模态坐标及模态参数描述的独立方程,以便求出系统的模态参数。模态分析指的是以振动理论为基础、以模态参数为目标的分析方法,为结构系统的振动分析、振动故障诊断和预报、结构力学特性的优化设计提供依据。首先建立结构的物理参数模型,即以质量、阻尼、刚度为参数的关于位移的振动微分方程;其次是研究其特征值问题,求得特征对(特征值和特征矢量),进而得到模态参数模型,即系统的模态频率、模态矢量、模态阻尼比、模态质量、模态刚度等参数。

模态分析技术从 20 世纪 60 年代后期发展至今以趋成熟,它是一项综合性技术,已经应用于多个工程领域,如航空、航天、造船、机械、建筑、桥梁等。模态分析的主要优点就在于,它能用较少的运动方程或自由度数,直观、简明而又相当精确地反映一个比较复杂结构系统的动态特性,从而大大减少测量、分析及计算工作量。模态分析方法主要分 3 类,分别是试验模态分析 EMA、工作模态分析 OMA 和工作变形分析 ODS。

(1) 基于输入(激励)输出(响应)的实验模态分析法(EMA)(experimental modal analysis,EMA),也称为传统模态分析或经典模态分析,是指通过输入装置对结构进行激励,在激励的同时测量结构的响应的一种测试分析方法,属于结构动力学的逆问题(图 2-66)。

首先,实验测得激励和响应的时间历程,运用数字信号处理技术求得频响函数(传递函数)或脉冲响应函数,得到系统的非参数模型;其次,运用参数识别方法,求得系统模态参数;最后,确定系统的物理参数。

图 2-66 实验模态分析法示意图

(2)基于仅有输出(响应)的运行(工作)模态分析(OMA)法

(operational modal analysis,OMA),该方法在土木桥梁行业,工作模态分析又称为环境激励模态分析。OMA 也属于结构动力学反问题,是基于真实结构的模态实验,单独利用工作状态下结构自身激励产生的响应信号,通过识别技术得到实际工况及边界下的模态参数,因而能真正反映结构在工作状态下的动力特性,它与实验模态分析法区别在于它不测量激励信号。

图 2-67 是桥梁结构激励、系统、响应关系图。这类分析最明显的特征是对测量结构的输出响应,不需要或者无法测量输入。当受传感器数量和采集仪通道数限制时,需要分批次进行测量。

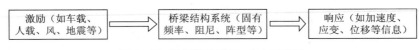

图 2-67 桥梁结构激励、响应示意图

(3)工作变形分析(operational deflection shape,ODS),也称为运行响应模态。这类分析方法也只测量响应,不需要测量输入。但是它跟 OMA 的区别在于,OMA 得到的是结构的模态振型,而 ODS 得到的是结构在某一工作状态下的变形形式。此时分析出来的 ODS 振型已不是我们常说的模态振型了,它实际是结构模态振型按某种线性方式叠加的结果。

模态分析是研究结构动力特性一种近代方法,是系统辨别方法在工程振动领域中的应用。这个分析过程如果是由有限元计算的方法取得的,则称为计算模态分析;如果通过试验将采集的系统输入与输出信号经过参数识别获得模态参数,称为试验模态分析。如果通过模态分析方法搞清楚了结构物在某一易受影响的频率范围内,各阶主要模态的特性,就可能预知结构在此频段内,在外部或内部各种振源作用下实际振动响应。因此,模态分析是结构动态设计及设备故障诊断的重要方法。

二、单自由度系统振动

当振动系统只需要一个独立坐标就可完全确定系统的几何位置时,就称为单自由度系统,它是离散系统中最简单、最基本的一种。这不仅因为工程中一些简单的振动同题,常可简化为单自由度系统来分析,还因为单自度系统振动的一些动态特性的重要概念和描述,在多自由度高散系统和连续系统中,同样有用(如用模态分析法时)。

系统在激励或约束去除后出现的振动,称为自由振动,而系统在外部激励作用下的振动,称为强迫振动。

(一)黏性阻尼系统

理想的无阻尼系统的自由振动是简谐振动:振动一旦开始,就能持久地保持等幅振动,这是一种理想的振动模型。最简单的机械结构(图 2-68),一个质量为 m 的物体,用刚度为 k 的弹簧及阻尼原件为支撑的系统。实际阻尼的缠上,其机理非常复杂,一般包括黏性阻尼(产生与速度成正比的阻尼力)及结构阻尼等。

具有黏性阻尼的情况,阻尼力与振动速度成正比,即 $f_d = c\dot{x}$。由牛顿定律,其系统的振动微分方程:

$$m\ddot{x}(t) + c\dot{x}(t) + kx(t) = f(t) \tag{76}$$

当外部荷载为零时,此时自由振动可以表示为:

$$m\ddot{x}(t) + c\dot{x}(t) + kx(t) = 0 \tag{77}$$

在时域内,其解为:

$$x(t) = A_0 e^{\frac{t}{\tau}}\sin(\omega t + \Phi) \tag{78}$$

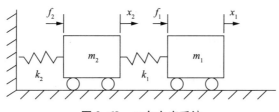

图 2-68　单自由度系统

其中: ω 为固有频率; τ 为阻尼系数; A_0 和 Φ 是由初始状态确定的常数。

将时域分析经 Laplace 变换,变为频域分析,即:

$$(ms^2 + cs + k)x(s) = f(s) \tag{79}$$

特征方程 $ms^2 + cs + k = 0$ 的称为极点,它取决于固有频率和阻尼系数。若引入无因次参数,及阻尼比 ξ,其极点解为: $S_{1,2} = -\omega_0\xi \pm j\omega_0\sqrt{1-\xi^2}$,$\xi = c/(2\sqrt{km})$,$\omega_0 = \sqrt{k/m}$,阻尼比 ξ 范围 0~1 内为欠阻尼,ω_0 为无阻尼固有频率。

(二)结构(滞后)阻尼系统

具有结构阻尼的情况,阻尼力与位移成正比,相位比位移超前 90°,即 $f_d = \eta jx$,结构阻尼系数 $\eta = gk$,g 为结构阻尼比或结构损耗因子。由牛顿定律,其系统的振动微分方程:

$$m\ddot{x}(t) + kx(t) + \eta jx(t) = f(t) \tag{80}$$

将时域分析经 Laplace 变换,变为频域分析,即:

$$[ms^2 + (1 + jg)k]x(s) = f(s) \tag{81}$$

三、多自由度系统振动

单自由系统的振动,自然只有一个固有频率,不存在所谓的振动模态(不同质点间的振动相对变化)。实际的结构具有多个固有频率,其振动情况比较复杂,必须研究多个质量及连接阻尼原件组成的多自由度系统。为了掌握多自由度系统振动,以最简单的二自由度系统(图 2-69)为例。

图 2-69　二自由度系统

假定系统具有黏性阻尼,其运动方程:

$$\left.\begin{array}{l} m_1\ddot{x}_1(t) + c_1\dot{x}_1(t) + c_2\{\dot{x}_1(t) - \dot{x}_2(t)\} + k_1 x_1(t) + k_2\{x_1(t) - x_2(t)\} = f_1(t) \\ m_2\ddot{x}_2(t) + c_3\dot{x}_2(t) + c_2\{\dot{x}_2(t) - \dot{x}_1(t)\} + k_3 x_2(t) + k_2\{x_2(t) - x_1(t)\} = f_2(t) \end{array}\right\} \quad (82)$$

用矩阵表示:

$$\begin{bmatrix} m_1 & 0 \\ 0 & m_2 \end{bmatrix}\begin{Bmatrix} \ddot{x}_1(t) \\ \ddot{x}_2(t) \end{Bmatrix} + \begin{bmatrix} c_1 + c_2 & -c_2 \\ -c_2 & c_2 - c_3 \end{bmatrix}\begin{Bmatrix} \dot{x}_1(t) \\ \dot{x}_2(t) \end{Bmatrix} + \begin{bmatrix} k_1 + k_2 & -k_2 \\ -k_2 & k_2 + k_3 \end{bmatrix}\begin{Bmatrix} x_1(t) \\ x_2(t) \end{Bmatrix} = \begin{Bmatrix} f_1(t) \\ f_2(t) \end{Bmatrix}$$

$$(83)$$

用一般方程形式:

$$[M]\{\ddot{x}(t)\} + [C]\{\dot{x}(t)\} + [K]\{x(t)\} = \{f(t)\} \quad (84)$$

四、模态分析

(一)单自由度系统

当物体受到外力作用是,会引起物体的一系列响应。设外力、响应以及物体动特性分别为 $X(\omega)$、$Y(\omega)$、$H(\omega)$,三者的关系可以表示为:

$$Y(\omega) = H(\omega) \cdot X(\omega) \quad (85)$$

因此,物体的振动分析就是观测响应函数,主要依赖于作用在物体上的外力。在综合考虑各种使用条件下,显示各种响应,其运动特性必须测量 $H(\omega)$,为了求取其特征,必须同时测量外力及其响应:

$$H(\omega) = \frac{Y(\omega)}{X(\omega)} \quad (86)$$

H 称为机械的传递函数或频响函数。

1. 频响函数

(1)系统振动频响函数

传递函数可以表示为位移对外力之比,可以表示为:

$$H(s) = \frac{x(s)}{f(\omega)} = \frac{1}{ms^2 + cs + k} \quad (87)$$

以 $s = \text{j}\omega$ 代入上式,得到其频率响应函数:

$$H(\text{j}\omega) = \frac{1}{-m\omega^2 + \text{j}\omega c + k} \quad (88)$$

(2)速度、加速度及位移频响函数

①位移频响函数及频响函数:$H_d(s) = x(s)/f(s)$;$H_d(\omega) = x(\omega)/f(\omega)$

②速度频响函数及频响函数:$H_v(s) = v(s)/f(s)$;$H_v(\omega) = v(\omega)/f(\omega)$

③加速度传递函数及频响函数:$H_a(s) = a(s)/f(s)$;$H_a(\omega) = a(\omega)/f(\omega)$

3 种之间的关系:$H_a(\omega) = \text{j}\omega H_v(\omega) = (\text{j}\omega)^2 H_d(\omega) = -\omega^2 H_d(\omega)$

2. 频响函数特征

传递函数为复数,图示通常有三种形式。

(1)振幅及相位

频响函数的幅值与频率有关:

$$|H(\mathrm{j}\omega)| = \frac{1}{\sqrt{(-m\omega^2+k)^2+(\omega c)^2}} = \frac{1}{k}\frac{1}{\sqrt{\left(1-\dfrac{\omega^2}{\omega_0^2}\right)^2+\left(2\xi\dfrac{\omega}{\omega_0}\right)^2}} \tag{89}$$

相位与频率的关系：

$$\varPhi_H = \arctan\frac{\omega c}{-m\omega^2+k} = \arctan\frac{-2\xi\dfrac{\omega}{\omega_0}}{1-\left(\dfrac{\omega}{\omega_0}\right)^2} \tag{90}$$

由上述公式可知，振幅及相位频率变化(图 2 – 70)。当频率 $\omega=0$ 时，振幅为 $1/k$；在固有频率附近，振幅为最大；当频率远大于固有频率是，按 $1/(-m\omega^2)$ 减小。对频响函数进行微分，求得振幅的最大值，当频率为：$\omega=\omega_{n0}\sqrt{1-2\xi^2}$ 时，最大值为：

$$|H(\mathrm{j}\omega)|_{\max} = \frac{1}{2k\sqrt{1-\xi^2}}$$

通常情况下，由于阻尼 ξ 很小(<0.1)，则：

$$|H(\mathrm{j}\omega)|_{\max} \approx \frac{1}{2k\xi}$$

由此可见：刚度 k 或者阻尼比 ξ 越大，则最大振幅越小。

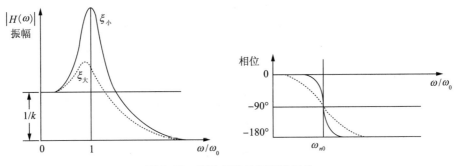

图 2-70　频响函数的振幅及相位

(2)实部和虚部

①结构阻尼实频：$|H^{\mathrm{R}}(\omega)| = \dfrac{1}{k}\left\{\dfrac{1-\left(\dfrac{\omega}{\omega_0}\right)^2}{\left[1-\left(\dfrac{\omega}{\omega_0}\right)^2\right]^2+g^2}\right\}$

两个极值点：$H_{1,2}^{\mathrm{R}}(\omega) = \dfrac{1-(1\mp g)}{k\{[1-(1\mp\xi)]^2+g^2\}} \approx \pm\dfrac{1}{2kg}$

结构阻尼虚频：$H^{\mathrm{I}}(\omega) = \dfrac{-g}{k\left[1-\left(\dfrac{\omega}{\omega_0}\right)^2\right]^2+g^2}$

②黏滞阻尼实频：$|H^R(\omega)| = \dfrac{1}{k}\left\{\dfrac{1-\left(\dfrac{\omega}{\omega_0}\right)^2}{\left[1-\left(\dfrac{\omega}{\omega_0}\right)^2\right]^2+(2\xi\omega)^2}\right\}$

两个极值点：$H^R_{1,2}(\omega) = \dfrac{1}{4k\xi(1\mp\xi)}$

黏性阻尼虚频：$H^I(\omega) = \dfrac{-2\xi\dfrac{\omega}{\omega_0}}{k\left\{\left[1-\left(\dfrac{\omega}{\omega_0}\right)^2\right]^2+(2\xi\omega)^2\right\}}$

以结构阻尼为例，系统共振时虚部达到最大值，实部为零（图2-71）。

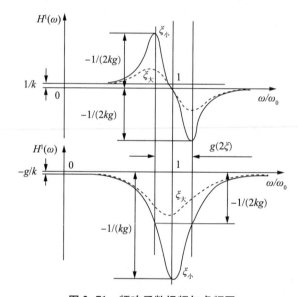

图2-71 频响函数视频与虚频图

（3）Nyquist图——频响函数适量轨迹图

①结构阻尼系统 Nyquist 图：$[H^R]^2+\left\{[H^I(\omega)]^2+\dfrac{1}{2kg}\right\}^2=\left(\dfrac{1}{2kg}\right)^2$

其主要特点（图2-72）：起始点（频率为零）非原点，约在（$1/k$，$-g/k$）处，圆心坐标（0，$-1/2kg$）；初相角为 arctan（$-g$）；圆的直径为虚部最大值 $1/kg$；半径为实部最大值（$-1/2kg$）；直径处对应半功率带宽两个频率点。

②黏性阻尼系统 Nyquist 图：$[H^R(\uparrow)]^2+\left\{[H^I(\omega)]^2+\dfrac{1}{4k\xi\dfrac{\omega}{\omega_0}}\right\}^2=\left(\dfrac{1}{4k\xi\dfrac{\omega}{\omega_0}}\right)^2$

其主要特点（图2-73）：桃形小，阻尼比越小，轨迹圆越大；在规定频率附近，曲线接近圆，单让有圆的特性。

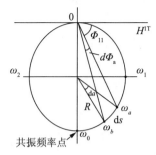

图 2-72　结构阻尼系统 Nyquist 图

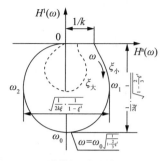

图 2-73　黏性阻尼系统 Nyquist 图

③速度与加速度 Nyquist 图

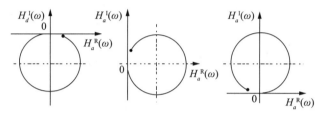

图 2-74　位移、速度及加速度的 Nyquist 图

(二)多自由度系统实模分析

实模态条件:各点振动相位差为 0° 或 180°;与无阻尼和比例阻尼系统等价。多自由度系统几个重要的概念:

等效刚度:

$$H_{lp}(\omega) = \sum_{r=1}^{N} \frac{\varphi_{lr}\,\varphi_{pr}}{K_R - \omega^2 M_r + j\omega\,C_r} = \sum_{r=1}^{N} \frac{1}{K_{er}[\,1 - \varpi_r^2 + j2\,\xi_r\,\varpi_r\,]} \qquad (91)$$

其中:$\varpi = \omega/\omega_r$,$\xi_r = C_r/(2\,M_r\,\omega_r)$

等效质量:

$$M_{er} = \frac{M_r}{\varphi_{lr}\,\varphi_{lp}}$$

等效质量与等效刚度的关系:

$$\omega_r^2 = \frac{K_{er}}{M_{er}}$$

1. 频响函数

多自由度频响函数矩阵:

$$H(\omega) = Z^{-1}(\omega) = (K - \omega^2 M)^{-1} \qquad (92)$$

$$H(\omega) = \begin{bmatrix} H_{11}(\omega) & H_{12}(\omega) \\ H_{21}(\omega) & H_{22}(\omega) \end{bmatrix} = \frac{\begin{bmatrix} k_1 + k_2 - \omega^2 m_2 & -k_1 \\ -k_1 & k_1 - \omega^2 m_1 \end{bmatrix}}{(k_1 + k_2 - \omega^2 m_2)(k_1 - \omega^2 m_1) - k_1^2} \qquad (93)$$

其原点频响函数：第 i 点的响应与第 j 点的激励之间的频响函数：

$$H_{ij}(\omega) , i = j$$

跨点频响函数：第 i 点的响应与第 j 点的激励之间的频响函数：

$$H_{ij}(\omega) , i \neq j$$

2. 频响函数特征

原点频响函数：

$$H_{ll}(\omega) = \frac{k_1 + k_2 - \omega^2 m_2}{(k_1 + k_2 - \omega^2 m_2)(k_1 - \omega^2 m_1) - k_1^2} \tag{94}$$

主要特点（图 2-75）：N 自由度约束系统有 N 个共振频率，$N-1$ 个反共振频率；对原点函数共振反共振交替出现；对跨点频响函数无此规律；一般两个距离远的跨点出现反共振的机会比较近的跨点少。

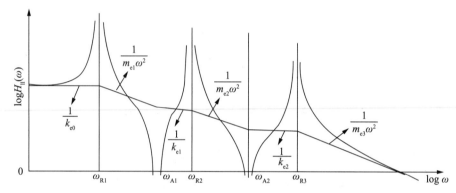

图 2-75 多自由度约束系统原点频响函数的幅频图

（三）多自由度复模态分析

复模态条件：各店振动相位差不一定 0° 或 180°；振动系数为复数。

1. 传递函数及频响函数一般表达式：

$$H(s) = \frac{1}{[M s^2 + K + jR]} = \frac{1}{[M s^2 + (K + jG) K]} \tag{95}$$

$$H(\omega) = \frac{1}{[K + jR - M \omega^2]} = \frac{1}{[(K + jG) K - M \omega^2]} \tag{96}$$

其中：G 为结构损耗因子矩阵；$GK = R$；$(1 + jG)K$ 为复刚度矩阵。

2. 复模态特性

（1）复模态共轭特性：特征值与特征向量均为复述，共轭承兑，共 $2N$ 个；

（2）复模态的正交性：复模态特征向量在 $2N$ 维空间中正交；

（3）复模态解偶行：运动系统方程在 $2N$ 维状态空间解偶；

（4）复模态运动特征：系统各店有无规律的相位差，而实模态则同时通过平衡位置；各点不同时通过平衡点，二实模态在同时通过平衡位置；各店的振动频率仍相同，由 β_r 决定，对一定模态它是常数；系统振动无一定阵型，节点也不是固定的，而做周期性移动，与实模态截然不同；自由振动时衰减振动，各店衰减率相同，由 α_r 决定，这与实模态相同。

五、模态参数识别

1. 单自由度系统

对于黏性阻尼系统,传递函数为:

$$H(\omega) = \frac{X(\omega)}{F(\omega)} = \frac{1}{k - m\omega^2 + \mathrm{j}c\omega} = \frac{1}{k}\left[\frac{1-\lambda^2}{(1-\lambda^2)^2 + (2\xi\lambda)^2} + \mathrm{j}\frac{-2\xi\lambda}{(1-\lambda^2)^2 + (2\xi\lambda)^2}\right]$$

$$(97)$$

其中,$\lambda = \dfrac{\omega}{\omega_0}$ 频率比。

实际金属结构,常常不完全能用粘性阻尼来描述衰减特性,实际结构的阻尼主要来源于金属材料本身的内部摩擦(内耗)及各部件连接界面(如螺钉、衬垫)相对滑移(干摩擦)。它们消耗的能量与振幅的平方成正比。其阻尼成为结构阻尼。

结构阻尼产生的阻尼力:$f_\mathrm{d} = -\eta k\mathrm{j}x$

其中,η 为结构阻尼比(损耗因子),引入结构阻尼系数为 $g = \eta k$。

结构阻尼力的大小与位移成正比,方向与速度相反的一种阻尼力。

因此具有结构阻尼特性的单自由度振动系统运动微分方程为:

$$m\ddot{x} + (1 + \mathrm{j}\eta)kx = f(t) \tag{98}$$

$$H(\omega) = \frac{1}{k}\left[\frac{1-\lambda^2}{(1-\lambda^2)^2 + \eta^2} + \mathrm{j}\frac{-\eta}{(1-\lambda^2)^2 + \eta^2}\right] \tag{99}$$

$$H^\mathrm{R}(\omega) = \frac{1}{k} \cdot \frac{1-\lambda^2}{(1-\lambda^2)^2 + \eta^2} \tag{100}$$

$$H^\mathrm{I}(\omega) = \frac{1}{k} \cdot \frac{-\eta}{(1-\lambda^2)^2 + \eta^2} \tag{101}$$

$$[H^\mathrm{R}(\omega)]^2 + \left[H^\mathrm{I}(\omega) + \frac{1}{2k\eta}\right]^2 = \left[\frac{1}{2k\eta}\right]^2 \text{是一个圆的方程。}$$

通过试验可求得系统的频响函数,利用上述频响函数的特征可以识别系统的特征参数:固有频率、阻尼特性、模态振型等(图2-76)。

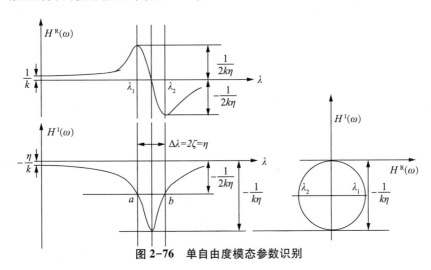

图2-76 单自由度模态参数识别

2. 多自由度系统

实际结构一个连续体,是复杂无限自由度系统。

绝大多数振动结构可离散成为有限个自由度的多自由度系统。对于一个有 n 个自由度的振动系统,需用 n 个独立的物理坐标来描述其物理参数模型。在线性范围内,物理坐标系的自由振动响应为 n 个主振动的线性叠加。每个主振动都是一种特定形态的自由振动,振动频率即为系统的主频率(固有频率),振动形态即为系统的主振型(模态或固有振型)。

多自由度系统的惯性、弹性和阻尼都是耦合的,刚度和阻尼矩阵是非对角化的矩阵,很难求解。微分方程解耦(矩阵对角化)求特征值和特征向量,在结构中就是将系统转化到模态坐标,使系统解耦。

$$M\ddot{X} + C\dot{X} + KX = F \tag{102}$$

式中: F 为激励向量; X 为响应向量。 M、C、K 分别为质量矩阵、阻尼矩阵、刚度矩阵。

拉氏变换:

$$(s^2M + sC + K)X(s) = F(s) \tag{103}$$

用 $j\omega$ 替代 s,进入傅氏域内处理:

$$H(\omega) = \frac{X(\omega)}{F(\omega)} = \frac{1}{K - M\omega^2 + jC\omega} \tag{104}$$

$$[K - M\omega^2 + jC\omega]X(\omega) = F(\omega) \tag{105}$$

对于线性不变系统,系统的任何一点的响应均可以表示成各阶模态响应的线性组合:

$$X_l(\omega) = \varphi_{l1}q_1(\omega) + \varphi_{l2}q_2(\omega) + \cdots + \varphi_{lr}q_r(\omega) + \cdots + \varphi_{lN}q_N(\omega) \tag{106}$$

式中: $q_r(\omega)$ 为 r 阶模态坐标; φ_{lr} 为 l 测点的 r 阶模态振型系数。

对于 N 个测点,各阶振型系数可组成列向量,称为 r 阶模态振型。

$$\varphi_r = \begin{Bmatrix} \varphi_{1r} \\ \varphi_{2r} \\ \vdots \\ \vdots \\ \varphi_{Nr} \end{Bmatrix} \tag{107}$$

各阶模态向量组成模态矩阵:

$$\varphi = [\varphi_1, \varphi_2, \cdots, \varphi_N]^{\mathrm{T}} \tag{108}$$

物理意义:各阶模态对响应的贡献量。

$$Q = \begin{Bmatrix} q_1(\omega) \\ q_2(\omega) \\ \vdots \\ q_N(\omega) \end{Bmatrix},\text{为模态坐标。}$$

对于无阻尼自由振动系统

$$[K - \omega^2 M]\varphi Q = 0$$

$$[K - \omega^2 M]\varphi = 0 \tag{109}$$

对于 r 阶模态:

$$[K - \omega_r^2 M] \varphi_r = 0$$

左乘 φ_s^T，得到：

$$\varphi_s^T [K - \omega_r^2 M] \varphi_r = 0$$

对于 s 阶模态：

$$[K - \omega_s^2 M] \varphi_s = 0$$

右乘 φ_s，得到：

$$\varphi_s^T [K^T - \omega_s^2 M^T] \varphi_r = 0$$

两式相减，可以得到：

$$(\omega_r^2 - \omega_s^2) \varphi_s^T M \varphi_r = 0$$

当 $r < $ 或 $> s$ 时，$\varphi_s^T M \varphi_r = 0$

$$\varphi_s^T K \varphi_r = 0$$

当 r＝s 时，$\varphi_s^T K \varphi_r = \omega_r^2 \varphi_s^T M \varphi_r$

令：$\varphi_s^T K \varphi_r = K_r$，$\varphi_s^T M \varphi_r = M_r$

$$K_r = \omega_r^2 M_r$$

式中：K_r、M_r 分别称为模态刚度和模态质量。

我们再引入比例阻尼和对应的模态阻尼 C_r，用模态坐标替代物理坐标后，因此有：

$$[[K_r] - \omega_r^2 [M_r] + j\omega [C_r]] Q = [F_r] \tag{110}$$

可见，刚度、质量、阻尼矩阵都已经对角化了，即解耦了。

对应 r 阶有：$[K_r - \omega_r^2 M_r + j\omega C_r] q_r = F_r$

模态试验时，我们测得 p 点激励，l 点响应：

$$F = \{0 \quad \cdots \quad F_p(\omega) \quad \cdots \quad 0\}^T \tag{111}$$

模态力为：$F_r = \varphi_{pr} F_p(\omega)$

由上面可得：

$$q_r = \frac{F_r}{K_r - \omega^2 M_r + j\omega C_r} = \frac{\varphi_{pr} F_p(\omega)}{K_r - \omega^2 M_r + j\omega C_r}$$

$$x_l(\omega) = \sum_{r=1}^N \varphi_{lr} q_r = \sum_{r=1}^N \frac{\varphi_{lr} \varphi_{pr} F_p(\omega)}{K_r - \omega^2 M_r + j\omega C_r}$$

所以，l 点和 p 点间的频响函数：

$$H_{lp}(\omega) = \frac{x_l(\omega)}{F_p(\omega)} = \sum_{r=1}^N \frac{\varphi_{lr} \varphi_{pr}}{K_r - \omega^2 M_r + j\omega C_r} \tag{112}$$

令 $K_{er} = \dfrac{K_r}{\varphi_{lr} \varphi_{pr}}$，为等效模态刚度

$$H_{lp}(\omega) = \sum_{r=1}^N \frac{1}{K_{er}((1 - \lambda_r^2) + j\zeta_r \lambda_r)} \tag{113}$$

其中，$\lambda_r = \omega / \omega_r$ 为 r 阶模态频率比；$\zeta_r = \dfrac{C_r}{2M_r \omega_r}$ 为 r 阶模态阻尼比。

注意：上述讨论适合无阻尼、比例阻尼，刚度矩阵和阻尼矩阵是对称的，称为实模态矩

阵。对于小阻尼系统也还是适用的。而对于大阻尼系统,需要采用复模态来进行分析。

六、模态分析与缺陷检测

缺陷对机械结构动态特性的影响一直是重要的科研课题,结构的模态和固有频率包含了有关缺陷位置和尺寸的信息,对结构任何偶然(如裂缝)或有意的修改都会改变其刚度和阻尼值,影响其动态特性。有缺陷结构相对于无缺陷结构模态和固有频率的变化是目前缺陷检测的普遍方法,但是,许多有关缺陷检测方法只考虑了缺陷的当前状态,不能对机械结构使用过程中的性能和剩余寿命给出合理的解释。模态分析与裂纹扩展相关理论相结合的方法考虑了缺陷在结构使用过程的动态变化,可以预测结构的剩余寿命,充分发挥结构的性能。

Abraham 和 Brandon 将结构按裂缝分成许多部分,通过子结构标准模态预测含有封闭裂缝悬臂梁的振动特性,取得了很好的效果。一个包含子结构的多裂缝整体结构,其完全本征解有很多自由度,数值计算过程会花费大量的计算时间,由 Hurty 提出的组件模态合成法可以使整体结构分解为各自独立的部分,很大程度上降低了问题的复杂性。该方法在处理非线性裂缝梁时具有如下优点:梁从裂缝区域分成的每一部分都是线性的,或者得到的数值结果适合于他们的标准模态,因而容易进行分析计算。因此,最初在裂缝区域具有局部不连续刚度的非线性系统现在由一组线性部分所代替,各线性子部分由假想无质量的等效弹簧连接。推导出每一部分的动态方程,计算出各界面连接点上的物理位移矩阵,由断裂力学理论求出各子部分之间的相互作用力后,可以计算出等效弹簧的刚度矩阵,由刚度矩阵可以将各子部分在数学形式上连接为一个整体。

根据缺陷检测技术的发展历史及当前国内外的研究现状,提出了基于模态分析与缺陷扩展理论相结合的方法研究裂缝出现后的动态过程。目前,这两种方法都各有学者研究,难点是如何将二者联系起来,以及如何处理相关的影响因素和影响效果,这也是今后工作的重点。

第三章 智能土木工程检测

由于影响土木工程质量的因素很多,传统的土木工程检测技术存在诸多的问题,特别是对工程运营过程中的工程监护,恰恰工程运营是引起工程质量的主要且长期的因素,因此必须做好工程运营的长期监测。随着国家经济的发展,国家长期发展战略对土木工程的需求越来越多,因此对工程质量问题也提出了更高的要求,才能保证工程的安全运营。随着现代信息科学技术的发展,智能土木工程检测技术的发展成为土木工程检测的发展方向。

第一节 智能土木工程检测发展必要性

为了减少工程病害,必须加强土木工程建设过程中每一个环节的监测及运营养护,而传统的检测技术的检测精度很多都不能满足设计要求,随着国家战略、信息智能化及工程数量的不断增加,工程安全仍然是重中之重,因此,智能土木工程检测技术的发展势在必行。

一、"一带一路"国家战略

2013年9月和10月,中国国家主席习近平在出访中亚和东南亚国家期间,先后提出共建"丝绸之路经济带"和"21世纪海上丝绸之路"的重大倡议,得到国际社会高度关注。中国提出两个符合欧亚大陆经济整合的大战略:丝绸之路经济带战略和21世纪海上丝绸之路经济带战略。两者合称为"一带一路"战略。丝绸之路经济带战略涵盖东南亚经济整合、涵盖东北亚经济整合,并最终融合在一起通向欧洲,形成欧亚大陆经济整合的大趋势,中国境内包括新疆、重庆、陕西、甘肃、宁夏、青海、内蒙古、黑龙江、吉林、辽宁、广西、云南、西藏13省(直辖市);21世纪海上丝绸之路经济带战略从海上联通欧亚非3个大陆和丝绸之路经济带战略形成一个海上、陆地的闭环,中国境内包括上海、福建、广东、浙江、海南5省(直辖市)(图3-1)。

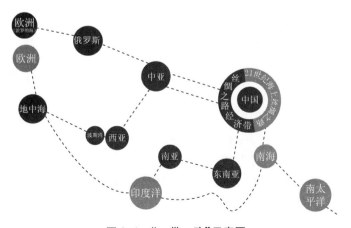

图3-1 "一带一路"示意图

　　"一带一路"战略是我们的国家战略,有些工作需要国家层面来做,比如提出建设亚洲基础设施投资银行、金砖银行的倡议以及建设一些重大项目,如投资 460 亿美元协助巴基斯坦建设瓜达尔港等。地方在参与"一带一路"战略时,既要抓住这一战略所创作的有利外部环境来推动产业升级、技术创新发展地方经济,又要在合作共赢中帮助伙伴国家经济上能够造血。对于地方来说,"一带一路"战略既是一个全方位的对外开放战略,同时又要求地方把最终落脚点落在产业的不断升级、生产力水平的不断提高上。要使产业升级,地方需要修改那些不利于对外开放、不符合市场经济的规则,为产业升级、技术创新提供更好的平台和更好地发挥政府因势利导的作用。

　　"一带一路"发展战略的实施和促进产业转型升级是一个需要不断深化的认识过程和实践过程。包括福建在内的沿海地区能否利用"一带一路"战略,实现跨越发展、弯道超车,关键在于能不能结合自身产业转型升级,做出几个显著的、有指标意义、互利共赢,而且对长期短期都有利的大项目。对于和发达国家仍有差距的产业,政府应支持一部分企业通过兼并、设立研发中心等方式走出去;没有并购机会时,政府可以继续通过招商引资,提供基础设施配套,吸引外国的先进产业在这里生产,这些产品不仅可以进入中国市场,中国还能成为出口世界市场的生产基地。对于在国际上有竞争优势的产业,政府则可以帮助企业在产品销售国家收购品牌、设立产品开发中心和生产基地,实现互利共赢。

　　2015 年 10 月 19 日,"一带一路"国家统计发展会议在陕西西安召开,国家统计局前局长王保安在会上倡议,"一带一路"沿线国家要进一步加强政府统计交流与合作,努力为各国可持续发展提供准确、可靠的统计数据。王保安指出,信息互联互通是经济互联共赢的基础,"一带一路"行动,将推动政府间统计合作和信息交流,为务实合作、互利共赢提供决策依据和支撑。中国政府统计部门将积极开展对可持续发展相关指标的统计和监测,大力推进现代统计体系建设;将以更加积极、开放的态度,努力提供中国经济社会发展的权威统计数据,积极搜集整理"一带一路"相关国家统计资料,进一步提高中国统计数据的国际可比性,与各国分享中国统计改革发展实践;将与"一带一路"沿线国家政府统计机构一起,共同致力于加强统计交流合作,研究建立统计数据交换共享机制。

　　"一带一路"经济区开放后,承包工程项目突破 3000 个。2015 年,我国企业共对"一带一路"相关的 49 个国家进行了直接投资,投资额同比增长 18.2%。2015 年,我国承接"一带一路"相关国家服务外包合同金额 178.3 亿美元,执行金额 121.5 亿美元,同比分别增长42.6% 和 23.45%。2016 年 6 月底,中欧班列累计开行 1881 列,其中回程 502 列,实现进出口贸易总额 170 亿美元。2016 年 6 月起,中欧班列穿上了统一的"制服",深蓝色的集装箱格外醒目,品牌标志以红、黑为主色调,以奔驰的列车和飘扬的丝绸为造型,成为丝绸之路经济带蓬勃发展的最好代言与象征。

　　近年来,"一带一路"建设从无到有、由点及面,沿线国家和地区聚焦政策沟通、设施联通、贸易畅通、资金融通、民心相通,不断深化合作,取得了可喜的早期成果。其中,基础设施互联互通是"一带一路"建设的优先领域,其进展事关"一带一路"建设全局。

　　基础设施对经济社会发展具有基础性、先导性、全局性作用。从发展经济的角度看,交通基础设施的完善能帮助当地把各种产品输送到世界各地市场去,促进当地经济发展。近年来,许多发展中国家包括东南亚、南亚乃至非洲等"一带一路"沿线国家和地区都深刻认识到这一点,希望大力加强基础设施建设,投放于基础设施建设方面的资金逐年增加。但基础设施建设的资金需求量很大,动辄以百亿元计,这就需要我们创新思路来解决"一带一路"沿线国家和地区基础设施建设中普遍存在的资金瓶颈问题。当前,亚洲基础设施投资银行开业运营,能为此提供融资支持,受到沿线国家和地区的普遍欢迎。基础设施建设项目融资除了银行贷款,有的也可以考虑采取 BOT 等投资模式。

据统计,截至 2016 年 6 月 30 日,中国已开通中欧班列共计 39 条,连接亚洲各次区域以及亚非欧的交通基础设施网络正在逐步形成。此外,"一带一路"沿线国家和地区能源基础设施建设的节奏也进一步提速。2013 年 10 月至 2016 年 6 月 30 日,中国国有企业在海外签署建设的重大能源项目多达 40 项,涉及 19 个"一带一路"沿线国家。基础设施互联互通,使资源要素流通更加顺畅、资源要素利用更加集约,有利于加强"一带一路"沿线国家和地区之间的联系。当前,继续推进"一带一路"沿线国家和地区基础设施互联互通,仍是"一带一路"建设中需要优先考虑的问题。"一带一路"建设以基础设施(包括高速公路、大桥、高铁、港口、电厂、通讯设施等)建设带动经济发展的实践,可以说是中国过去 30 多年经济建设一条极为重要成功经验的国际运用。以中国 20 世纪 90 年代建成的广深高速公路为例,公路建成后周边陆续出现了大批工厂、企业乃至新城镇,带动了整个地区的经济发展。当年,公路是以"建造–营运–移交"(Build–Operate–Transfer,简称 BOT)的模式建成的,其历年累计的通行费收入,如今已远远超过当年投入的资金。这启示我们,推进"一带一路"沿线国家和地区基础设施互联互通,交通基础设施建设应从长远发展目标出发,并非一定要建于人口密集地区,也可以根据发展趋势,在一些目前看来偏远或人口较稀少的地方建设交通网络。

从基础设施建设的历史来看,欧美国家起步较早。美国的大型基础设施如公路、大桥、大坝、港口等,大多于 20 世纪 50 年代至 70 年代建成,欧洲则更早。这些基础设施中的大部分特别是钢筋混凝土建筑,设计寿命约为 50 年左右。换句话说,欧美国家的许多基础设施如今已老化了,需要不断进行维修保养,最终需要重建。美国候任总统特朗普说要重建美国的基础设施,借此创造就业机会、带动经济发展,一个依据就在于此。再看我国的许多大型基础设施,大多建于 20 世纪 80 年代和 90 年代,起步比欧美国家晚。但起步晚也有起步晚的好处,一方面可以汲取别人的经验,另一方面又可以用上最新最先进的技术和施工设备。近年来,中国工程建设项目较多,实践经验越来越丰富,在技术上不断有创新和突破。当前,中国工程建设经验和施工技术已在许多方面走到世界的最前列,工程造价也极具竞争力。中国应利用自己的优势,为"一带一路"建设中的基础设施互联互通作出更大贡献,助推"一带一路"沿线国家和地区经济发展。

"一带一路"国家发展战略中,基础设施互联互通是其建设的优先领域,其进展事关"一带一路"建设全局。基础设施互联互通,使资源要素流通更加顺畅、资源要素利用更加集约,有利于加强"一带一路"沿线国家和地区之间的联系。因此,继续推进"一带一路"沿线国家和地区基础设施互联互通,仍是"一带一路"建设中需要优先考虑的问题。大量的基础设施建设,是体现国家经济力量及发展决心,土木工程的投入,必然推到工程检测的需求。

二、"互联网+工业 4.0"产业升级

2014 年 3 月 28 日,习近平总书记提出:新一轮科技革命引发新一轮产业革命,2014 年

10 月 10 日,李克强总理提出:"工业 4.0"开启中德合作新时代。工业 4.0 是一个全新的时代,一期刚刚开始,预计要 30 到 50 年的时间发展引进,按照国家工信部部长所说:德国是从工业 3.0 串联到工业 4.0,中国是工业 2.0、工业 3.0 一起并联到工业 4.0。

1. 工业 4.0 概念

工业 4.0 或工业互联网本质上是互联网运动神经系统的萌芽,互联网中枢神经系统也就是云计算中的软件系统控制工业企业的生产设备,家庭的家用设备,办公室的办公设备,通过智能化、3D 打印、无线传感等技术使的机械设备成为互联网大脑改造世界的工具。同时,这些智能制造和智能设备也源源不断向互联网大脑反馈大数据数,供互联网中枢神经系统决策使用。工信部和中国工程院把中国版的工业 4.0 的核心目标定义为智能制造,这个词表述非常准确。由智能制造再延伸到具体的工厂而言,就是智能工厂。智能制造、智能工厂是工业 4.0 的两大目标。在未来的工业 4.0 时代,软件重要还是硬件重要,这个答案非常简单:软件决定一切,软件定义机器。所有的工厂都是软件企业,都是数据企业,所有工业软件在工业 4.0 时代,是至关重要的,所以说软件定义一切。

工业互联网的概念与工业 4.0 类似。2013 年 6 月,GE 提出了工业互联网革命(industrial internet revolution),伊梅尔特在其演讲中称,一个开放、全球化的网络,将人、数据和机器连接起来。工业互联网的目标是升级那些关键的工业领域。如今在全世界有数百万种机器设备,从简单的电动摩托到高尖端的 MRI(核磁共振成像)机器。有数万种复杂机械的集群,从发电的电厂到运输的飞机。

2. 工业 4.0 的关键

工业 4.0 有一个关键点,就是"原材料(物质)"="信息"。具体来讲,就是任何厂商或制造商生产的原材料,被"贴上"一个标签:这是给 A 客户生产的××产品,××项工艺中的原材料。准确来说,是智能工厂中使用了含有信息的"原材料",实现了"原材料(物质)"="信息",制造业终将成为信息产业的一部分,所以工业 4.0 将成为最后一次工业革命。

3. 工业 4.0 带了的智能化机遇

"工业 4.0"概念包含了由集中式控制向分散式增强型控制的基本模式转变,目标是建立一个高度灵活的个性化和数字化的产品与服务的生产模式。在这种模式中,传统的行业界限将消失,并会产生各种新的活动领域和合作形式。创造新价值的过程正在发生改变,产业链分工将被重组。

德国学术界和产业界认为,"工业 4.0"概念即是以智能制造为主导的第四次工业革命,或革命性的生产方法。该战略旨在通过充分利用信息通讯技术和网络空间虚拟系统—信息物理系统(Cyber-Physical System)相结合的手段,将制造业向智能化转型。

"工业 4.0"项目主要分为三大主题:

(1)"智能工厂",重点研究智能化生产系统及过程,以及网络化分布式生产设施的实现。

(2)"智能生产",主要涉及整个企业的生产物流管理、人机互动以及 3D 技术在工业生产过程中的应用等。该计划将特别注重吸引中小企业参与,力图使中小企业成为新一代智能化生产技术的使用者和受益者,同时也成为先进工业生产技术的创造者和供应者。

(3)"智能物流",主要通过互联网、物联网、物流网,整合物流资源,充分发挥现有物流资源供应方的效率,而需求方,则能够快速获得服务匹配,得到物流支持。

4. 智能土木工程检测急需"工业4.0"

智能土木工程检测是一套完整的检测技术系统,不是一个单一的技术,要实现智能化,智能传感器的制造是关键。传统的检测技术相对来说精度不高,对工程质量的病害检测经常会出现错判或者漏判的现象,而且在作业进行过程中,人为的因素也是影响检测精度的重要因素之一。因此,智能土木工程检测急需"工业4.0"进行智能化制造,从检测仪器的智能化,到检测人员的智能化,不再人为地参与检测作业,避免了人为因素引起的误差或者错误。

"互联网+工业4.0"必将推动中国智能制造以及制造智能迈出坚实的一步,是保证智能化的基础之一,一定会在智能土木工程检测技术或系统的发展起到至关重要的作用(图3-2)。

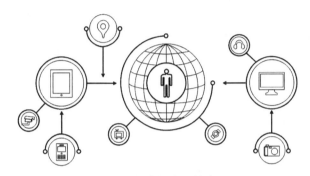

图3-2 智能化产业链应用

三、智能化趋势

目前,各种智能化在生活及工业中的应用已经非常广泛,而且智能化已经成为各行各业的发展趋势,大有取代人工作业的可能性。在土木工程设计及建设中,智能化也得到了广泛的应用,智能建筑越来越多,而且技术也在不断的成熟。同时,智能化技术的成熟,也必然会推动智能化在土木工程检测中的应用,从而更加保证工程质量安全及运营安全。

1. 智能化性能发展方向

(1)高速高精度高效化

速度、精度和效率是智能化技术的关键性能指标。智能化技术由于采用了高速CPU芯片、RISC芯片、多CPU控制系统以及带高分辨率绝对式检测元件的交流数字伺服系统,同时采取了改善工程动态、静态特性等有效措施,智能化检测的高速高精高效化已大大提高。

(2)实时智能化

传统的工程检测技术是按照规定人为的根据工程设计及使用目的,在规定的时间内开展人工检测,检测时多属于相对简单的环境,检测数据也只是变化过程的累加结果,检测任务也要求在规定期限内完成。而人工智能检测利用人工智能的模型实现人类的各种智能行为。随着现代多信息技术的融合发展,实时检测系统和人工智能相互结合,人工智能正向着具有实时响应的、更现实的领域发展,而实时系统也朝着具有智能行为的、更加复杂的应用发展。实时智能化已经应用到生活中的多个领域,在土木工程检测领域,也具有非常广阔的应用前景。

（3）互联网化

互联网给人民的生活带来的很多的便利，在工作中也已经应用的各个行业里，而且效果非常理想。智能土木工程检测智能化的一个趋势就是实现土木工程互联网化或物联网化，由过去独立的工程变成网化的工程，形成一个工程网，使其覆盖不同工程类型行业，满足不同的用户需求，同时能够对工程状况进行实时跟踪、实时分析，及时发现工程病害。

2. 功能发展方向

（1）用户界面图形化

用户界面是检（监）测系统与使用者之间的对话接口。由于不同用户对界面的要求不同，因而开发用户界面的工作量极大，用户界面成为计算机软件研制中最困难的部分之一。当前 Internet、虚拟现实、科学计算可视化及多媒体等技术，也对用户界面提出了更高要求。图形用户界面极大地方便了非专业用户的使用。人们可以通过窗口和菜单进行操作，便于蓝图编程和快速编程、三维彩色立体动态图形显示、图形模拟、图形动态跟踪和仿真、不同方向的视图和局部显示比例缩放功能的实现。

（2）科学计算可视化

科学计算可视化可用于高效处理数据和解释数据，使信息交流不再局限于用文字和语言表达，而可以直接使用图形、图像、动画等可视信息。可视化技术与虚拟环境技术相结合，进一步拓宽了应用领域，能有效地缩短工程质量检查周期、提高检查精度、降低检测成本等重要意义。同时，在工程检测技术领域，可视化技术可用于 CAD/CAM，如自动编程设计、参数自动设定、工程管理数据的动态处理和显示的可视化仿真灾害演示等。

（3）病害因素分析和补偿方式多样化

引起土木工程质量病害的因素多，在智能化检测过程中，在及时高效地检测工程信息变化的同时，也能有效地判断工程病害因素，智能化的发展，可以通过多样补偿病害因素进行工程病害分析，如温度补偿、荷载补偿、病害影响因子补偿等手段，判断工程质量安全或病害发生的极限因素值，从而采取有效的保护措施，保证工程质量的安全。

（4）多媒体技术应用

多媒体技术集计算机、声像和通信技术于一体，使计算机具有综合处理声音、文字、图像和视频信息的能力。在工程检（监）测技术领域应用多媒体技术可以做到信息处理综合化、智能化，在实时监控系统和工程现场设备的故障诊断、生产过程参数监测等方面有着重大的应用价值。

3. 智能检测体系结构的发展

（1）集成化

目前很多智能化的检测或者制作技术，大都采用高度集成化 CPU，RISC 芯片和大规模可编程集成电路 FPGA、EPLD、CPLD 以及专用集成电路 ASIC 芯片，可提高智能化控制系统的集成度和软硬件运行速度，应用 LED 平板显示技术，可提高显示器性能。应用先进封装和互连技术，将半导体和表面安装技术融为一体，通过提高集成电路密度、减少互联长度和数量，改进性能，减小组件尺寸，提高系统的可靠性。

（2）模块化

目前工业上所用的智能化技术设备，都能做到硬件模块化，易于实现智能控制系统的集成化和标准化,根据不同的功能需求,将基本模块,如 CPU、存储器、位置伺服、PLC、输入输出接口、通讯等模块,作成标准的系列化产品,通过积木方式进行功能裁剪和模块数量的增减,构成不同档次的智能控制系统。

（3）网络化

智能化技术联网可进行远程控制和无人化操作,通过工程联网,可在任何一个地方或机器对其他工程进行检测数据分析计算及工程病害预测,并对不同工程的病害的因素进行互联分析及对比,从而实现同一病害因素对不同工程质量的病害预测。

四、工程检测需求大

"十二五"期间,中国基础设施建设逐年增加,铁路及公路里程越来越多,特别是西部及西南部路网的建设,跨山越水,隧道及桥梁工程越来复杂,外部环境的恶劣增加了工程建设的难度,影响工程病害的发生及运营维护的检修难度。

1. 铁路工程

"十二五"以来,中国铁路里程逐年增加,特别是高铁,到 2016 年底,全国铁路营业里程达 124000km,其中高速铁路 22000km 以上。全面打造中国高铁品牌,实现高铁经济与高铁品牌交相辉映。2017 年,全国铁路行业投资将保持去年规模,投产新线 2100km、复线 2500km、电气化铁路 4000km,预计投资规模 8000 亿元。

未来几年,中国会高速扩建自己的铁路网。预计到 2020 年中国铁路营业里程将达到 150000km,其中 30000km 是高速铁路。之后再过 5 年,中国的高速铁路营业里程将达到 38000km（图 3-3）。那相当于比 2020 年增加了四分之一还多。

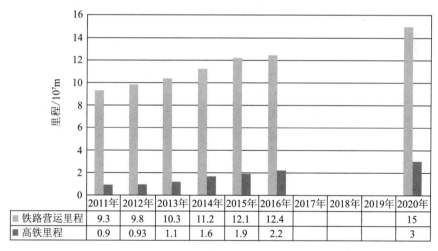

	2011年	2012年	2013年	2014年	2015年	2016年	2017年	2018年	2019年	2020年
铁路营运里程	9.3	9.8	10.3	11.2	12.1	12.4				15
高铁里程	0.9	0.93	1.1	1.6	1.9	2.2				3

图 3-3 中国铁路累计里程及趋势

2. 公路工程

2015 年末全国公路总里程 4577300km,比上年末增加 113400km。公路密度 47.68km/100km^2,提高 1.18km/100km^2。全国高速公路里程 123500km,比上年末增加 11600km。2016 年,中国高速公路突破 130000km,"十三五"末期,预计 169000km（图 3-4）。

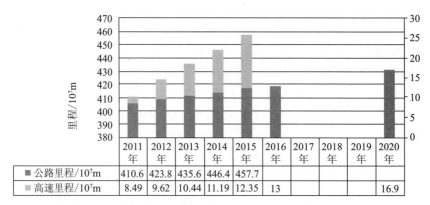

图 3-4　中国公路累计里程及趋势

3. 桥梁和隧道工程

2015 年末全国公路桥梁 77.92 万座、45927.7km，比上年末增加 2.20 万座、3348.8km。其中，特大桥梁 3894 座、6904.2km，大桥 79512 座、20608.5km。

全国公路隧道为 14006 条、12683.9km，增加 1602 条、1927.2km。其中，特长隧道 744 条、3299.8km，长隧道 3138 条、5376.8km（图 3-5）。

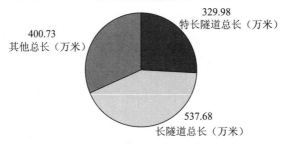

图 3-5　隧道及桥梁累计工程量

中国公路及铁路网错综复杂，里程大，目前在铁路及公路建设过程中，桥梁及隧道的建设量明显增加，大跨度桥梁及隧道的数量越来越多，难度也越来越大，在前期施工技术解决的基础上，后期工程的运营中病害的监测是重中之中，随时监测工程状况及时发现病害或病害的可能性，是解决运营安全的重要环节，大网需要大数据，并且要实行实时监测，及时发现问题，这些靠人工监测远远不够，随着互联网及云技术的日臻成熟，土木工程智能监测越来越近。

五、质量安全问题多

对于一个企业来讲，质量是企业的命脉，也是企业生存和发展的基础。质量对企业来说就是前景，是企业的铁饭碗；对于一件产品来讲，质量就是产品的生命。所以说，质量与我们每个人都息息相关，特别是对于工程质量，一旦发生工程质量问题，会造成重大的工程事故，严重地影响人民的生命财产安全，因此，任何和土木工程相关的企业都应该把提高工程质量放在首位。

近年来,中国工程质量事故较多,涉及的工程质量问题也较多。工程质量事故是由于建设管理、监理、勘测、设计、咨询、施工、材料、设备等原因造成工程质量不符合规程、规范和合同规定的质量标准,影响使用寿命和对工程安全运行造成隐患及危害的事件。随着社会的发展,越来越多的工程质量事故频繁发生,成为危害人生命的隐形杀手,那么如何避免这种事故的发生就成为了国家关注的焦点。

1. 地铁工程事故

（1）杭州市地铁 1 号线湘湖站基坑坍塌事故

2008 年 11 月 15 日 15 时 20 分,杭州市地铁 1 号线湘湖站基坑工程发生塌陷事故,基坑钢支撑崩坏,地下连续墙变形断裂,基坑内外土体滑裂(图 3-6)。造成基坑西侧路面长约 100m、宽约 50m 的区域塌陷,下陷最大深度达 6m,自来水管、排污管断裂,大量污水涌出,同时东侧河水及淤泥向施工塌陷地点溃泻,导致施工塌陷区域逐渐被泥水淹没。事故造成在西侧路面行驶的 11 辆汽车下沉陷落(车上人员 2 人轻伤,其余人员安全脱险),在基坑内进行挖土和底板钢筋作业的施工人员 17 人死亡、4 人失踪。

（2）广州海珠广场基坑坍塌事故

2005 年 7 月 21 日 12 时,广州市海珠广场深 20m 的基坑南边发生滑坡(图 3-7),导致 3 人死亡,4 人受伤,邻近的 7 层的海员宾馆倒塌,1 栋住宅楼严重损坏,多家商店失火,地铁 2 号线停运 1 天。

事故原因分析:①基坑原设计开挖深度 16.2m,而实际开挖深度达 20.3m,造成围护桩入土深度不足;②南侧地层存在软弱透水夹层,随着开挖深度增大,土体发生滑动;③基坑暴露时间长达 33 个月,导致地层的软化和锚索预应力损失;④现场监测数据已有预兆,未引起重视。

图 3-6　地铁工程事故(杭州)　　　图 3-7　广场基坑工程事故(珠海)

2. 桥梁工程事故

（1）辽宁盘锦田庄台大桥

2004 年 6 月 10 日早晨 7 时许,辽宁省盘锦市境内田庄台大桥突然发生垮塌(图 3-8)。大桥从中间断裂 27m,大约有三辆汽车落水,两名落水司乘人员逃生,无人员死亡。

专家组认定,该桥在超限车辆长期作用下,内部预应力严重受损。事故发生前,大连顺达运输公司一辆自重 30t 的大货挂车,载着 80t 的水泥,在严重超载情况下通过该桥(该桥在 2000 年 7 月被确定通行车辆限重 15t、限速 20km/h),重载冲击力使大桥第 9 孔悬臂端预应力结构瞬间脆性断裂,致使桥板坍塌。

（2）小尖山大桥

小尖山大桥位于开阳县南江乡龙广村村后的两座大山之间，全长155m，桥墩高47m。2005年12月14日5时30分左右，小尖山大桥突然发生支架垮塌，横跨在3个桥墩上的两段正在浇筑的桥面轰然坠下，桥面上施工的工人也同时飞落谷中（图3-9）。事故共造成8人死亡、12人受伤。

这起事故发生的原因主要是支架搭设时基础施工不符合相关规范要求，部分支架钢管壁厚不够，部分支架主管与枕木之间缺垫板。

图3-8　桥梁工程事故（盘锦）　　　　图3-9　桥梁工程事故（小尖山）

3. 建筑工程事故

（1）襄阳南漳县模板支持工程塌陷事故

2013年11月20日，襄阳市南漳县在建的商业用房，5层裙楼内场19.5m，宽17m、高29.8m的天井钢筋混凝土顶板混凝土浇筑施工过程中，发生高大模板支撑系统坍塌事故（图3-10），造成7人死亡，5人受伤，直接经济损失550万元。

事故原因是多方面的，一方面没有高支模板安全专项施工方案，第二模板搭设不合工程实际需要，并且未进行搭设验收，最主要的就是在进行浇筑时，未对模板支撑体系位移进行实时监测监控，作业面的施工总荷载超过支模的实际承载力，导致最终的工程事故发生。

（2）黑龙江大庆围墙倒塌事故

2006年8月6日，黑龙江省大庆市××商住楼工程发生一起围墙倒塌事故，造成3人死亡。该住宅楼为18层框架结构，事发当日，施工人员在清理现场围墙外侧的碎石时，围墙突然倒塌（图3-11）。

图3-10　工程塌陷事故（襄阳南漳）　　　图3-11　工程倒塌事故（大庆）

事故原因分析，在施工过程中，临时围墙被当作支挡碎石的挡土墙使用，但是围墙无墙垛，缺乏必要的稳定性，围墙内对方的碎石对围墙产生向外的水平推力，围墙倒塌前已经发生倾斜,加上围墙在清理碎石过程中,扰动了围墙地基土。碎石被清理以后,平衡围墙内碎石向外的水平推力丧失,围墙失去支撑,最终倒塌。

工程事故的多发,大部分原因时由于工程质量问题,从工程的原材料开始都存在一定的质量安全隐患,在施工的过程中,由于人为因素,到处施工过程的检测不到位甚至不做施工检测,这样的工程即使顺利竣工,在使用中也存在重大的安全隐患。所以,对不同用处的土木工程实施智能检测及监测,杜绝人为干扰因素,及时有效地对工程隐患进行实时检测,依此保证工程整体的安全。所以,智能土木工程检测技术必须要发展,并且逐渐应用于土木工程的各个环节。

第二节 智能土木工程检测系统

随着现代信息科学技术的迅猛发展和生产水平的提高,各种测试技术已越来越广泛地应用于各种工程领域和科研工作中,测试技术本平的高低越来越成为衡量国家科技现代化的重要标志之一。当代科技水平的不断发展,为测试技本水平的提高创造物质条件,反过来,拥有高本平的测试理论和测试系统又会促进科技成果的不断发现和创新。当前,随着半导体技术的新的突破和大规模集成电路构成的微处理器的出现,测试技术越来越朝着高精度、小型化和智能化方向发展,新型传感器的研制也是当代测试技术的重要发展内容。

只有对测试系统有一个完整的了解,才能按照实际需要设计或配置出一个有效的检测系统,以达到实际测试目的。和传统的土木工程检测技术相比,智能土木工程检测技术不是一项单一的检测技术,而是现代信息技术多产业融合的一个系统,完成检测工作的每一个步骤都需要智能化,在每一步实现智能化的过程中,都需要多学科技术融合。智能土木

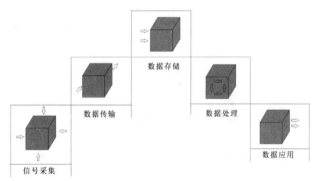

图 3-12　智能土木工程检测系统

工程监测系统主要解决几个关键问题(图 3-12),数据采集、传输、存储、处理及分析,大数据工程灾害预测等。

1. 信号采集系统

土木工程信息变化的采集是智能土木工程实现的关键。信息技术融合的智能传感器已经被广泛应用于人们的生活中。信号采集系统主要是使用智能传感器,采集系统由传感器和测量电路组成,它把被测量(如力、位移)通过传感器变成电信号,经过后接仪器的变换、放大、运算,变成易于处理和记录的信号。传感器是整个测试系统中采集信息的关键环节,它的作用是将被测非电量转换成便于放大记录的电量,所以,有时称传感器为测试系统的一次仪表。由于引起工程信息变化的因素较多,所以对不同因素的信号采集必须使用不同类型的传感器,从工程原始的材料检测、施工过程检测以及运营检测,不同的传感器能满足不同的采集要求。结构直剪试验系统中,需要观察在不同法向应力水平下,试件在剪切过程中,

法向和剪切方向的力和位移的变化。采用四支位移传感器分别测量试件在法向和剪切方向的位移,采用两只液压传感器分别测量试件在法向和剪切方向的荷载。其中,用荷载传感器和动态电阻应变组成力的采集及测量系统,用位移传感器和位移变送器组成位移测量系统。动态电阻应变使和位移变送器内的中间变换和测量电路中通常有电桥电路、放大电路、滤波电路及调频电路等。所以采集系统是根据不同的被测参量,选用不同的传感器和后接仪器组成的测量环节。

2. 数据传输系统

土木工程大多是处于野外的,信号的采集系统也是跟着工程的位置布设的,如何将野外采集的工程信息变化信号,采用智能的传输系统,传输的数据存储端,从而实现对数据的实时存储,这就需要数据传输系统,通过数据传输系统或技术,建立野外工程变化信号数据到存储端的联系,实现智能化、高效化、无损化等保真的数据传输。目前的移动互联网及 GPS卫星信号传输技术已经非常成熟,能够满足数字信号、模拟信号等智能化的传输。

3. 数据存储系统

传统的土木工程检测是按照工程设计标准及使用年限,在规定的时间内进行检测,检测频率极低,因此检测到的工程信息数据量极小。智能土木工程工程检测实现 24h 不间断信息采集,数据量巨大,而且数据存储也要求具有延续性,才能够后期数据分析,因此传统的数据存储设备已经不能满足数据量的存储要求。数据存储系统必须具有大数据的存储能力、计算能力等,目前的云存储服务已经在很多领域取得成功,而且该技术和服务不断地成熟,不断地在发展,为智能土木工程检测大数据的存储提供了解决方案。

4. 数据处理系统

数据(信号)处理系统是将测量系统的输出的信号进一步进行处理以排除干扰,或输出不同的物理量,如对位移量的一次微分得到速度,二次微分得到加速度。处理系统中需要设计智能滤波等软件,以排除测量系统中的噪声干扰和偶然波动,以提高所获得数据的置信度。同时数据处理也包括对处理后的大量数据进行归类,按照不同的影响因素进行分类,为后期数据的应用提供方便,以便查清土木工程病害影响因素的权重。

5. 数据应用系统

智能土木工程检测到的数据是工程病害分析的主要依据,只有能有效地对检测数据加以利用,才能对工程的性能、使用状况及质量安全状况做全面的分析。数据应用主要有数据分析结果的随时显示及打印,依次来决策工程的使用管理、加固及养护措施,保证工程的使用安全。目前数据应用系统技术已经非常成熟,像微机屏幕、打印机和绘图仪等作为显示记录设备,都能用来数据应用的终端,直接检查工程状况。

第四章　数据采集——智能传感器

传统的土木工程检测主要是使用人工的方法,按照工程的设计使用年限,每隔一定的时间对工程的安全状况进行一次检测,诊断工程的使用状况及可能面临的病害。检测工作主要是利用人工的方法,容易造成检测结果的误差,并且不能对工程实时运营状况进行判断,就会对工程的安全状况出现判断上的误差,无法及时排除病害,造成重大的工程安全隐患。智能土木工程检测不但能排除人为检测的误差,而且能对工程的运营状况进行实时监测,实现提前预判工程安全,因此能采取有效的防护及养护措施,保障工程运营安全。

智能土木工程检测首先要解决的技术,就是智能数据采集系统。2015 年 5 月 8 日,中国政府实施制造强国战略第一个十年的行动纲领"中国制造 2025",随着新一代信息技术向制造领域的加快渗透,现代工业信息化发展已迈入发展智能制造的历史新阶段,为实现智能土木工程检测技术的发展提供了机遇。

第一节　中国制造 2025 政策

随着新一代信息技术向制造领域的加快渗透,现代工业信息化发展已迈入发展智能制造的历史新阶段。为了紧抓这一发展机遇,在制造强国战略的指导下,各领域企业间加快融合创新,推动生产管理方式、商业模式等方面发生重大变革,一系列新模式、新业态、新特征日益凸显。2015 年 5 月 8 日,国务院出台制造强国中长期发展战略规划《中国制造 2025》,全面部署推进制造强国战略实施,坚持创新驱动、智能转型、强化基础、绿色发展,加快从制造大国转向制造强国。我国制造业步入新常态下的攻坚阶段,制造强国战略开始推进实施。经过多年迅猛发展,我国已稳居世界制造业第一大国,对全球制造业的影响力不断提升。但随着全球经济结构深度调整,我国制造业面临"前后夹击"的双重挑战。从国内来看,经济发展正处于增速换档和结构调整阵痛的关键节点,制造业潜在增长率趋于下降。总体来看,我国经济发展已进入以中高速、优结构、多挑战、新动力为特征的新常态阶段。

以互联网为核心的新一代信息技术加快推广普及,推动企业组织流程、商业模式创新。一是互联网技术激发了用户被搁置的多样化个性化需求,企业传统商业模式、组织架构难以维系,需要以用户为导向、以需求为核心进行组织形式和经营策略变革。二是网络化、扁平化、同步快速的信息传递方式将促进市场参与主体搜索、获取、分享、沟通信息的效率提高和成本降低,充分发挥其自主经营、决策、分配等权利。三是互联网具有开放性和快速迭代的特点,在其加速渗透的过程中,企业趋向于在短时间内以开放、合作、共享的创新模式,整合内外部资源,促进用户深度参与、产业链上下游企业高度协同,缩短产品研发周期,增强企业对市场的快速反应能力。

国内智能制造改造需求迫切,系统解决方案市场需求广阔。一是随着国内劳动力人口逐渐减少以及劳动力成本的逐渐上升,企业迫切需要实施机器换人战略,就工业机器人来看,2014年国内工业机器人销售同比增长了56%。二是互联网时代,用户需求日趋多样化、定制化,企业订单呈现出小型化、碎片化的发展趋势,引进与应用智能制造系统解决方案已经成为企业满足新时代发展需要的重要着力点。硬件+中间件+软件的一体化综合解决方案提供商明匠智能,营业收入呈逐年大幅提升趋势,2013年营业收入仅为1412万元,2014年达到4034万元,同比增长185.7%,2015年全年营业收入有望实现200%以上的增长。

智能制造正式成为国家制造业的为来发展的战略,《中国制造2025》提出:加快机械、航空、船舶、汽车、轻工、纺织、食品、电子等行业生产设备的智能化改造,提高精准制造、敏捷制造能力;统筹布局和推动智能交通工具、智能工程机械、服务机器人、智能家电、智能照明电器、可穿戴设备等产品研发和产业化;发展基于互联网的个性化定制、众包设计、云制造等新型制造模式,推动形成基于消费需求动态感知的研发、制造和产业组织方式等(图4-1)。

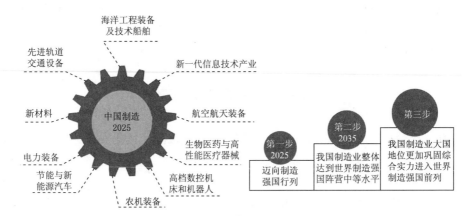

图4-1 中国制造2025战略

传感器技术是实现智能土木工程检测的关键,传感器就是能够感受规定的被测量并按照一定规律转换成可用输出信号的器件或装置。它是一种以一定的精确度把被测量(被测信息)转换为与之有确定对应关系的、便于应用的某种物理量的测量装置或器件。这一定又包含以下几方面的意思:①传感器是测量装置,能完成检测任务;②它的输入量是某一被测量,可能是物理量,也可能是化学量、生物量等;③它的输出量是某种物理量,这种量要便于传输、转换、处理、显示等,这种量可以是气、光、电物理量,但主要是电物理量;④输出输入有对应关系,且应具有一定的精确程度。

和土木工程智能检测相关的传感器制造业,目前已经基本形成较为完整的产业链结构,在材料、器件、系统、网络等各方面水平不断完善,自主产品已达6000种,国内建立了三大传感器生产基地,分别为:安徽基地、陕西基地和黑龙江基地。政府对国内传感器产业提出了加快力度加快发展的指导方针,未来的传感器发展将向着智能化的方向改善(图4-2)。

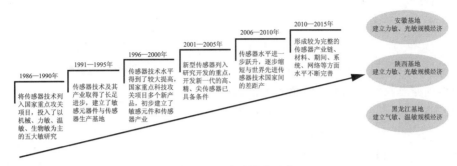

图 4-2 中国传感器发展状况

智能土木工厂检测技术的发展,离不开智能制造的支持,中国制造 2025 战略提出了为来中国智能装备制造占率(图 4-3),越来越多的行业逐渐被智能装备渠道。通过先进制造、信息处理、人工智能等技术的集成与融合,可以形成具有感知、分析、推理、决策、执行、自主学习及维护等自组织、自适应功能的智能生产系统以及网络化、协同化的生产设施,这些智能化装备已成为制造业转型升级的基础能力。智能装备是一种智能化的制造系统,是由智能机器和人类专家结合而成的人机一体化的智能系统,它将智能技术融合进制造系统的各个环节,通过模拟人类的智能活动,取代人类专家的部分智能活动,使系统具有智能特征。

图 4-3 中国智能装备制造战略

第二节 传统传感器原理

在土木工程中,所需测量的物理量大多数为非电量,如位移、压力、应力、成变等。为使非电量能用电测方法来测定和记录,必须设法将这些物理量转换为电量,这种将被测物理量直接转换为相应的容易检测、传输或处理的信号的元件称为传感器,也称换能器、变换器或探头。

传感器的特性主要是指输出与输入之间的关系,当输入量为常量,或变化极慢时,这一关系就称为静态特性;当输入量随时间较快地变化时,这一关系就称为动态特性。一般说来,传感器输出与输入关系可用微分方程来描述。理论上,将微分方程中的一阶及以上的微分项取为零时,可得到静态特性。因此,传感器的静态特性只是动态特性的一个特例。实际上传感器的静态特性要包括非线性和随机性等因素。如果把这些因素都引入微分方程,将使问题复杂化,传感器除了描述输出输入关系的特性之外,还有与使用条件、使用环境、使用要求等有关的特性(图4-4)。

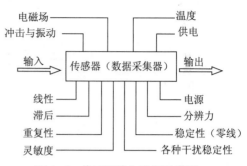

图4-4　传感器输入输出示意图

一、应力计和应变计

应力计和应变计是土本工程测试中常用的两类传感器,其主要区别是测试敏感元件与被测物体的相对刚度的差异。

简单的应力和应变测试系统(图4-5),由两个相同的弹簧将一块无重量的平板与地面相连接所组成,弹簧常数均为 k ,长度为 L_0 ,设有力 P 作用在板上,将弹黄压缩至 L_1 ,如图4-5(b)所示,则:

$$\Delta u_1 = \frac{P}{2K} \tag{1}$$

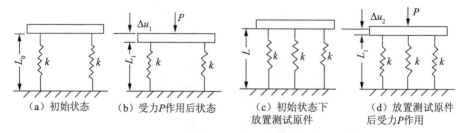

图4-5　应力计及应变计原理示意图

如果想用一个测量原件来测量未知力 P 和压缩变形 Δu_1 ,在两根弹簧之间放入弹簧常数为 K 的原件弹簧,则其变形和压力为:

$$\Delta u_2 = \frac{P}{2k + K} \tag{2}$$

$$P_2 = K\Delta u_2 \tag{3}$$

式中: P_2 、 Δu_2 分别是元件弹簧所受的力和位移。

将式(1)代入式(2),则有:

$$\Delta u_2 = \frac{2k\Delta u_1}{2k + K} = \Delta u_1 \frac{1}{1 + \frac{K}{2k}} \tag{4}$$

将式(2)代入式(3),则有:

$$P_2 = K \frac{P}{2k + K} = P \frac{1}{1 + \frac{2k}{K}} \qquad (5)$$

在式(4)中,若 K 远小于 k ,则 $\Delta u_1 = \Delta u_2$,说明弹簧元件加进前后,系统的变形几乎不变,弹簧元件的变形能反映系统的变形,因而可看作一个测长计,把它测出来的值乘以一个标定常数,可以指示位变值,所以它是一个应变计。

在式(5)中,若 k 远小于 K ,则 $P_2 = P$,说明弹簧元件加进前后,系统的受力与弹性元件的受力几乎一致,弹簧元件的受力能反映系统的受力,因而可看作一个测力计,把它测出来的值乘以一个标定常数,可以指示应力值,所以它是一个应力计。

在式(4)和式(5)中,若 $K \approx 2k$,即弹簧元件与原系统的刚度相近,加入弹簧元件后,系统的受力和变形都有很大的变化,则既不能做应力计,也不能做应变计。

因此,利用直观的力学知识,如果弹簧元件比系统刚硬很多,则 P 力的绝大部分就由元件来承担,元件弹簧所受的压力与 P 力近乎相等,在这种情况下,该弹簧元件适合于做应力计。另一方面,如果弹簧元件比系统柔软很多,它将顺着系统的变形而变形,对变形的阻抗作用很小,因此,元件弹簧的变形与系统的变形近乎相等,在这种情况下,该弹簧元件适合于做应变计。

二、电阻式传感器

电阻式传感器是把被测量如位移、力等参数转换为电阻变化的一种传感器,按其工作原理可分为电阻应变式、电位计式、热电阻式和半导体热能电阻传感器等,电阻应变式传感器是根据电阻应变效应先将被测量转换成应变,再将应变量转换成电阻,所以也是电阻式传感器的一种,其使用特别广泛。

电阻应变式传感器的工作原理是基于电阻应变效应,其结构通常由应变片、弹性元件和其他附件组成。在被测拉压力的作用下,弹性元件产生变形,贴在弹性元件上的应变片产生一定的应变,由应变使读出读数,再根据事先标定的应变-力对应关系,即可得到被测力的数值。

弹性元件是电阻应变式传感器必不可少的组成环节,其性能好坏是保证传感器质量的关键。弹性元件的结构形式是根据所测物理量的类型、大小、性质和安放传感器的空同等因素来确定的。

1. 测力传感器

测力传感器常用的弹性元件形式有柱式(杆式)、外式和梁式等。

(1)柱(杆)式弹性元件

其特点是结构简单、紧凑、承载力大。主要用于中等荷载和大荷载的测力传感器,其受力状态比较简单,在轴力作用下,同一截面上所产生的轴向应变和横向应变符号相反,分为实心和空心两种(图4-6)。

在轴向布置一个或几个应变片,在圆周方向布置同样数目的应变片,后者取符号相反的横向应变,从而构成了差动对。

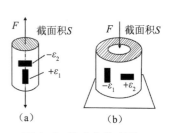

图4-6　柱式力传感器

由于应变片沿圆周方向分布,所以非轴向载荷分量被补偿,在与轴线任意夹角的 α 方向,其应变为:

$$\varepsilon_\alpha = \frac{\varepsilon_1}{2}[(1-\mu)+(1+\mu)\cos2\alpha] \tag{6}$$

式中:ε_1 为沿轴向的应变;μ 为弹性元件的泊松比。

轴向应变片感受的应变为:当 $\alpha = 0$ 时:

$$\varepsilon_\alpha = \varepsilon_1 = \frac{F}{SE}$$

当 $\alpha = 90°$ 时:

$$\varepsilon_\alpha = \varepsilon_2 = -\mu\varepsilon_1 = -\mu\frac{F}{SE}$$

式中:F 为荷载;E 为弹性元件的杨氏模量;S 为弹性元件截面积。

(2)环式弹性元件

其特点是结构简单、自振频率高、坚固、稳定性好。主要用于中小载荷的测力传感器。其受力状态比较复杂,在弹性元件的同一截面上将同时产生轴向力、弯矩和剪力,并且应力分布变化大,应变片应贴于应变值最大的截面上。

(3)梁式弹性元件

其特点是结构简单、加工方便,应变片粘贴容易且灵敏度高。主要用于小荷载、高精度的拉压力传感器,梁式弹性元件可做成悬臂梁、铰支梁和两端固定式等不同的结构形式,或者是它们的组合。其共同特点是在相同力的作用下。同一截面上与该截面中性抽对称位置点上所产生的应变大小相等而符号相反。应变片应贴于应变值最大的截面处,并在该截面中性轴的对称表面上同时粘贴应变片,一般采用全桥接片以获得最大输出。

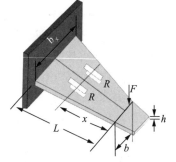

图 4-7 等强度梁弹性元件

等强度梁弹性元件是一种特殊形式的悬臂梁(图 4-7),梁的固定端宽度为 b_0,自由宽度为 b,梁长为 L,梁厚为 h,这种弹性元件的特点是:其截面沿梁长按一定规律变化,当集中力 F 作用在自由端时,距作用力任何距离的截面上应力相等。因此,沿着这种梁的长度方向上的截面抗弯模量 W 的变化与弯矩 M 的变化成正比,即:

$$\sigma = \frac{M}{W} = \frac{6FL}{bh^2} = 常数 \tag{7}$$

在等强度梁的设计中,往往采用矩形截面,保持截面厚度 h 不变,只改变梁的宽度 b,设沿梁长度方向上某一截面到力的作用点的距离为 x,则:

$$\frac{6Fx}{b_x h^2} \leqslant [\sigma]$$

$$b_x \geqslant \frac{6Fx}{h^2[\sigma]}$$

式中:b_x 为与 x 值响应的量宽;$[\sigma]$ 为材料允许应力。

在设计等强度弹性元件(图 4-7)时,需确定最大荷载 F,假设厚度 h,长度 L,按照所选定的材料的允许应力 $[\sigma]$,即可求得等强度梁的固定端宽度 b_0,以及沿梁方向宽度的变化时;

等强度梁各点的应变值为:

$$\varepsilon = \frac{6Fx}{b_x h^2 E} \tag{8}$$

2. 位移传感器

用适当形式的弹性元件,贴上应变片也可以测量位移,测量的范围可从 $0.1 \sim 100\text{mm}$。弹性元件有梁式、弓式和弹簧组合式等。位移传感器的弹性元件要求刚度小,以免对被测构件形成较大反力,影响被测位移。图 4-8 是双悬臂式位移传感器或夹式引伸计及其弹性元件,根据弹性元件上距固定端为 x 的某点的应变读数 ε,即可测定自由端的位移 f 为:

$$f = \frac{2\ell^3}{3hx}\varepsilon \tag{9}$$

弹簧组合式传感器多用于大位移测量(图 4-9),当测点位移传递给导杆后使弹簧伸长,并使悬臂梁变形,这样从应变片读数可测得测点位移 f,经分析两者之间的关系为:

$$f = \frac{(k_1 + k_2)\,\ell^3}{6\,k_2(\ell - \ell_0)}\varepsilon \tag{10}$$

式中:k_1、k_2 分别是悬臂梁和弹簧的刚度系数。

在测量大位移是,k_2 应选得较小,以保持悬臂梁端点位移为小位移。

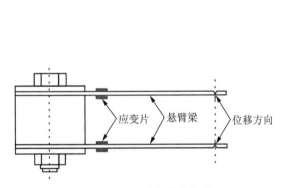

图 4-8 双悬臂式位移传感

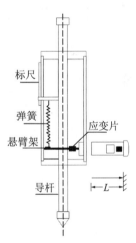

图 4-9 弹簧组合式位移传感器

3. 液压传感器

液压传感器有膜式、筒式和组合式等,测量范围从 0.1kPa 到 100MPa。膜式传感器是在周边固定的金属膜片上贴上应变片,当膜片承受流体压力产生变形时,通过应变片测出流体的压力。周边固定,受有均布压力的膜片,其切向及经向应变的分布如图 4-10 所示,图中 ε_t 为切向应变,ε_r 为经向应变,在圆心处 $\varepsilon_t = \varepsilon_r$,并达到最大值。

$$\varepsilon_{t\max} = \varepsilon_{r\max} = \frac{3(1 - \mu^2)}{8E}\frac{pR^2}{h} \tag{11}$$

在边缘处切向应变 ε_t 为零,经向应变 ε_r 达到最小值:

$$\varepsilon_{rmax} = \frac{3(1 - \mu^2)}{4E} \frac{p\,R^2}{h}$$ （12）

根据膜片上应变分布情况,可按图 4-11 所示的位置贴片,贴于正应变区,贴于负应变区,组成半桥(也可用四片组成全桥)。

筒式压强传感器的圆筒内腔与北侧压力连通,当筒体内受压力作用是,筒体产生表面黏性,应变片贴在筒的外壁,工作片沿圆周贴在空心部分,补偿片贴在实心部分如图 4-11 所示。

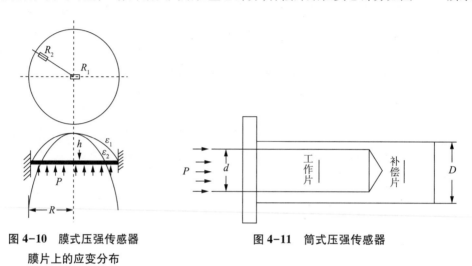

图 4-10　膜式压强传感器
膜片上的应变分布

图 4-11　筒式压强传感器

圆筒外壁的切向应变为:

$$\varepsilon_t = \frac{P(2 - \mu)}{E(n^2 - 1)}$$ （13）

式中:n 为筒的外径和内径之比 D/d。

对应薄壁筒,可按下式计算:

$$\varepsilon_t = \frac{Pd}{SE}(1 - 0.5\mu)$$ （14）

式中:S 为筒的外径和内径之差。这种形式的传感器可用于测量较高的液压。

4. 压力盒

电阻应变片式压力盒也采用膜片结构,它是将转换元件(应变片)贴在弹性金属膜片式传力元件上,当膜片感受外力变形时,将应变传给应变片,通过应变片输出的电信号测出应变值,再根据标定关系算出外力值。

三、电感式传感器

电感式传感器是相据电磁感应原理制成的,它是将被测量的变化转换成电感中的自感系数 L 或互感系数 M 的变化,引起后续电桥桥路的桥臂中阻抗 Z 的变化,当电桥失去平衡时,输出与被测的位移量成比例的电压 U_0。电感式传感器常分成自感式(单磁路电感式)和互感式(差动变压器式)两类。可分为可变磁阻式、差动变压器式。

1. 单磁路电感传感器

单磁路电感传感器由铁芯、线路和衔铁组成。当衔铁运动时,衔铁与带线圈的铁芯之间的气隙发生变化,引起磁路中磁阻的变化,因此,改变了线圈中的电感。线圈中的电感量 L 可按下式计算:

$$L = \frac{W^2}{R_{\mathrm{m}}} = \frac{W^2}{R_{\mathrm{m}0} + R_{\mathrm{m}1} + R_{\mathrm{m}2}} \tag{15}$$

式中:W 为线圈的匝数;

　　　R_{m} 为磁路的总磁阻,H^{-1};

　　　$R_{\mathrm{m}0}$、$R_{\mathrm{m}1}$、$R_{\mathrm{m}2}$ 为空气隙、铁芯和衔铁的磁阻。

由于铁芯和衔铁的导磁系数远大于空气隙的导磁系数,所以铁芯和衔铁的磁阻 $R_{\mathrm{m}1}$、$R_{\mathrm{m}2}$ 可略去不计,故有:

$$L = \frac{W^2}{R_{\mathrm{m}}} \approx \frac{W^2}{R_{\mathrm{m}0}} = \frac{W^2 \mu_0 A_0}{2\delta} = K \cdot \frac{1}{\delta} = K_1 \cdot A_0 \tag{16}$$

其中:$K = \dfrac{W^2 \mu_0 A_0}{2\delta}$;$K_1 = \dfrac{W^2 \mu_0}{2\delta}$

式中:A_0 为空气隙有效导磁截面积,m^2;

　　　μ_0 为空气的导磁系数;

　　　δ 为空气隙的磁路长度,m。

上式表明,电感量与线圈的匝数平方成正比,与空气隙有效导磁截面积成正比,与空气隙的磁路长度成反比。因此,改变气隙长度和改变气隙截面积都能使电感量变化,从而可形成三种类型的单磁路电感传感器:改变气隙厚度 δ(图 4-12(a)),改变通磁气隙面积 S(图 4-12(b)),螺旋管式(可动铁芯式)(图 4-12(c))。其中最后一种实质上是改变铁芯上的有效线圈数。在实际测试线路中,常采用调频测试系统,将传感器的线圈作为调频振荡的谐振回路中的一个电感元件。单磁路电感传感器可做成位移和压力电感式传感器,也可做成加速度的电感式传感器。

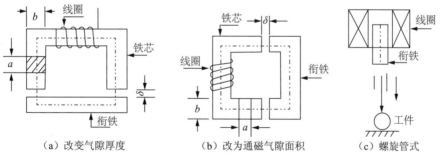

（a）改变气隙厚度　　　（b）改为通磁气隙面积　　　（c）螺旋管式

图 4-12　单磁路电传感器示意图

2. 差动变压器式电感传感器

差动变压器式传感器是互感式电感传感器中最常用的一种,其原理如图 4-13 所示。当初级线 L_1 通入一定频率的交流电压 E 激磁时,由于互感作用,在两组次级线圈 L_{21} 和 L_{22} 中就

会产生互感电势 e_{21}，和 e_{22}，其计算的等效电路如图1-14。

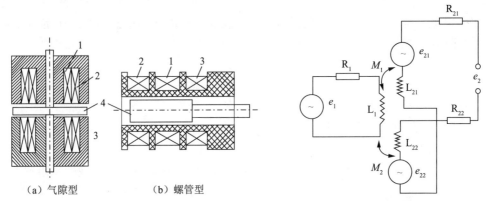

（a）气隙型　　　　（b）螺管型

图4-13　差动变压传感器结构示意图　　　图4-14　差动变压传感器等效电路

按理想化情况（忽略涡流、磁滞损耗等）计算，初级线圈的回路方程为：

$$I_1 = \frac{E_1}{R_1 + j\omega L_1} \tag{17}$$

次级线圈中的感应电势分别为：

$$E_{21} = -j\omega M_1 I_1 \; ; \; E_{22} = j\omega M_2 I_1 \tag{18}$$

当负载开路时，输出电势为：

$$E_2 = E_{21} - E_{22} = -j\omega(M_1 - M_2)I_1 = -j\omega(M_1 - M_2)\frac{E_1}{R_1 + j\omega L_1} \tag{19}$$

输出电势有效值为：

$$E_2 = \frac{\omega(M_1 - M_2)}{\sqrt{R^2 + (\omega L)^2}}E_1 \tag{20}$$

当衔铁在两线圈中间位置时，由于 $M_1 = M_2 = M$，所以，$E_2 = 0$。若衔铁偏离中间位置时，$M_1 \neq M_2$，若衔铁向上移动，则 $M_1 = M + \Delta M$，$M_2 = M - \Delta M$，此时，上式变为：

$$E_2 = \frac{\omega E_1}{\sqrt{R_1^2 + (\omega L_1)^2}}2\Delta M = 2K E_1 \tag{21}$$

式中：ω 为初级线圈激磁电压的角频率。

由上式可见，输出电势 E_2 的大小与互感系数差值 ΔM 成正比。由于设计时，次级线圈各参数做成对称，则衔铁向上与向下移动量相等时，画个次级线圈的输出电势相等 $e_{21} = e_{22}$，但极性相反，故差动变压器式电感传感器的总输出电势 E_2 是激励励电势 E_1 的画倍。E_2 与衔铁输出位移 x 之同的关系如图4-15所示，由于交流电压输出存在一定的零点残余电压，这是由于两个次级线圈不对称、次级线圈铜耗电阻的存在、铁磁材质不均匀、线圈间存在分布电容等原因所形成。因此，即使衔铁处于中同位置时，输出电压也不等于零。

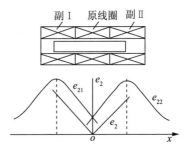

图4-15　差动变压器的输出特征

由于差动变压器的输出电压是交流量,其幅大小与衔铁位移成正比,其输出电压如用交流电压表来指示,只能反映衔铁位移的大小,但不能显示位移的方向。为此,其后接电路应既能反映衔铁位移的方向,又能指示位移的大小。其次在电路上还应设有调零电阻 R_0。在工作之前,使零点残余电压 e_0 调至最小。这样,当有输入信号时,传感器输出的交流电压经交流放大、相敏检波、滤波后得到直流压输出,由直流电压表指示出与输出位移量相应的大小和方向。

由于差动变压器式传感器具有线性范围大、测量精度高、稳定性好和使用方便等优点,所以广泛应用于直线位移测量中,也可通过弹性元件把压力、重量等参数转换成位移的变化再进行测量。

土木工程中测试隧洞围岩不同深度的位移的多点位移计是根据差动变压器式传感器工作原理制成的。它由位移计、连接杆、锚头的孔或孔底带有磁性铁的直杆产生相对运动,导致通电线中产生感应电动势变化。位移量一般以度盘式差动变压器测长仪直接读取,这种位移计可回收和重复使用,量测也较为方便。

四、钢弦式传盛器

1. 钢弦式传感器原理

在土木木工程现场测试中,常利用钢弦式应变计或压力盒作为量测元件,其基本原理是由钢弦内应力的变化转变为钢弦振动频率的变化。根据《数学物理方程》中有关弦的振动的微分方程可推导出钢弦应力与振动频率的如下关系:

$$f = \frac{1}{2L}\sqrt{\frac{\sigma}{\rho}} \tag{22}$$

式中:f 为钢弦振动频率;

　　L 为钢弦长度;

　　ρ 为钢弦的密度;

　　σ 为钢弦所受的张拉应力。

以压力盒为例,当压力盒已做成后,L、ρ 已为定值,所以,钢弦频率只取决于钢弦上的张拉应力,而钢弦上产生的张拉应力又取决外来压力 P,从面使钢弦频率与薄膜所受压力 P 的关系是:

$$f^2 - f_0^2 = KP \tag{23}$$

式中:f 为压力盒受压后钢弦的频率;

　　F_0 为压力盒未受压时钢弦的频率;

　　P 为压力盒底部薄膜所受的压力;

　　K 为标定系数,与压力和构造等有关,各压力盒各不相同。

钢弦式压力盒构造简单,测试结果比较稳定,受温度影响小,易于防护,可做长期观测,故在土木工程现场测试和监测中得到广泛的应用。其缺点是灵敏度受压力盒尺寸的限制,并且不能用于动态测试。

钢弦式传感器还有钢筋应力计、孔隙水压力计、表面应变计和孔隙水压力计等。钢弦式位移计也是利用钢弦的频率特性制成的应变传感器,采用薄壁圆管式,通用于钻孔内埋设使用。应变计用调弦螺母、螺杆和固弦销调节和固定,使钢弦的频率选择在1000~1500Hz为宜。每一个钻孔中可用几个应变计用连接杆连接一起,导线从杆内引出。应变计连成一根测杆后用砂装锚固在钻孔中,可测得不同点围岩的变形。也可单个埋在混凝土中测量混凝土的内应变。

2. 频率仪

钢弦压力盒的钢弦振动频率是由频率仪测定的,它主要由放大器、示波管、振荡器和激发电路等组成,若为数字式频率仪则还有一数字显示装置。频率仪方框图见图4-16,其方法是,首先由频率仪自动激发装置发出脉冲信号输入到压力盒的电磁线,激励钢弦产生振动,钢弦的振动在电磁线内感应产生交变电动势,输入频率仪放大器放大后,加在示被管的y轴偏转板上。调节频率仪振荡器的频率作为比较频率加在示波管的x轴偏转板上,使之在交火屏上可以看到一椭圆图形为止。此时,频率仪上的指示频率即为所需定的钢弦振动频率。国产频率计的主要技术性能指标:率测量范围:500~5000Hz,分辨率:±0.1 Hz,灵敏度:接收信号≥300μV,持续时间≥500ms。

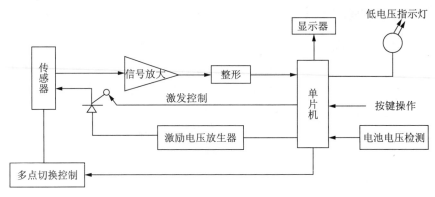

图4-16 钢弦频率计原理

五、电容式、压电式和压磁式传感器

1. 电容式传感器

电容式传感器是以各种类型的电容器作为传感元件,将被测量转换为电容量的变化,最常用的是平行板型电容器或回圆筒电容器(图4-17)。

平行板型电容器是有一块定极板与一块动极板及极间介质所组成,它的电容量为:

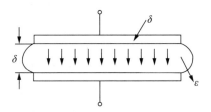

图4-17 平板电容器示意图

$$C = \frac{\varepsilon_0 \varepsilon S}{\delta} \qquad (24)$$

式中:ε 为极板间介质的相对介电系数,对空气 $\varepsilon = 1$;

ε_0 为真空中介电系数,$\varepsilon_0 = 8.85 \times 10^{-12}$,F/m;

δ 为极板间距离,m;

S 为两极板相互覆盖面积,m^2。

上式表明,当式中三个参数中任意两个保持不变,而另一个变化时,则电容量 C 就是该变量的单值函数,因此,电容式传感器分为变极距型、变面积型和变介质型 3 类。

(1)变极距型电容传感器

根据上式,当电容式传感器极板间距 δ 因被测量变化而变化 Δδ 时,电容变化量 ΔC 为:

$$\Delta C = \frac{\varepsilon S}{\delta - \Delta\delta} - \frac{\varepsilon S}{\delta} = \frac{\varepsilon S}{\delta} \frac{\Delta\delta}{\delta - \Delta\delta} = C_0 \frac{\Delta\delta}{\delta - \Delta\delta} \tag{25}$$

其灵敏度: $A = \dfrac{\mathrm{d}C}{\mathrm{d}\delta} = -\varepsilon \varepsilon_0 S \dfrac{1}{\delta^2}$

式中: C_0 为极距为 δ 时的初始电容量;

　　 S 为极板间相互覆盖面积;

　　 A 为灵敏度。

变极距型电容传感器的优点是可以用于非接触式动态测量,对被测系统影响小,灵敏度高,适用于小位移(数百微米以下)的精确测量。但这种传感器有非线性特性,传感器的杂散电容对灵敏度和测量精度影响较大,与传感器配合的电子线路也比较复杂,使其应用范围受到一定的限制。

(2)变面积型电容传感器

变面积型电容传感器中,平板形结构对极距变化特别敏感,测量精度受到影响。而圆柱形结构受极板径向变化的影响很小,成为实际中最常采用的结构,其中线位移单组式传感器的电容量 C 在忽略边缘数应时:

$$C = \frac{2\pi\varepsilon l}{\ln(r_2 / r_1)} \tag{26}$$

其灵敏度: $A = \dfrac{\mathrm{d}C}{\mathrm{d}\delta} = -\varepsilon \varepsilon_0 b \dfrac{1}{\delta}$

式中: l 为外圆筒与内圆柱覆盖部分的长度;

　　 r_2, r_1 为圆筒内半径和内圆柱外半径;

　　 b 为电容器的极板宽度。

变面积型电容式传感器的优点是输入与输出成线性关系,但灵敏度较变极距型低、适用较大的位移测量。

电容式传感器的输出是电容量,尚需有后续测量电路进一步转换为电压、电流成频率信号。利用电容的变化来取得测试电路的电流或电压变化的要方法有:调频电路(振荡回路频率的变化或振荡信号的相位变化)、电桥型电路和运算放大器电路,其中以调频电路用得较多,其优点是抗干扰能力强、灵敏度高,但电缆的分布电容对输出影响较大,适用中调整比较麻烦。

2. 压电式传感器

有些电介质晶体材料在沿一定方向受到压力或拉力作用时发生极化,并导致介质两端表面出现符号相反的束缚电荷,其电荷密度与外力成比例,若外力取消时,它们又会回到不带电状态,这种由外力作用而激起晶体表面荷电的现象称为压电效应,称这类材料为压电材料。压电式传感器就是根据这一原理制成的。当有一外力作用在压电材料上时,传感器就有电荷输出,因此,从它可测的基本参数来讲是属于力传感器,但是,也可测量能通过敏感元件或其他方法变换为力的其他参数,如加速度、位移等。

(1)压电晶体加速度传感器

根据极化原理证明,某些晶体当沿一晶轴的方向有力的作用时,其表面上产生的与所受力的大小成比例,即:

$$Q = d_x F = d_x \sigma A \tag{27}$$

式中:Q 为电荷,C;

  d_x 为压电系数,C/N;

  σ 为应力,N/m^2;

  A 为晶体表面积,m^2。

作为信号源,压电晶体可以看作一个小电容,其输出电压为:

$$V = \frac{Q}{C} \tag{28}$$

式中:C 为压电晶体的内电容。

当传感器底座以加速度 a 运动时,则传感器的输出电压为:

$$V = \frac{Q}{C} = \frac{d_x F}{C} = \frac{d_x ma}{C} = \frac{d_x m}{C} \cdot a = ka \tag{29}$$

即输出电压比例于振动的加速度。

压电晶体式传感器是发电式传感器,故不需对其进行供电,但它产生的电信号是十分微弱的,需放大后才能显示或记录。由于压电晶体的内阻很高,又需两极板上的电荷不致泄漏,就在测试系统中需通过阻抗变换器送入电测线路。

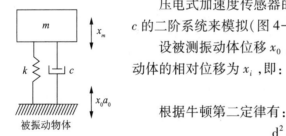

图4-18 二阶模拟系统

压电式加速度传感器的动态响应可由可用质量 m,弹簧 k、阻尼 c 的二阶系统来模拟(图4-18)。

设被测振动体位移 x_0,质量块相对位移 x_m,则质量块与被测振动体的相对位移为 x_i,即:

$$x_i = x_m - x_0 \tag{30}$$

根据牛顿第二定律有:

$$m \frac{d^2 x_m}{dt^2} = -c \frac{d x_i}{dt} - k x_i \tag{31}$$

将 $x_i = x_m - x_0$ 代入上式:

$$m \frac{d^2 x_m}{dt^2} = -c \frac{d(x_m - x_0)}{dt} - k(x_m - x_0) \tag{32}$$

将上式改写为:

$$\frac{d^2(x_m - x_0)}{dt^2} + \frac{c}{m} \frac{d(x_m - x_0)}{dt} + \frac{k}{m}(x_m - x_0) = -\frac{d^2 x_0}{dt^2} \tag{33}$$

并设输入为加速度 $a_0 = \dfrac{d^2 x_0}{dt^2}$,输出为 $x_m - x_0$,并引入算子 $\left(D = \dfrac{d}{dt} \right)$,将上式变为:

$$\frac{x_m - x_0}{a_0} = \frac{-1}{D^2 + 2\xi \omega_0 D + \omega_0^2} \tag{34}$$

式中：$\xi = \dfrac{c}{2\sqrt{km}}$ 为相对阻尼系数；$\omega_0 = \sqrt{\dfrac{k}{m}}$ 为固有频率。

将上式写成频率传递函数，则有：

$$\frac{x_m - x_0}{a_0}(\mathrm{j}\omega) = \frac{-\left(\dfrac{1}{\omega_0}\right)^2}{1 - \left(\dfrac{\omega}{\omega_0}\right)^2 + 2\xi\left(\dfrac{\omega}{\omega_0}\right)\mathrm{j}} \tag{35}$$

其幅频特性为：

$$\left|\frac{x_m - x_0}{a_0}\right| = \frac{\left(\dfrac{1}{\omega_0}\right)^2}{\sqrt{\left[1 - \left(\dfrac{\omega}{\omega_0}\right)^2\right]^2 + \left[2\xi\left(\dfrac{\omega}{\omega_0}\right)\right]^2}} \tag{36}$$

相频特性：

$$\varphi = -\arctan\frac{2\xi\left(\dfrac{\omega}{\omega_0}\right)}{1 - \left(\dfrac{\omega}{\omega_0}\right)^2} - 180° \tag{37}$$

由于质量块与被测振动体相对位移为 $(x_m - x_0)$ ，也就是压电元件受力后产生的变形量，于是有：

$$F = K_y(x_m - x_0) \tag{38}$$

式中：K_y 为压电元件弹性系数。

当力 F 作用在压电元件上，则产生的电荷为：

$$q = d_{33}F = (x_m - x_0) \tag{39}$$

将上式（电荷 q ）代入幅频函数，便得到压电式加速度传感器灵敏度与频率的关系式：

$$\frac{q}{a_0} = \frac{\dfrac{d_{33}K_y}{\omega_0^2}}{\sqrt{\left[1 - \left(\dfrac{\omega}{\omega_0}\right)^2\right]^2 + \left[2\xi\left(\dfrac{\omega}{\omega_0}\right)\right]^2}} \tag{40}$$

图 4-19 曲线表示压电式加速度传感器的频率响应特性，由图中曲线看出，当被测体振动频率 ω ，远小于传感器固有频率 ω_0 时，传感器的相对灵敏度为常数，即：

$$\frac{q}{a_0} \approx \frac{d_{33}K_y}{\omega_0^2} \tag{41}$$

由于传感器固有频率很高，因此频率范围较宽，一般在几赫到几千赫。但是需要指出，传感器低频响应与前置放大器有关，若采用电压前置放大器，那么低频响应将取决于变换电路的时间常数 τ ，前置放大器输入电阻越大，则传感器下限频率越低。

（2）压电式测力传感器

根据使用要求不同,压电式测压传感器有各种不同的结构形式但它们的基本原理相同(图4-20)。它由引线1、壳体2、基座3、压电晶片4、受压膜片5及导电片6组成。

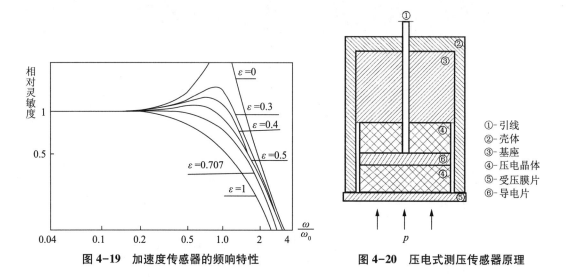

图4-19　加速度传感器的频响特性　　　　图4-20　压电式测压传感器原理

当膜片5受到压强p作用后,则在压电晶片上产生电荷。在一个压电片上所产生的电荷q为:

$$q = d_n F = d_n S p \tag{42}$$

式中:F为作用于压电片上的力;d_n为压电系数;p为压强,$p = F/S$;S为膜片的有效面积。

测压传感器的输入量为压强p,如果传感器只由一个压电晶片组成,则根据灵敏度的定义有:

电荷灵敏度:$k_q = q/p$ $\tag{43}$

电压灵敏度:$k_u = U_0/p$ $\tag{44}$

由式(42),电荷灵敏度可表示为:$k_q = d_n S$

因为$U_0 = q/C_0$,所以电压灵敏度可表示为:

$$k_u = \frac{d_n S}{C_0}$$

式中:U_0为压电输出电压;C_0为压电片等效电容。

压电式测力传感器的特点是刚度高、线性好。当采用大时间常数的电荷放大器时,可以测量静态力与准静态力。

压电材料只有在交变力作用下,电荷才可能得到不断补充,用以供给测量回路一定的电流,故只适用于动态测量。压电晶体受力后产生的电荷量极其微弱,不能用一般的低输入阻抗仪表来进行测量,否则压电片上电荷就会很快地通过测量电路泄漏掉,只有当测量电路的输入阻抗很高时,才能把电荷泄漏减少到测量精确度所要求的限度以内。为此,加速度计和测量放大器之间需加接一个可变换阻抗的前置放大器。目前使用的有两类前置放大器,一是把电荷转变为电压,然后测量电压,称电压放大器;二是直接测量电荷,称电荷放大器。

3. 压磁式传感器

压磁式传感器是测力传感器的一种,它利用铁磁材料磁弹性物理效应,即材料受力后,其导磁性能受影响,将被测力转换为电信号,当铁磁材料受机械力作用后,在它的内部产生机械效应力,从而引起铁磁材料的导磁系数发生变化,如果在铁磁材料上有线圈,由于导磁系数的变化,将引起铁磁材料中的磁通量的变化,磁通量的变化则会导致线圈上自感电势或感应电势的变化,从而把力转换成电信号。

铁磁材料的压磁效应规律是:铁磁材料受到拉力时,在作用方向的导磁率提高,而在与作用力相垂直的方向,导磁率略有降低,铁磁材料受到压力作用时,其效果相反。当外力作用力消失后,它的导磁性能复原。

在岩体孔径变形预应力法中,使用的钻孔应力计就是压磁式传感器,其工作原理如:

压磁式传感器是由许多统一形状的硅钢片组成(图4-21)。在硅钢片上开互相垂直的四对孔1、2和3、4;在1、2孔中绕励磁线圈W1-2(原阻绕),在3、4孔中绕励磁线圈W3-4(副阻绕),当W1-2中流过一定交变电流时,磁铁中将产生磁场。

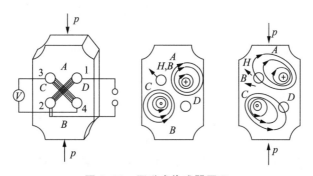

图4-21 压磁式传感器原理

在无外力作用时,A、B、C、D四个区的导磁率是相同的。此时磁力线呈轴对称分布,合成磁场强度H平行W3-4的平面,磁力线不与绕阻W3-4交链,故不会感应出电势。在压力p作用下,A、B区将受到很大压应力,由于硅钢片的结构形状,C、D区基本上仍处于自由状态,于是A、B区导磁率下降,即磁阻增大,而C、D区的导磁率不变。由于磁力线具有沿磁阻最小途径闭合的特性,这时在1、2孔周围的磁力线中将有部分绕过C、D而闭合(图4-21)。于是磁力线变形,合成磁场强度不再与W3-4平面平行,而是相交,在W3-4中感应电动势E,压力p越大,转移磁通越多,E值也越大。根据上述原理和E与p的标定关系,就能制成压磁式传感器。

压磁式传感器可整体密封,因此具有良好的防潮、防油和防尘等性能,适合于在恶劣环境条件下工作。此外,还具有温度影响小、抗干扰能力强、输出功率大、结构简单、价格较低、维护方便、过载能力强等优点。其缺点是线性和稳定性较差。

第三节 智能传感器原理

智能传感器是具有信息处理功能的传感器,带有微处理机,具有采集、处理、交换信息的能力,是传感器集成化与微处理机相结合的产物。一般智能机器人的感觉系统由多个传感器集合而成,采集的信息需要计算机进行处理,而使用智能传感器就可将信息分散处理,从而降低成本。

一、智能传感器的功能

早期人们简单、机械地强调在工艺上将传感器与微处理器两者紧密结合,认为"传感器的敏感元件及其信号调理电路与微处理器集成在一块芯片上就是智能传感器"。智能传感器的功能是通过模拟人的感官和大脑的协调动作,结合长期以来测试技术的研究和实际经验而提出来的。是一个相对独立的智能单元,它的出现对原来硬件性能苛刻要求有所减轻,而靠软件帮助可以使传感器的性能大幅度提高。与一般传感器相比,智能传感器具有以下3个优点:通过软件技术可实现高精度的信息采集,而且成本低;具有一定的编程自动化能力;功能多样化。

1. 信息存储和传输

随着全智能集散控制系统的飞速发展,对智能单元要求具备通信功能,用通信网络以数字形式进行双向通信,这也是智能传感器关键标志之一。智能传感器通过测试数据传输或接收指令来实现各项功能。如增益的设置、补偿参数的设置、内检参数设置、测试数据输出等。

2. 自补偿和计算功能

多年来从事传感器研制的工程技术人员一直为传感器的温度漂移和输出非线性作大量的补偿工作,但都没有从根本上解决问题。而智能传感器的自补偿和计算功能为传感器的温度漂移和非线性补偿开辟了新的道路。这样,放宽传感器加工精密度要求,只要能保证传感器的重复性好,利用微处理器对测试的信号通过软件计算,采用多次拟合和差值计算方法对漂移和非线性进行补偿,从而能获得较精确的测量结果压力传感器。

3. 自检、自校、自诊断功能

普通传感器需要定期检验和标定,以保证它在正常使用时足够的准确度,这些工作一般要求将传感器从使用现场拆卸送到实验室或检验部门进行。对于在线测量传感器出现异常则不能及时诊断。采用智能传感器情况则大有改观,首先自诊断功能在电源接通时进行自检,诊断测试以确定组件有无故障。其次根据使用时间可以在线进行校正,微处理器利用存在 EPROM 内的计量特性数据进行对比校对。

4. 复合敏感功能

我们观察周围的自然现象,常见的信号有声、光、电、热、力、化学等。敏感元件测量一般通过两种方式:直接和间接的测量。而智能传感器具有复合功能,能够同时测量多种物理量和化学量,给出能够较全面反映物质运动规律的信息。如美国加利弗尼亚大学研制的复合液体传感器,可同时测量介质的温度、流速、压力和密度。复合力学传感器,可同时测量物体某一点的三维振动加速度(加速度传感器)、速度(速度传感器)、位移(位移传感器),等。

5. 智能传感器的集成化

由于大规模集成电路的发展使得传感器与相应的电路都集成到同一芯片上,而这种具有某些智能功能的传感器叫作集成智能传感器集成智能传感器的功能有三个方面的优点:

较高信噪比:传感器的弱信号先经集成电路信号放大后再远距离传送,就可大大改进信噪比。改善性能:由于传感器与电路集成于同一芯片上,对于传感器的零漂、温漂和零位可以通过自校单元定期自动校准,又可以采用适当的反馈方式改善传感器的频响。信号规一化:传感器的模拟信号通过程控放大器进行规一化,又通过模数转换成数字信号,微处理器按数字传输的几种形式进行数字规一化,如串行、并行、频率、相位和脉冲等。

二、智能传感器优势

智能式传感器是一个以微处理器为内核扩展了外围部件的计算机检测系统。相比一般传感器,智能式传感器有如下显著特点。

1. 提高了传感器的精度

智能式传感器具有信息处理功能,通过软件不仅可修正各种确定性系统误差(如传感器输入输出的非线性误差、辐度误差、零点误差、正反行程误差等),而且还可适当地补偿随机误差、降低噪声,大大提高了传感器精度。

2. 提高了传感器的可靠性

集成传感器系统小型化,消除了传统结构的某些不可靠因素,改善整个系统的抗干扰性能;同时它还有诊断、校准和数据存储功能(对于智能结构系统还有自适应功能),具有良好的稳定性。

3. 提高了传感器的性能价格比

在相同精度的需求下,多功能智能式传感器与单一功能的普通传感器相比,性能价格比明显提高,尤其是在采用较便宜的单片机后更为明显。

4. 促成了传感器多功能化

智能式传感器可以实现多传感器多参数综合测量,通过编程扩大测量与使用范围;有一定的自适应能力,根据检测对象或条件的改变,相应地改变量程反输出数据的形式;具有数字通信接口功能,直接送入远地计算机进行处理;具有多种数据输出形式(如 Rs232 串行输批,PIO 并行输出,IEE-488 总线输出以及经 D/A 转换后的模拟量输出等),适配各种应用系统。

三、工程检测智能传感器原理

大型土木工程结构和基础设施,如桥梁、超高层建筑、大跨空间结构、大型水坝、核电站、海洋采油平台以及输油、供水、供气等生命线系统,由于环境荷载作用,在其服役过程中一旦发生灾害,将给人民的生命和财产造成巨大的损失。因此,对重要结构的无损检测与无损评价显得越来越重要。然而,由于土木工程结构和基础设施体积大、跨度长、分布面积大、使用期限长,传统的传感设备组成的监测系统的稳定性和耐久性都不能很好地满足工程实际的需要。和传统的工程检测传感器相比,未来智能传感器的发展,才是保障土木工程结构健康安全的关键。智能传感材料的出现,如光纤、压电材料、形状记忆合金、碳纤维、电阻应变丝、疲劳寿命丝、半导体材料等,为土木工程长期智能监测打下了坚实的基础。

目前,智能材料在航空、航天、机械等领域已取得实际应用,针对土木工程的实际情况,光纤是用于长期监测的最理想材料,虽然它所需的外部设备最为复杂且昂贵,但它具有信号稳定、抗干扰、多参数准分布测量等优点，这也是近 10 年来在土木工程方面受到重视的原因。光纤传感技术之所以适用于土木工程，主要是基于它与传统的电测传感器相比，具有如下的优越性能：耐腐蚀、耐久性好；体积小、重量轻、结构简单，埋入土木工程结构对基体材料几乎没有影响；能避免电磁场的干扰，电绝缘性好；信号可多路传输，便于与计算机连接，易于实现分布式测量；单位长度上信号衰减小，传输距离可以很长；灵敏度与精度高；频带宽；信噪比高等。

（一）光纤传感器的基本原理

光是一种电磁波，一般采用波动理论来分析导光的基本原理。然而根据光学理论中指出的，在尺寸远大于波长而折射率变化缓慢的空间，可以用"光线"即几何光学的方法来分析光波的传播现象，这对于光纤中的多模光纤是完全适用的。

1. 斯乃尔定理（Snell's Law）

斯乃尔定理指出：当光由光密物质（折射率大）射至光疏物质（折射率小）时发生折射，如图 4-22，其折射角大于入射角，即 $n_1 > n_2$ 时，$\theta_r > \theta_i$。

n_1、n_2、θ_r、θ_i 之间的数学关系为：

$$n_1 \sin \theta_i = n_2 \sin \theta_r \tag{45}$$

由式（45）可以看出：入射角 θ_i 增大时，折射角 θ_r 也随之增大，且始终 $\theta_r > \theta_i$，当 $\theta_r > 90°$ 时，θ_i 仍小于 $90°$，此时，出射光线沿界面传播如图 7-1（b）所示，称为临界状态。这时有：

$$\sin \theta_r = \sin 90° = 1 \tag{46}$$

$$\sin \theta_{i0} = n_2 / n_1 \tag{47}$$

$$\theta_{i0} = \arcsin(n_2 / n_1) \tag{48}$$

式中：θ_{i0} 为临界角。

当 $\theta_i > \theta_{i0}$ 并继续增大时，$\theta_r > 90°$，这时便发生全反射现象，如图 7-1（c）所示，其入射光不再折射而全部反射回来。

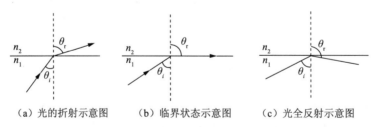

（a）光的折射示意图　　（b）临界状态示意图　　（c）光全反射示意图

图 4-22　光在不同物质分界面的传播

2. 麦克斯韦方程组（Maxwell's equations）

麦克斯韦方程组是英国物理学家詹姆斯·麦克斯韦在 19 世纪建立的一组描述电场、磁场与电荷密度、电流密度之间关系的偏微分方程。它由 4 个方程组成：描述电荷如何产生电场的高斯定律、论述磁单极子不存在的高斯磁定律、描述电流和时变电场怎样产生磁场的麦克斯韦-安培定律、描述时变磁场如何产生电场的法拉第感应定律。

从麦克斯韦方程组，可以推论出电磁波在真空中以光速传播，并进而做出光是电磁波的猜想。麦克斯韦方程组和洛伦兹力方程是经典电磁学的基础方程。1855～1865 年，麦克斯韦在全面地审视了库仑定律、毕奥-萨伐尔定律和法拉第定律的基础上,把数学分析方法带进了电磁学的研究领域,由此导致麦克斯韦电磁理论的诞生。

麦克斯韦电磁场理论的要点可以归结如下:

①几分立的带电体或电流,它们之间的一切电的及磁的作用都是通过它们之间的中间区域传递的,不论中间区域是真空还是实体物质。

②电能或磁能不仅存在于带电体、磁化体或带电流物体中,其大部分分布在周围的电磁场中。

③导体构成的电路若有中断处,电路中的传导电流将由电介质中的位移电流补偿贯通,即全电流连续。且位移电流与其所产生的磁场的关系与传导电流的相同。

④磁通量既无始点又无终点,即不存在磁荷。

⑤光波也是电磁波。

(1)麦克斯韦方程组积分形式

描述电磁场在某一体积或某一面积内的数学模型。表达式为:

$$\oint_1 H \cdot \mathrm{d}l = \int_s J \cdot \mathrm{d}s + \int_s \frac{\partial D}{\partial t}\mathrm{d}s \tag{49}$$

$$\oint_1 E \cdot \mathrm{d}l = -\int_s \frac{\mathrm{d}B}{\mathrm{d}t} \cdot \mathrm{d}s \tag{50}$$

$$\oint_s B \cdot \mathrm{d}s = 0 \tag{51}$$

$$\oint_s D \cdot \mathrm{d}s = \int_s \rho \mathrm{d}v \tag{52}$$

式(49)是由安培环路定律推广而得的全电流定律,其含义是:磁场强度 H 沿任意闭合曲线的线积分,等于穿过此曲线限定面积的全电流。等号右边第一项是传导电流,第二项是位移电流。式(50)是法拉第电磁感应定律的表达式,它说明电场强度 E 沿任意闭合曲线的线积分等于穿过由该曲线所限定面积的磁通对时间的变化率的负值,穿过闭合线圈的磁通量发生变化时,线圈中产生感应电动势。这里提到的闭合曲线,并不一定要由导体构成,它可以是介质回路,甚至只是任意一个闭合轮廓。式(51)表示磁通连续性原理,说明对于任意一个闭合曲面,有多少磁通进入盛然就有同样数量的磁通离开。即 B 线是既无始端又无终端的;同时也说明并不存在与电荷相对应的磷荷。式(52)是高斯定律的表达式,说明在时变的条件下,从任意一个闭合曲面出来的 D 的净通量,应等于该闭曲面所包围的体积内全部自由电荷之总和。

(2)麦克斯韦方程组微分形式

微分形式的麦克斯韦方程是对场中每一点而言的。应用 del 算子,可以把它们写成:

$$\nabla \times H = J + \frac{\partial D}{\partial t} \tag{53}$$

$$\nabla \times E = -\frac{\partial B}{\partial t} \tag{54}$$

$$\nabla \times B = 0 \tag{55}$$

$$\nabla \times D = \rho \tag{56}$$

式(53)是全电流定律的微分形式,它说明磁场强度 H 的旋度等于该点的全电流密度(传导电流密度 J 与位移电流密度 $\partial D/\partial t$ 之和),即磁场的涡旋源是全电流密度,位移电流与传导电流一样都能产生磁场。式(54)是法拉第电磁感应定律的微分形式,说明电场强度 E 的旋度等于该点磁通密度 B 的时间变化率的负值,即电场的涡旋源是磁通密度的时间变化率。式(55)是磁通连续性原理的微分形式,说明磁通密度 B 的散度恒等于零,即 B 线是无始无终的。也就是说不存在与电荷对应的磁荷。式(56)是静电场高斯定律的推广,即在时变条件下,电位移 D 的散度仍等于该点的自由电荷体密度。

麦克斯韦方程组中:D 为电感应强度;E 为电场强度;B 为磁感应强度;H 为磁场强度;ρ 为自由电荷体密度;J 为传导电流密度。

应用麦克斯韦方程组解决实际问题,还要考虑介质对电磁场的影响。例如在均匀各向同性介质中,电磁场量与介质特性有下列关系:$D = \varepsilon E$,$B = \mu H$。在非均匀介质中,还要考虑电磁场量在界面上的边值关系。

3. 布拉格(Bragg)光栅原理

光纤布拉格光栅 FBG 于 1978 年发明问世。它利用硅光纤的紫外光敏性写入光纤芯内,从而在光纤上形成周期性的光栅,故称为光纤光栅。根据光纤光栅的耦合模理论,光纤光栅的中心波长 λ_B 与有效折射率 n_{eff} 和光栅周期 Λ 满足如下的关系:

$$\lambda_B = 2 n_{eff} \tag{57}$$

光纤光栅的反射波长取决于光栅周期 Λ 和有效折射率 n_{eff},当光栅外部产生应变变化时,会导致光栅周期 Λ 和有效折射率 n_{eff} 的变化,从而引起反射光波长的偏移,通过对波长偏移量的检测可以获得应力的变化情况。

应力是在施加的外力的影响下物体内部产生的力——内力(图 4-23),其值定义为单位面积上的内力,单位为 Pa 或 N/m^2,记为:

$$\sigma = p/A \tag{58}$$

应变:试件被拉伸的时候会产生伸长变形 ΔL,试件长度则变为 $L + \Delta L$。由伸长量 ΔL 和原长 L 的比表示伸长率(或压缩率)就叫做应变,记为 ε(图 4-24)。

$$\varepsilon = \Delta L/L \tag{59}$$

应变表示的是伸长率(或压缩率),属于无量纲数,没有单位。由于量值很小,通常用 1×10^{-6} 微应变表示,或简单地用 μ、ε 表示。

径向应变和轴向应变:径向应变试件在被拉伸的时,直径为 d_0 会产生 Δd 的变形时,直径方向的应变称为径向应变(或横向应变)。与外力同方向的伸长(或压缩)方向上的应变称为轴向应变。

图 4-23 应力示意图

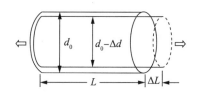

图 4-24 应变示意图

泊松比:轴向应变与横向应变的比称为泊松比,记为 μ 。每种材料都有确定的泊松比,且大部分材料的泊松比都在 0.3 左右。

虎克定律:各种材料的单向应力应变关系可以通过虎克定律表示:

$$\sigma = E \cdot \varepsilon \tag{60}$$

应力与应变的比例常数 E 被称为纵弹性系数或杨氏模量,不同的材料有其固定的杨氏模量。

对光纤光栅而言,当只考虑轴向应变时,应变一方面使得光栅周期变大,光纤芯层和包层半径变小,另一方面将通过光弹性效应改变光纤的折射率,这些都将引起光栅波长的偏移。光纤光栅波长的偏移值,可以由下式给予描述:

$$\Delta \lambda_B = 2 n_{\text{eff}} \Delta \Lambda + 2 \Delta n_{\text{eff}} \cdot \Lambda \tag{61}$$

将上述两边同时除以式(57),可得:

$$\frac{\mathrm{d} \lambda_B}{\lambda_B} = \frac{\mathrm{d} n_{\text{eff}}}{n_{\text{eff}}} + \frac{\mathrm{d} \Lambda}{\Lambda} \tag{62}$$

在弹性范围内有: $\dfrac{\mathrm{d} \Lambda}{\Lambda} = \varepsilon$,式中 ε 为光纤轴向应变。有效折射率的变化可以由弹性系数矩阵 P_{ij} 和应变张量矩阵 ε_i 表示为:

$$\Delta \left(\frac{1}{n_{\text{eff}}} \right)^2_i = \sum_{j=1}^{6} P_{ij} \varepsilon_j \tag{63}$$

应变张量矩阵 ε_j 表示为:

$$\varepsilon_j = [- v \varepsilon_Z \ - v \varepsilon_Z \ \varepsilon_Z \ 0 \ 0 \ 0] \tag{64}$$

弹性矩阵:

$$P_{ij} = \begin{bmatrix} P_{11} & P_{12} & P_{12} & 0 & 0 & 0 \\ P_{12} & P_{11} & P_{12} & 0 & 0 & 0 \\ P_{12} & P_{12} & P_{11} & 0 & 0 & 0 \\ 0 & 0 & 0 & P_{44} & P_{44} & 0 \\ 0 & 0 & 0 & 0 & 0 & 0 \\ 0 & 0 & 0 & 0 & 0 & P_{44} \end{bmatrix} \tag{65}$$

式中 P_{11} 、P_{12} 是弹性系数,即纵向应变分别导致的纵向和横向的折射率的变化。V 是纤芯材料的泊松比,对各向同性材料 $P_{44} = (P_{11} - P_{12}) / 2$ 。不考虑波导效应,即不考虑光纤径向变形对折射率的影响,只考虑光纤的轴向变形是,光纤在轴向弹性变形下的折射率的变化为:

$$\frac{\mathrm{d} n_{\text{eff}}}{n_{\text{eff}}} = - \frac{n_{\text{eff}}^2}{2} [P_{12} - v (P_{11} + P_{12})] \varepsilon \tag{66}$$

令 $P = - \dfrac{n_{\text{eff}}^2}{2} [P_{12} - v (P_{11} + P_{12})] \varepsilon$,则由式(61)、式(62)、式(66)可得:

$$\frac{\mathrm{d} \lambda_B}{\lambda_B} = (1 - P) \varepsilon \tag{67}$$

上式即为光纤光栅轴向应变下波长变化的数学表达式,当光纤光栅的材料确定后,可以根据材料确定 P 的值,并且 P 的变化不大,从而保证了光纤光栅作为应变传感器很好的线性输出。令 $K_\varepsilon = \lambda_B (1 - P)$, K_ε 可以视为光纤轴向应变与中心波长变化的灵敏系数,由此可得 $\Delta\lambda_B = K_\varepsilon \varepsilon$,通过该式可以方便的将波长变化的数据处理成应变的结果。

(二)光纤结构

要分析光纤导光原理,除了应用斯乃尔定理外还须结合光纤结构来说明。光纤呈圆柱形,它通常由玻璃纤维芯(纤芯)和玻璃包皮(包层)两个同心圆柱的双层结构组成,如图4-25所示。

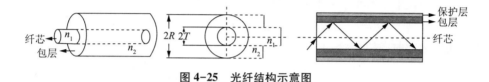

图4-25 光纤结构示意图

纤芯位于光纤的中心部位,光主要在这里传输。纤心新射率 n_1 比包层折射率 n_2 稍大些,两层之间形成良好的光学界面,光线在这个界面上反射传播。

(三)光纤导光原理及数值孔径NA

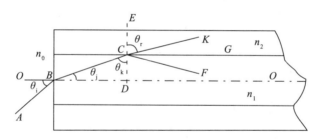

图4-26 光纤导光示意图

由图4-26可以看出:入射光线 AB 与纤维轴线 OO 相交角为 θ_i ,入射后折射(拆射角为 θ_j)至纤芯与包层界面 C 点,与 C 点界面法 DE 成 θ_k 角,并由界面折射至包层,CK 与 DE 夹角为 θ_r 。由图4-26可得出:

$$n_0 \sin\theta_i = n_1 \sin\theta_j \tag{68}$$

$$n_1 \sin\theta_k = n_2 \sin\theta_r \tag{69}$$

由式(68)可以推出:

$$\sin\theta_i = (n_1 / n_0) \sin\theta_j$$

因 $\sin\theta_j = 90° - \sin\theta_k$,所以:

$$\sin\theta_i = (n_1 / n_0) \sin(90° - \sin\theta_k) = \frac{n_1}{n_0}\cos\theta_k = \frac{n_1}{n_0}\sqrt{1 - \sin^2\theta_k} \tag{70}$$

由式(68)可以推出:

$$\sin\theta_k = (n_2 / n_1) \sin\theta_r$$

代入式(70)得：

$$\sin \theta_i = \frac{n_1}{n_0} \sqrt{1 - \left(\frac{n_2}{n_1}\sin \theta_r\right)^2} = \frac{1}{n_0}\sqrt{n_1^2 - n_2^2 \sin^2 \theta_r} \tag{71}$$

式(71)中 n_0 为入射光线 AB 所在空间的折射率，一般为空气，故 $n_0 \approx 1$，n_1 为纤芯折射率，n_2 为包层折射率.当 $n_0 = 1$，由式(71)得：

$$\sin \theta_i = \sqrt{n_1^2 - n_2^2 \sin^2 \theta_r} \tag{72}$$

当 $\theta_r = 90°$ 的临界状态时，$\theta_i = \theta_{i0}$，

$$\sin \theta_{i0} = \sqrt{n_1^2 - n_2^2} \tag{73}$$

纤维光学中把式(73)中 $\sin \theta_{i0}$ 定义为"数值孔径"NA(Numerical Aperture)。由于 n_1 与 n_2 相差较小，即 $n_1 + n_2 = 2n_1$，故式(6)式又可因式分解为：

$$\sin \theta_{i0} = n_1 \sqrt{2\Delta} \tag{74}$$

式中：$\Delta = (n_1 - n_2)/n_1$ 成为相对折射率误差。

由式(72)及图4-26可以看出：$\theta_r = 90°$ 时，

$\sin \theta_{i0} = NA$，$\theta_{i0} = \arcsin NA$

$\theta_r > 90°$ 时，光纤发生全反射，由图4-26夹角关系可以看出：

$$\theta_i < \theta_{i0} = \arcsin NA$$

$\theta_r < 90°$ 时，式(5)成立，可以看出：$\sin \theta_i > NA$，

$\theta_i > \arcsin NA$，光线消失。

这说明 $\arcsin NA$ 是一个临界角，凡入射角 $\theta_i > \arcsin NA$ 的那些光线进入光纤后都不能传播而在包层消失；相反，只有入射角 $\theta_i < \arcsin NA$ 的那些光线才可以进入光纤被全反射传播。

(四)光纤传感器结构原理

传统的传感器是以电为基础，是把被测量的物理量转变为可测的电信号的装置。它的电源、敏感元件、信号接收和处理电路以及信息传输均用金属导线连接，如图4-27(左)。而光纤传感器则是一种把被测量的物理量转变为可测的光信号的装置。由光发送器、敏感元件(光纤或非光纤的)、光接收器、信号处理电路以及光纤构成，如图4-27(右)。由光发送器发出的光经源光纤引导至敏感元件。在这里，光的某一性质受到被测量的调制，已调光经接收光纤耦合到光接收器，使光信号变为电信号，最后经信号处理电路处理得到我们所期待的被测量。

由图4-27可见，光纤传感器与以电为基础的传统传感器相比较，在测量原理上有本质的差别。传统传感器是以机-电测量为基础，而光纤传感器则以光学测量为基础。

图4-27　传统传感器(左)与光纤传感器(右)示意图

光纤传感器光学测量的基本原理,从本质上分析,光就是一种电磁波,其波长范围从极远红外的 1mm 到极远紫外线的 10nm。电磁波的物理作用和生物化学作用主要因其中的电场面引起。因此。在讨论光的敏感测量时必须考虑光的电矢量 E 的振动,通常表示为

$$E = A\sin(\omega t + \varphi) \tag{75}$$

式中: A 为电场 E 的振幅矢量幅值; ω 为光波的振动频率; φ 为光相位; t 为光的传播时间。

由式(75)可见,只要使光的强度、偏振态(矢量 A 的方向)、频率和相位等参量之一随被测量状态的变化而变化,或者说受被测量调制,那么,我们就有可能通过对光的强度调制、偏振调制、频率调制或相位调制等进行解调,获得我们所需的被测量的信息。

在光纤传感器技术领域里,可以利用的光学性质和光学现象很多,而且光纤传感器的应用领域极广,从最简单的产品统计到对被测对象的物理、化学或生物等参量进行连续监测、控制等,都可采用光纤传感器。

四、智能传感器讯号处理的需求分析

目前,智能传感器的应用非常广泛,侦测、监控和响应温度、压力、湿度和运动等物理参量的设备已经比较成熟,传统的传感技术,从传感器获得的数据被直接发送至中央控制单元,然后中央控制单元可能会使用外挂的硬件组件或数字逻辑对传感器数据执行后制或显示。

随着现代信息技术的出现及逐步发展,将固定的中央硬件替换为可透过程序执行应用所需特定任务的微控制器所带来的优势愈加明显,为此,智能传感器讯号处理的需求逐渐浮现,而其具备的条件包括以下几项。

1. 传感器讯号融合

传感器应用复杂度的急速提升,使得将更强大的智能嵌入至传感器接口变得势在必行。很多应用均采用多个传感器来获取各种测量数据,并且运用十分先进的方法对数据进行处理。

在某些情况下,必须同时处理来自多种传感器的讯号,因而须利用同一个微控制器,这种情况可以称为"传感器讯号融合"。每种类型的传感器都有各自的讯号特性,并且须要透过不同的后制从中提取有用的信息,这会增加中央处理器(CPU)的运算量和周边数据处理量。

2. 容错技术需求大增

对于处理器而言,监控传感器讯号和侦测可能引起系统完全故障的错误也非常有用。检测出错误情况后,可完全关闭系统或切换到多余备分传感器。如果在错误检测流程中再加入一个步骤,就可以在故障实际发生前对其进行预测,这将大大简化现场硬件维护和保养。

此类容错算法和技术可能会相当复杂,需要更高的运算能力、更大的内存以及容易与更丰富的周边功能。

3. 分布式处理

在许多应用中,传感器实际分散在较广的区域内,如分散在大型建筑或工厂内,或分散在汽车的不同零件内。对于这样的分布式系统来说,集中式处理/控制方法往往被证实无

效,或者在最佳情况下仍然效能不彰。

要减轻中央控制单元在处理和数据储存方面的压力,最好将处理能力分散到多个靠近的传感器,或者甚至与传感器整合的微控制器上。但是这种分布式传感器处理方法需要各种强大的讯号转换和通讯周边。

4. 剖析智能传感器处理信号链

传感器讯号处理包括各式各样的嵌入式应用,但可以概括地定义代表传感器处理系统特点的通用讯号链。传感器应用的主要组件是感测组件(也称为转换器)、讯号调整电路(多数是模拟电路组件),以及嵌入式微处理器(在某些情况下是简单硬件电路的数字逻辑电路或 ASIC)(图 4-28)。

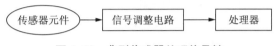

图 4-28　典型传感器处理信号链

讯号调整电路设计视传感器类型而定,简单地说,信号调整电路将感测组件的输出讯号规划到其余电子电路或应用软件可以处理的范围内。传感器应用所需的具体讯号调整电路,取决于所采用的传感器的类型。例如,某个传感器根据所测量的物理参数大小产生输出电压,其需要的讯号调整能力,可能不同于产生可变电阻的传感器。从本质上说,传感器应用均有以下共同的讯号调整要求。

首先,传感器产生的讯号必须尽量避免混入噪声。而且,讯号的频谱(亦即讯号频宽)必须根据某些约束条件限制在特定的范围内,因而常常有必要使用一种称为选频消除滤波器的设备。其次,不管是电压、电流还是频率,传感器所产生信号的振幅通常较小。为了准确处理讯号,让系统尽量不受噪声的影响,需要将讯号放大。

除了滤波和放大外,还须使用模拟数字转换器(ADC)将讯号转换成数字形式,这增加了讯号调整要求。除了要放大讯号外,可能还须要对讯号进行转换,使其能适应不同的 ADC 参考电压。但是,很多 ADC,尤其是微控制器或数字讯号控制器(DSC)中包含的 ADC,仅对单极性输入有效。换句话说,输入电压不能相对地在正负电位之间变换。在这种情况下,就必须使用电压位准移位器。

嵌入式处理器提取有用信息,即使在经过相当多的讯号调整后,若可从随时间变化的电子讯号中提取出相关信息,传感器产生的讯号才有用。此一提取过程透过嵌入式微处理器来完成,传统上使用微控制器或数字讯号处理器(DSP)。因此,显而易见,处理器的功能及其上运行的应用软件的功能,才是系统中最关键的因素,这就是为智能传感器处理系统提供所有"智能"的处理器次系统。

处理传感器输出的第一步,是将模拟讯号(通常被调整成提供变化的模拟电压)转换成数字形式。由此可以推断,ADC 在决定整个传感器处理系统的精确度方面发挥至关重要的作用。此外,ADC 必须提供足够高的分辨率和具有较好的精确度特性,如积分非线性(Integral Non-Linearity, INL)和微分非线性(Differential Non-Linearity, DNL)。

通常,可能需要对从传感器获取的数据执行大量的后制操作。

(1)数据的有限脉冲响应(FIR)和无限脉冲回应(IIR)滤波

主要用于消除噪声,可能需要不同类型的滤波器。例如,若目标仅是限制讯号的频宽与去除高频噪声,则使用低通滤波器或带通滤波器比较合适。另一方面,如果系统易受电源引入的噪声的影响,则使用高通滤波器或带拒滤波器(具体取决于所需讯号的频谱)更合适。

(2)进行快速傅利叶转换(FFT)计算来分析数据

以便将频域数据用于进一步的处理阶段,此操作对于信息包含在输出讯号的频率中的传感器尤为重要,例如基于都卜勒效应的超音波传感器或声音传感器。

(3)传感器数据的静态或周期性校准

校准是透过提供一组已知的传感器输入并测量相应的输出,来设置传感器输出与所需物理参量之间映射的过程。

传感器输出与所测量的物理参量间通常不是线性关系,在此类情况下(例如热电偶),必须将采样后的传感器数据"线性化"以补偿输入输出间的此种非线性关系。该过程通常会涉及高密集度的计算,如应用高次多项式。

此外,在很多应用中,并不只是简单地对传感器讯号进行分析和解读,还必须执行控制操作对传感器讯号进行响应。这些操作可能包括以下几项任务:调整传感器讯号分析软件所使用的校准参数,以便正确分析传感器输出;向其他处理次系统传送数据。

5. 感测组件种类多样

感测组件(实际上就是"传感器")是用于将关注的物理参量转换成某种电子讯号的装置。智能传感器处理应用经常使用多个感测组件,它们属于同一类型,如空调系统中的多个热敏电阻,或者属于不同类型,例如一台工业机械设备中的热电偶和一氧化碳探测器。每种类型的传感器都有自己的一套讯号调整和数据后制要求,可以根据所测量的物理参量对感测组件进行广义分类,例如温度传感器、压力传感器、流量传感器、气体/化学传感器、声音/超音波传感器、位置/运动传感器、加速计、光传感器。

第四节　智能传感器在工程中的应用

自 Mendez 等人提出将光纤传感器埋入混凝土结构进行安全检测以来,美国、欧洲、日本等国家的大学、研究机构投入了大量的人力物力研究光纤传感器在土木工程中的应用,取得了很多成果,一些成果已经在工程中得到应用。例如瑞士联邦工业学院土木工程系 IMAC 应力分析实验室经过四年努力,开发了一系列适于土木工程应用的光纤传感器与一套用于测量的系统(简称为 SOFO),并将其应用于 Schiffenen 大坝、Versoix 大桥、Meosa 公路桥等结构的监测,取得了很好的效果。加拿大 Roctest 公司开发的基于 F-P 原理的光纤监测系统也取得了一些实际的应用。

1. 裂纹(裂缝)探测与结构健康监测

混凝土结构的安全状况可通过对裂纹(裂缝)的监测来判断。德国柏林结构工程学院的 Hosty 与 Habel 对 Gottleuba 和 Schmalwasser 大坝进行了监测。美国 Vermont 大学的 Huston, Fuhr 等人在该校的一栋 $6000\mathrm{m}^2$ 大楼的建造过程中埋入光纤传感器,并用来监测结构的安全状况。他们还在一些人行天桥、州际公路桥、铁路桥及大坝中埋入光纤传感器,监测其应力、应变、结构振动、结构损伤程度、裂纹的发生与发展等内部状态,取得了较好的测试效果。美国麻省理工学院的 Leung,Elvin,Olson 与布朗大学的 Morse,Hel 等人提出将光纤埋在聚合物薄片内,然后粘贴到混凝土板上,用有限元及 OTDR 技术对结构裂纹的扩展进行监测,两者结果吻合,并能探测到宽 0.2mm 的裂纹。该技术扩大了监测的范围。

2. 应力、应变检测

土木工程结构的应力、应变检测是光纤传感器的最主要应用之一,因此对其研究最活跃、最深入,得到的成果也最多。这些研究在这一领域的成果按传感机理来分,主要有以下几种。

（1）强度型

由于光纤本身的微弯不足以使光强产生太大的变化,也就是对信号不敏感,因此必须采用其他手段,如增加变形装置、刻蚀等。强度型光纤传感器最大的优点是它易于实现光纤阵列,对结构进行分布式检测,而且用 OTDR 技术可以方便地对损伤位置进行定位。日本的 Kurashima(1997)等人将光纤贴于混凝土梁上,用 OTDR 技术进行分布式测量,测量结果与电阻应变片测量的很一致。

（2）干涉型

由于干涉型应力、应变传感器精度高,干涉探测技术发展早且成熟,因此它得到了广泛的应用。Kruschwitz 等人用非功能型光纤干涉传感器(EFOI)埋设与粘贴于混凝土结构,定量地测量了混凝土的应变,还对混凝土与钢筋之间的滑移进行了监测。美国 Vries(1995)等人在弗吉尼亚州 Turner Fairbanks 联邦公路管理局用非功能型光纤传感器测预应力钢筋混凝土中钢筋的轴向应变,与贴电阻应变片的结果很吻合。Ansari(1998)等人用白光干涉测量结构应变,探明其可用于分布式测量的可行性,而且费用低,是一项很有前景的技术。

（3）布拉格光栅型

美国多伦多大学 Measure 等人在 1993 年建于 Calgurg 市的世界首座预应力碳纤维高速公路桥上埋入布拉格光栅传感器,并对其内部的应力变化状况进行了监测。在重达 21t 的卡车作用下,对其动、静态的内部应力进行了监测,效果较好。

3. 振动检测

对桥梁、高层建筑、电站厂房等重要结构的整体或关键部位的振幅、频率的测量至关重要,传统的传感器如电容、电阻式加速度计等在强的电磁干扰下难以准确测量。光纤传感器由于抗电磁干扰力强,具备远程传输的功能,恰好能弥补传统传感器的不足。因此,在这方面的研究也蓬勃发展起来。英国的 Doyle ,Fernando 等人用强度型光纤传感器结合快速傅立叶变换预处理及 BP 神经网络对碳纤维复合板进行振动测量,实验表明其结果很准确。

4. 温度检测

混凝土在养护期间由于水化作用会产生裂缝。这种情况对一般的钢筋混凝土结构问题不大,但是对大体积混凝土(如坝体)问题就会很严重。采用埋入式光纤传感器和 OTDR 技术测量大体积混凝土内部的温度分布十分重要。日本一家建筑公司采用商业化的分布式温度传感器,在一隧道中检测混凝土的凝固过程。美国的 Huston 等人也采用温度式光纤传感器检测了混凝土的凝固过程。

5. 腐蚀检测

美国的 Fuhr 等人用全光纤腐蚀传感器埋入 Vermont 市的 3 座大桥内监测钢筋的腐蚀情况。国内将光纤传感器用于土木工程中起步较晚,但也取得了一些阶段性的成果。刘浩吾、杨朝晖用 F-P 纤传感器对混凝土的应变测量进行了实验研究;蔡德所(1998)用斜交分布式光纤传感器技术对三峡古洞口面板堆石坝工程进行了现场实验,对其裂缝进行了检测。重庆大学黄尚廉、赵延超等人发展了一种新颖的光纤模域振动传感器,并构建了一种机敏桥面铺装结构,将其成功地用于虎门大桥桥面铺装结构模型实验中。

第五节　智能传感器制造趋势

为贯彻落实《中国制造 2025》,组织实施好工业强基工程,夯实工业基础,提升工业发展的质量和效益,推进制造强国建设,国家政府已经出台了关于工业制造的发展战略,也为智能传感器的制造提供可优质的环境及指导,因此,未来的智能传感器智能必定会越来越精,品质会越来越好,一定会带动智能土木工程检测产业的发展及升级。

一、智能传感器制造背景

《中国制造 2025》的核心任务就是工业强基,是一项长期性、战略性、复杂性的系统工程,决定制造强国战略的成败。工业基础主要包括核心基础零部件(元器件)、关键基础材料、先进基础工艺和产业技术基础(简称"四基"),直接决定着产品的性能和质量,是工业整体素质和核心竞争力的根本体现,是制造强国建设的重要基础和支撑条件。

目前,我国工业总体实力迈上新台阶,已经成为具有重要影响力的工业大国,形成了门类较为齐全、能够满足整机和系统一般需求的工业基础体系。但是,核心基础零部件(元器件)、关键基础材料严重依赖进口,产品质量和可靠性难以满足需要;先进基础工艺应用程度不高,共性技术缺失;产业技术基础体系不完善,试验验证、计量检测、信息服务等能力薄弱。整体工业基础能力不强,制约我国工业创新发展和转型升级,已成为制造强国建设的瓶颈。未来 5~10 年,提升工业基础能力,夯实工业发展基础迫在眉睫。在中国工业强基的战略背景下,随之工业制造技术及能力的整体提升,用于智能土木工程检测的智能传感器核心原件的质量必定会上升一个新的台阶。

二、智能传感器发展的导向

智能传感器时一个多信息多技术融合的系统,其发展受到很多技术制约及战略制约。《中国制造 2025》的提出,为智能传感器的发展提供了导向,国家制造业战略趋势要求重点领域高端突破和传统产业转型升级重大需求,坚持"问题导向、重点突破、产需结合、协同创新",以企业为主体,应用为牵引,创新为动力,质量为核心,聚焦 5 大任务,开展重点领域"一揽子"突破行动,实施重点产品"一条龙"应用计划,建设一批产业技术基础平台,培育一批专精特新"小巨人"企业,推动"四基"领域军民融合发展,着力构建市场化的"四基"发展推进机制,为建设制造强国奠定坚实基础。

——坚持问题导向。围绕重点工程和重大装备产业链瓶颈,从问题出发,分析和研究工业"四基"的薄弱环节,针对共性领域和突出问题分类施策。

——坚持重点突破。依托重点工程、重大项目和骨干企业,区分轻重缓急,点线面结合,有序推进,集中资源突破一批需求迫切、基础条件好、带动作用强的基础产品和技术。

——坚持产需结合。瞄准整机和系统的发展趋势,加强需求侧激励,推动基础与整机企业系统紧密结合,推动基础发展与产业应用良性互动。

——坚持协同创新。统筹各类创新资源,促进整机系统企业、基础配套企业、科研机构等各方面人才、资本、信息、技术的有效融合,产品开发全过程对接、全流程参与,探索科技与产业协调、成果和应用互动的新模式。

经过5～10年的努力,部分核心基础零部件(元器件)、关键基础材料达到国际领先,产业技术基础体系较为完备,"四基"发展基本满足整机和系统的需求,形成整机牵引与基础支撑协调发展的产业格局,夯实制造强国建设基础。

到2020年,工业基础能力明显提升,初步建立与工业发展相协调、技术起点高的工业基础体系。40%的核心基础零部件(元器件)、关键基础材料实现自主保障,先进基础工艺推广应用率达到50%,产业技术基础体系初步建立,基本满足高端装备制造和国家重大工程的需要。具体目标是:

——质量水平显著提高。基础零部件(元器件)、基础材料的可靠性、一致性和稳定性显著提升,产品使用寿命整体水平明显提高。

——关键环节实现突破。推动80种左右标志性核心基础零部件(元器件)、70种左右标志性关键基础材料、20项左右标志性先进基础工艺实现工程化、产业化突破。先进轨道交通装备、信息通信设备、高档数控机床和机器人、电力装备领域的"四基"问题率先解决。

——支撑能力明显增强。建设40个左右高水平的试验检测类服务平台,20个左右信息服务类服务平台,服务重点行业创新发展。

——产业结构优化升级。培育100家左右年销售收入超过10亿元、具有国际竞争力的"小巨人"企业,形成10个左右具有国际竞争力、年销售收入超过300亿元的基础产业集聚区。

三、工程材料及智能传感器融合的突破

推进重点领域突破发展围绕《中国制造2025》十大重点领域高端发展以及传统产业转型升级,利用各类资源,分领域分阶段分渠道解决重点工程和重大装备的"四基"发展亟需。按照小规模、专业化、精细化的原则组织生产专用核心基础零部件(元器件)和关键基础材料,重点解决终端用户的迫切需求。按照大批量、标准化、模块化的原则组织生产通用核心基础零部件(元器件)和关键基础材料,重点提升产品可靠性和稳定性。组织实施"一揽子"突破行动,集中成体系解决十大重点领域标志性基础产品和技术,协同开展核心技术攻关,解决高端装备和重大工程发展瓶颈。

1. 十大领域四基"一揽子"突破行动

新一代信息技术产业"一揽子"突破行动。突破嵌入式CPU、支持DDR4、3D NANDflash的存储器、智能终端核心芯片、量子器件、FPGA及动态重构芯片等核心元器件。突破20cm/30cm(8英寸/12英寸)集成电路硅片,显示材料、光刻胶、光掩膜材料、高端靶材、集成电路制造材料和封装材料等关键基础材料。突破集成电路16/14nm FinFET制造工艺、CPU专用工艺、存储器超精密工艺等先进基础工艺。突破操作系统、数据库、中间件、工业软件等关键基础软件。

高档数控机床和机器人"一揽子"突破行动。突破高档智能型、开放型数控系统、数控机床主轴、丝杠、导轨、大型精密高速数控机床轴承、机器人专用摆线针轮减速器和谐波减速器及轴承、智能活塞压力计、高速高性能机器人伺服控制器和伺服驱动器、高精度机器人专用伺服电机和传感器、变频智能电动执行器等核心基础零部件。开发具有系列原创技术的钛合金、高强合金钢、滚珠丝杠用钢、高温合金、高强铝合金等关键基础材料。推广高性能大型关键金属构件高效增材制造工艺、精密及超精密加工(切削、磨削、研磨、抛光)工艺等先进基础工艺。

海洋工程及高技术船舶"一揽子"突破行动。突破齿轮、密封件、高压共轨燃油喷射系统、智能化电控系统、深水作业和机械手等核心基础零部件。开发高性能海工钢、特种焊接材料、双相不锈钢、高性能耐蚀钢合金、低温材料、降低船体摩擦阻力涂料等关键基础材料。推广高可靠、高精度激光焊接工艺等先进基础工艺。

轨道交通装备"一揽子"突破行动。突破车轴、车轮、轴承、齿轮传动系统、列车制动系统、轨道交通用超级电容、功率半导体器件、车钩缓冲装置、空气弹簧、抗侧滚扭杆等核心基础零部件。开发高强度大尺寸中空铝合金型材、绝缘材料、高性能齿轮渗碳钢、新型高分子材料等关键基础材料。推广金属型压力铸造技术、无模化铸造成型技术、双频感应热处理技术等先进基础工艺。

新材料"一揽子"突破行动。突破新一代功能复合化建筑用钢、高品质模具钢、圆珠笔头用高端材料、特种工程塑料、高端聚氨酯树脂、高性能轻合金材料、高性能纤维及单体、生物基材料、功能纺织新材料、高性能分离膜材料、宽禁带半导体材料、特种陶瓷和人工晶体、稀土功能材料、3D打印用材料、可再生组织的生物医用材料、高温超导材料、特高压用绝缘材料、智能仿生与超材料和石墨烯材料。

2. 工程检测相关产品示范应用

应用是提升基础产品质量和可靠性,以需求为牵引,针对重点基础产品、工艺提出包括关键技术研发、产品设计、专用材料开发、先进工艺开发应用、公共试验平台建设、批量生产、示范推广的"一条龙"应用计划,促进整机(系统)和基础技术互动发展,推进产业链协作。提升生产技术和管理水平,促进高端化、智能化、绿色化、服务化转型。

传感器"一条龙"应用计划,立足光敏、磁敏、气敏、力敏四类主要传感器制造工艺提升,与主机用户协同,开发针对数控机床和机器人的全系列配套传感器及系统;构建模拟现场的试验环境;建设适合多品种小批量传感器生产的柔性数字化车间;通过批量应用和工厂实际环境考验,优化产品设计与工艺,大幅度提高产品可靠性和稳定性;提升电子信息和通信领域传感器技术水平,在轨道交通、机械、医疗器械、文物保护等领域推广使用。

控制器"一条龙"应用计划,立足现有可编程控制器(PLC)与机器人控制器产品的基础,与系统集成和主机用户协同,开发针对离散制造自动化生产线和多关节机器人的控制器产品以及相应的控制软件模块;构建模拟实际应用的可靠性试验环境;推进制造过程的数字化;通过批量使用,不断改进硬件设计和软件功能,提高产品可靠性和稳定性。

控制系统"一条龙"应用计划,立足现有分散型控制系统(DCS)和地铁交通综合监控系统的基础,开发石油、石油化工、高铁等领域高安全要求的安全控制系统;创建安全系统的试验环境,取得国际功能安全的认证,建设高质量要求的生产线,从试点应用到逐步推广。

超低损耗通信光纤预制棒及光纤"一条龙"应用计划,推广超低衰减光纤的制造技术,包括超低衰减光纤关键原材料制备及质量控制技术、超低衰减光纤剖面设计与精确控制技术、光纤精密拉丝退火技术、光纤全套性能分析测试评估技术、超低衰减光缆制备技术,实现批量化稳定生产,在下一代超高速率、超大容量、超长距离通信光传输网络中推广使用。

存储器"一条龙"应用计划。积极拓展服务器、台式计算机、笔记本电脑、平板电脑及手机等终端应用中 CPU 和存储器有效保障水平,逐步形成较完整的上下游产业链和具有竞争力的价值链,提升整机产品的安全可控能力、信息安全的保障能力和存储器产业竞争实力。

3. 技术及信息服务平台

完善产业技术基础体系针对新一代信息技术、高端装备制造、新材料等重点领域和行业发展需求,创建一批产业技术基础公共服务平台,建立完善产业技术基础服务体系。根据产业发展需要,持续不断对实验验证环境、仪器设备进行改造升级,形成与重点产业和技术发展相适应的支撑能力。注重发挥云计算、大数据等新技术和互联网的作用,鼓励企业和工业园区(集聚区)依托高等学校和科研院所建设工业大数据平台,构建国家工业基础数据库,推进重点产业技术资源整合配置和开放协同。

(1)产业质量技术基础服务平台。开展产品可靠性、稳定性、一致性、安全性和环境适应性等关键问题研究;开展计量基准及量值传递、标准制修订、符合性验证、检验检测、认证认可等质量技术基础研究;研究制定试验检测方法;加强计量基标准建设,完善提升量值传递体系;研制相关设备,提供相关服务。

(2)信息服务类服务平台。研究先进的信息采集工具,构建专题信息库和知识产权资源数据库,向政府、行业、社会推送产业信息。

(3)工业大数据平台。支持在工业园区(集聚区)建设工业大数据平台,实现对产品生产、流通、使用、运维以及园区企业发展等情况的动态监测、预报预警,提高生产管理、服务和决策水平。

4. 专精特新"小巨人"企业

培育一批专精特新"小巨人"企业通过实施十大重点领域"一揽子"突破行动及重点产品"一条龙"应用计划,持续培育一批专注于核心基础零部件(元器件)、关键基础材料和先进基础工艺等细分领域的企业。鼓励基础企业集聚发展,围绕核心基础零部件(元器件)、关键基础材料和先进基础工艺,优化资源和要素配置,形成紧密有机的产业链,依托国家新型工业化产业示范基地,培育和建设一批特色鲜明、具备国际竞争优势的基础企业集聚区,建设一批先进适用技术开发和推广应用服务中心。

培育百强专精特新"小巨人"企业。通过基础产品和技术的开发和产业化,形成 100 家左右核心基础零部件(元器件)、关键基础材料、先进基础工艺的"专精特新"企业。该类企业应具备以下条件:掌握本领域的核心技术,拥有不少于 10 项发明专利;具有先进的企业技术中心和优秀的创新团队;主导产品性能和质量处于世界先进水平;主导产品国内市场占有率 20%左右,居于全国前两位。

打造 10 家产业集聚区。围绕重点基础产品和技术,依托国家新型工业化产业示范基地,打造 10 家左右创新能力强、品牌形象优、配套条件好、具有国际竞争力、年销售收入超过 300 亿元的"四基"产业集聚区。针对集聚区企业生产过程改进提升的共性需求,建设一批技术服务中心,提供先进适用技术、产品的开发、应用及系统解决方案,有效提高工业生产效率和质量水平。

5. 军民联合公关

调动军民各方面资源,梳理武器装备发展对"四基"需求,联合攻关,破解核心基础零部件(元器件)、关键基础材料、先进基础工艺、产业技术基础体系等制约瓶颈。

军民共性基础和前沿技术联合攻关。围绕"四基"领域军民通用重点产品的现实需求和长远发展,构建材料基因组工程数据库。推动军民共性基础技术转移转化和关键技术工程化应用,加强军民两用计量测试技术攻关及计量基标准建设。

重点领域军民两用标准联合制定。建立军民通用标准建设的协同机制,推进军民标准通用化;通过军用标准转化、民用标准采用、军民标准整合和军民通用标准制定,完成集成电路、卫星导航等领域 150 项军民通用标准制修订及发布工作;探索开展其他领域军民通用标准的建设、民用标准采用等工作。

四、保障措施

(一)优化"四基"产业发展环境

完善工业基础领域标准体系,加快标准制定,推进采用社会团体标准,强化标准试验验证,加强产业链上下游标准协同,推动重点标准国际化。开展"四基"领域知识产权布局,建立产业链知识产权联合保护、风险分担、开放共享与协同运用机制。加强国家量传溯源体系建设,提升国际承认的国家最高校准测量能力。规范检验检测等专业化服务机构的市场准入,提高第三方服务的社会化程度,构建公正、科学、严格的第三方检验检测和认证体系,并加强监督。加大对创新产品的采购力度,完善由国家出资或支持的重大工程招标采购办法,运用政府采购首购、订购政策积极支持基础产品发展。建立"四基"产品和技术应用示范企业。营造基础领域国有企业与民营企业公平竞争的市场环境,鼓励更多民营企业进入基础领域。

(二)加大财政持续支持力度

利用现有资金渠道,积极支持"四基"产业发展。研究通过保险补偿机制支持核心基础零部件(元器件)、关键基础材料首批次或跨领域应用推广。充分发挥国家中小企业发展基金的引导作用,带动地方政府、创投机构及其他社会资金支持种子期、初创期、成长期的"四基"中小企业加快发展。对涉及科技研发相关内容,如确需中央财政支持的,应通过优化整合后的中央财政科技计划(专项、基金等)统筹考虑予以支持。

(三)落实税收政策

切实落实基础产品研究开发费用税前加计扣除、增值税进项税额抵扣等税收政策。适时调整《重大技术装备和产品进口关键零部件、原材料商品清单》,取消国内已能生产的关键零部件及原材料进口税收优惠政策。

(四)拓宽"四基"企业融资渠道

促进信贷政策与产业政策协调配合,加强政府、企业与金融机构的信息共享,引导银行信贷、创业投资、资本市场等在风险可控、商业可持续原则下加大对"四基"企业的支持。对于主要提供《工业"四基"发展目录》中产品或服务的"四基"企业,在进入全国中小企业股份转让系统挂牌时"即报即审",并减免挂牌初费和年费,在首发上市时优先审核。积极支持主要提供《工业"四基"发展目录》中产品或服务的"四基"企业在银行间债券市场发行非金融企业债务融资工具,在沪深证券交易所、全国中小企业股份转让系统、机构间报价系统和证券公司柜台市场发行公司债券(含中小企业私募债),进一步扩大融资规模。

(五)加强技术技能人才队伍建设

面向工业强基发展需求,探索推广职业院校、技工院校和企业联合招生、联合培养、一体化育人的人才培养模式,加强职业院校、技工院校工业基础相关专业建设,提高职业培训能力,着力培养"大国工匠"。设立卓越工程师引才计划,支持企业引进一批工业"四基"重点发展领域急需的顶尖高技能人才。健全高技能人才评价体系,完善职业资格证书制度。加强对企业职工培训教育经费使用的监督。

五、智能传感器产品方向

传感器产品技术是实现测试与自动控制的重要环节。在测试系统中,被作为一次仪表定位,其主要特征是能准确传递和检测出某一形态的信息,并将其转换成另一形态的信息。

具体地说,传感器产品是指那些对被测对象的某一确定的信息具有感受(或响应)与检出功能,并使之按照一定规律转换成与之对应的可输出信号的元器件或装置。如果没有传感器产品对被测的原始信息进行准确可靠地捕获和转换,一切准确的测试与控制都将无法实现,即使最现代化的电子计算机,没有准确的信息(或转换可靠的数据),不失真的输入,也将无法充分发挥其应有的作用。

传感器产品未来技术方展方向有以下几类:

(1)MEMS(微机电系统)工艺和新一代固态传感器产品微结构制造工艺:深反应离子刻蚀(DRIE)工艺或IGP工艺;封装工艺:如常温键合倒装焊接、无应力微薄结构封装、多芯片组装工艺;

(2)集成工艺和多变量复合传感器产品微结构集成制造工艺;工业控制用多变量复合传感器产品;

(3)智能化技术与智能传感器产品信号有线或无线探测、变换处理、逻辑判断、功能计算、双向通讯、自诊断等智能化技术;智能多变量传感器产品,智能电量传感器产品和各种智能传感器产品、变送器;

(4)网络化技术和网络化传感器产品,使传感器产品具有工业化标准接口和协议功能。

同时,到2020年,传感器产品仪表元件领域应争取实现3大战略目标:

(1)以工业控制、汽车、通讯、环保为重点服务领域,以传感器产品、弹性元件、光学元件、专用电路为重点对象,发展具有自主知识产权的原创性技术和产品;

(2)以MEMS工艺为基础,以集成化、智能化和网络化技术为依托,加强制造工艺和新型传感器产品和仪表元器件的开发,使主导产品达到和接近国外同类产品的先进水平;

(3)增加品种、提高质量和经济效益为主要目标,加速产业化,使国产产品传感器和仪表元器件的品种占有率达到70%~80%,高档产品达60%以上。

第五章　数据采集——人工智能

人工智能是一门综合性很强的学科,涉及众多不同学科,集中了这些学科的思想和技术,同时也是一门实践性很强的学科,经过了几十年的发展,随着现代信息技术的发展,人工智能的应用越来越广泛,而且应用范围也越来越多。

在土木工程检测中的应用,主要利用智能机器人来代替人工的检测,减少人的主观检测带来的工程检测误差,提高工程检测精度。

第一节　智能机器人国家战略规划

机器人既是先进制造业的关键支撑装备,也是改善人类生活方式的重要切入点。无论是在制造环境下应用的工业机器人,还是在非制造环境下应用的服务机器人,其研发及产业化应用是衡量一个国家科技创新、高端制造发展水平的重要标志。大力发展机器人产业,对于打造中国制造新优势,推动工业转型升级,加快制造强国建设,改善人民生活水平具有重要意义。

2016 年,工业和信息化部,国家发展和改革委员会,财政部联合发布《机器人产业发展规划(2016—2020 年)》,正式将人工智能机器人产业提上国家战略,为以后机器人在工业、服务等领域应用提供了基础。

一、整体战略要求及目标

(一)指导思想

全面贯彻落实党的十八大和十八届三中、四中、五中全会精神,坚持创新、协调、绿色、开放、共享发展理念,加快实施《中国制造 2025》,紧密围绕我国经济转型和社会发展的重大需求,坚持"市场主导、创新驱动、强化基础、质量为先"原则,"十三五"期间聚焦"两突破""三提升",即实现机器人关键零部件和高端产品的重大突破,实现机器人质量可靠性、市场占有率和龙头企业竞争力的大幅提升,以企业为主体,产学研用协同创新,打造机器人全产业链竞争能力,形成具有中国特色的机器人产业体系,为制造强国建设打下坚实基础。

市场主导就是坚持以市场需求为导向,以企业为主体,充分发挥市场对机器人研发方向、路线选择、各类要素配置的决定作用。创新驱动就是加强机器人创新体系建设,加快形成有利于机器人创新发展的新机制,优化商业和服务模式,打造公共创新平台。强化基础就是加强机器人共性关键技术研究,建立完善机器人标准体系及检测认证平台,夯实产业发展基础。质量为先就是提高机器人关键零部件及高端产品的质量可靠性,提升自主品牌核心竞争力。

（二）发展目标

经过 5 年的努力,形成较为完善的机器人产业体系。技术创新能力和国际竞争能力明显增强,产品性能和质量达到国际同类水平,关键零部件取得重大突破,基本满足市场需求。2020 年具体目标如下:

产业规模持续增长。自主品牌工业机器人年产量达到 10 万台,6 轴及以上工业机器人年产量达到 5 万台以上。服务机器人年销售收入超过 300 亿元,在助老助残、医疗康复等领域实现小批量生产及应用。培育 3 家以上具有国际竞争力的龙头企业,打造 5 个以上机器人配套产业集群。

技术水平显著提升。工业机器人速度、载荷、精度、自重比等主要技术指标达到国外同类产品水平,平均无故障时间(MTBF)达到 80000h;医疗健康、家庭服务、反恐防暴、救灾救援、科学研究等领域的服务机器人技术水平接近国际水平。新一代机器人技术取得突破,智能机器人实现创新应用。

关键零部件取得重大突破。机器人用精密减速器、伺服电机及驱动器、控制器的性能、精度、可靠性达到国外同类产品水平,在 6 轴及以上工业机器人中实现批量应用,市场占有率达到 50% 以上。

集成应用取得显著成效。完成 30 个以上典型领域机器人综合应用解决方案,并形成相应的标准和规范,实现机器人在重点行业的规模化应用,机器人密度达到 150 以上。

二、主要任务

（一）推进工业机器人向中高端迈进

面向《中国制造 2025》十大重点领域及其他国民经济重点行业的需求,聚焦智能生产、智能物流,攻克工业机器人关键技术,提升可操作性和可维护性,重点发展弧焊机器人、真空(洁净)机器人、全自主编程智能工业机器人、人机协作机器人、双臂机器人、重载 AGV 等 6 种标志性工业机器人产品,引导我国工业机器人向中高端发展。

促进服务机器人向更广领域发展。围绕助老助残、家庭服务、医疗康复、救援救灾、能源安全、公共安全、重大科学研究等领域,培育智慧生活、现代服务、特殊作业等方面的需求,重点发展消防救援机器人、手术机器人、智能型公共服务机器人、智能护理机器人等四种标志性产品,推进专业服务机器人实现系列化,个人/家庭服务机器人实现商品化。

——弧焊机器人。6 自由度多关节机器人,中厚板弧焊机器人额定负载 ≥10kg,薄板弧焊机器人额定负载 6kg。实现焊缝轨迹电弧跟踪、高压接触感知、焊缝坡口宽度电弧跟踪等关键技术的应用。

——真空(洁净)机器人。真空最大负载 15kg,洁净最大负载 210kg,重复定位精度 ±0.05~0.1mm,实现真空环境下传动润滑、直驱控制、动态偏差检测与校正及碰撞检测与保护等关键技术的应用。

——全自主编程智能工业机器人。6 自由度以上,适应工件尺寸范围在 1m×1m×0.3m 以上,具有智能工艺专家系统,可自动获取信息生成作业程序,全过程非示教,自动编程时间小于 1s,满足喷涂、抛光、打磨等复杂的作业要求。

——人机协作机器人。6 自由度以上的多关节机器人,自重负载比<4,重复定位精度±0.05mm,力控精度<5N,碰撞安全监测响应时间<0.3s,选配本体感应皮肤的整臂安全感应距离<1cm,防护等级 IP54,适用于柔性、灵活度和精准度要求较高的行业如电子、医药、精密仪器等行业,满足更多工业生产中的操作需要。

——双臂机器人。每个单臂 6 自由度以上,关节转动速度≥±180°/s,双臂平均功耗<500W,带双臂碰撞检测的路径规划功能,集成双目视觉定位误差<1mm,2 指/3 指柔性手爪行程≥50mm,抓取力≥30N,重复定位精度±0.05mm,适用于 3C 电子等行业的零件组装产线。

——重载 AGV。驱动方式:全轮驱动;最大负载能力 40000kg;最大速度:直线 20m/min;转弯半径:2m;辅助磁导航精度:±10mm;防碰装置:激光防碰;举升装置:车体自举升;举升行程:最大 100mm。

——消防救援机器人。满足自然灾害和恶性事故等现场对灾情侦察和快速处理的需求,在高温高压、有毒有害等特殊环境下,可完成人员搜索、灾情探测定位、定点抛投、排障、灭火和救援等任务。

——手术机器人。冗余机械臂的自由度数目不小于 6 个,最高重复位置精度优于 1mm,选取点上的测量误差不大于 1%,可完成各类相关手术。

——智能型公共服务机器人。导航方式:激光 SLAM,最大移动速度 0.6m/s,定位精度±100mm,定位航向角精度±5°,最大工作时间 3h,手臂数量 2,单臂自由度 2~7,头部自由度 1~2,具备自主行走、人机交互、讲解、导引等功能。

——智能护理机器人。面向老人照护需求,具有智能感知识别、自主移动等能力,与用户进行交流,辅助老人进行家务劳动,提供多样性的护理服务。

(二)大力发展机器人关键零部件

针对 6 自由度及以上工业机器人用关键零部件性能、可靠性差,使用寿命短等问题,从优化设计、材料优选、加工工艺、装配技术、专用制造装备、产业化能力等多方面入手,全面提升高精密减速器、高性能机器人专用伺服电机和驱动器、高速高性能控制器、传感器、末端执行器等五大关键零部件的质量稳定性和批量生产能力,突破技术壁垒,打破长期依赖进口的局面。

——高精密减速器。通过发展高强度耐磨材料技术、加工工艺优化技术、高速润滑技术、高精度装配技术、可靠性及寿命检测技术以及新型传动机理的探索,发展适合机器人应用的高效率、低重量、长期免维护的系列化减速器。

——高性能机器人专用伺服电机和驱动器。通过高磁性材料优化、一体化优化设计、加工装配工艺优化等技术的研究,提高伺服电机的效率,降低功率损失,实现高功率密度。发展高力矩直接驱动电机、盘式中空电机等机器人专用电机。

——高速高性能控制器。通过高性能关节伺服、振动抑制技术、惯量动态补偿技术、多关节高精度运动解算及规划等技术的发展,提高高速变负载应用过程中的运动精度,改善动态性能。发展并掌握开放式控制器软件开发平台技术,提高机器人控制器可扩展性、可移植性和可靠性。

——传感器。重点开发关节位置、力矩、视觉、触觉等传感器,满足机器人产业的应用需求。

——末端执行器。重点开发抓取与操作功能的多指灵巧手和具有转换功能的夹持器等末端执行器,满足机器人产业的应用需求。

(三)强化产业创新能力

加强共性关键技术研究。针对智能制造和工业转型升级对工业机器人的需求和智慧生活、现代服务和特殊作业对服务机器人的需求,重点突破制约我国机器人发展的共性关键技术。积极跟踪机器人未来发展趋势,提早布局新一代机器人技术的研究。

建立健全机器人创新平台。充分利用和整合现有科技资源和研发力量,组建面向全行业的机器人创新中心,打造政产学研用紧密结合的协同创新载体。重点聚焦前沿技术、共性关键技术研究。

加强机器人标准体系建设。开展机器人标准体系的顶层设计,构建和完善机器人产业标准体系,加快研究制订产业急需的各项技术标准,支持机器人评价标准的研究和验证,积极参与国际标准的制修订。

建立机器人检测认证体系。建立并完善以国家机器人检测与评定中心为代表的机器人检验与认证机构,推动建立机器人第三方评价和认证体系,开展机器人整机及关键功能部件的检测与认证工作。

——机器人共性关键技术。①工业机器人关键技术:重点突破高性能工业机器人工业设计、运动控制、精确参数辨识补偿、协同作业与调度、示教/编程等关键技术。②服务机器人关键技术:重点突破人机协同与安全、产品创意与性能优化设计、模块化/标准化体系结构设计、信息技术融合、影像定位与导航、生肌电感知与融合等关键技术。③新一代机器人技术:重点开展人工智能、机器人深度学习等基础前沿技术研究,突破机器人通用控制软件平台、人机共存、安全控制、高集成一体化关节、灵巧手等核心技术。

——机器人创新中心。重点围绕人工智能、感知与识别、机构与驱动、控制与交互等方面开展基础和共性关键技术研究,深入开展在高端制造业、灾难应急处理、医疗康复、助老助残等领域的前沿基础研究和应用基础研究,推进科技成果的转移扩散和商业化应用,为企业提供共性技术支持和服务,强化国际交流与合作,培养机器人专业研发设计人才。

——机器人产业标准。发挥企业参与制修订标准的积极性,按照产业发展的迫切度,研究制定一批机器人国家标准、行业标准和团体标准,主要包括机器人用 RV 减速机通用技术条件等通用技术标准、机器人整机电磁兼容技术要求和试验方法等检测标准、个人护理机器人安全要求等安全标准、工业机器人编程和操作图形用户接口等通信控制标准、设计平台标准和喷涂机器人系统应用规范等应用标准。

——国家机器人检测与评定中心。面向机器人整机及关键功能部件两方面内容开展检测与评定工作,整机性能评价包括:安全、性能、环境适应性、噪音水平、电磁兼容性、可靠性及测控软件评价等;功能部件检测评定包括:零件质量、零部件安全及性能、噪声、环境适应性、材质和接口等。

(四)着力推进应用示范

为满足国家战略和民生重大需求,加强质量品牌建设,积极开展机器人的应用示范。围绕制造业重点领域,实施一批效果突出、带动性强、关联度高的典型行业应用示范工程,重点针对需求量大、环境要求高、劳动强度大的工业领域以及救灾救援、医疗康复等服务领域,分步骤、分层次开展细分行业的推广应用,培育重点领域机器人应用系统集成商及综合解决方案服务商,充分利用外包服务、新型租赁等模式,拓展工业机器人和服务机器人的市场空间。

通过提高企业质量意识,促进企业实施以质量为先的经营管理,完善产品检测认证制度,推广先进质量管理方法,加强制造过程管理等措施,推进质量保障能力建设,提高机器人产品的质量可靠性,提升用户使用机器人的信心。

在工业机器人用量大的汽车、电子、家电、航空航天、轨道交通等行业,在劳动强度大的轻工、纺织、物流、建材等行业,在危险程度高的化工、民爆等行业,在生产环境洁净度要求高的医药、半导体、食品等行业,推进工业机器人的广泛应用。在救灾救援领域,推进专业服务机器人在自然灾害、火灾、核事故、危险品爆炸现场的示范应用等。

开展陪护与康复训练机器人在失能与认知障碍人群中的试点示范,开展智能假肢与外骨骼机器人在行动障碍人群中的试点示范,开展手术机器人在三甲医院智能手术中心的试点示范,大力推进服务机器人在医疗、助老助残、康复等领域的推广应用。

(五)积极培育龙头企业

引导企业围绕细分市场向差异化方向发展,开展产业链横向和纵向整合,支持互联网企业与传统机器人企业的紧密结合,通过联合重组、合资合作及跨界融合,加快培育管理水平先进、创新能力强、效率高、效益好、市场竞争力强的龙头企业,打造知名度高、综合竞争力强、产品附加值高的机器人国际知名品牌。大力推进研究院所、大专院校与机器人产业紧密结合,充分发挥龙头企业带动作用,以龙头企业为引领形成良好的产业生态环境,带动中小企业向"专、精、特、新"方向发展,形成全产业链协同发展的局面。

三、保障措施

(一)加强统筹规划和资源整合

强化顶层设计,统筹协调工业管理、发展改革、科技、财政等各部门的资源和力量,形成合力,支持自主创新,推动我国机器人产业健康发展;加强对区域产业政策的指导,形成国家和地方协调一致的产业政策体系;鼓励有条件的地区、园区发展机器人产业集群,引导机器人产业链及生产要素的集中集聚。

(二)加大财税支持力度

通过工业转型升级、中央基建投资等现有资金渠道支持机器人及其关键零部件产业化和推广应用;利用中央财政科技计划(专项、基金等)支持符合条件的机器人及其关键零部件研发工作;通过首台(套)重大技术装备保险补偿机制,支持纳入《首台(套)重大技术装备推广应用指导目录》的机器人应用推广;根据国内机器人产业发展情况,逐步取消关税减免政策,发挥关税动态保护作用;落实好企业研发费用加计扣除等政策,鼓励企业加大技术研发力度、提升技术水平。

(三)拓宽投融资渠道

鼓励各类银行、基金在业务范围内,支持技术先进、优势明显、带动和支撑作用强的机器人项目;鼓励金融机构与机器人企业成立利益共同体,长期支持产业发展;积极支持符合条件的机器人企业在海内外资本市场直接融资和进行海内外并购;引导金融机构创新符合机器人产业链特点的产品和业务,推广机器人租赁模式。

(四)营造良好的市场环境

制定工业机器人产业规范条件,促进各项资源向优势企业集中,鼓励机器人产业向高端化发展,防止低水平重复建设;研究制订机器人认证采信制度,国家财政资金支持的项目应采购通过认证的机器人,鼓励地方政府建立机器人认证采信制度;加强机器人知识产权保护制度建设;研究建立机器人行业统计制度;充分发挥行业协会、产业联盟和服务机构等行业组织的作用,构建机器人产业服务平台。

(五)加强人才队伍建设

组织实施机器人产业人才培养计划,加强大专院校机器人相关专业学科建设,加大机器人职业培训教育力度,加快培养机器人行业急需的高层次技术研发、管理、操作、维修等各类人才;利用国家千人计划,吸纳海外机器人高端人才创新创业。

(六)扩大国际交流与合作

充分利用政府、行业组织、企业等多渠道、多层次地开展技术、标准、知识产权、检测认证等方面的国际交流与合作,不断拓展合作领域;鼓励企业积极开拓海外市场,加强技术合作,提供系统集成、产品供应、运营维护等全面服务。

四、规划实施

由工业和信息化部、发展改革委牵头负责组织规划实施,建立各部门分工协作、共同推进的工作机制,建立规划实施动态评估机制。地方工业和信息化、发展改革主管部门及相关企业结合本地区和本企业实际情况,制订与本规划相衔接的实施方案。相关行业协会及中介组织要发挥桥梁和纽带作用,及时反映规划实施过程中出现的新情况、新问题,提出政策建议。

第二节　人工智能的数学原理

人类智能在计算机上的模拟就是人工智能,而智能的核心是思维,因而如何把人们的思维活动形式化、符号化,使其得以在计算机上实现,就成为人工智能研究的重要课题。在这方面,逻辑的有关理论、方法、技术起着十分重要的作用,它不仅为人工智能提供了有力的工具,而且也为知识的推理奠定了理论基础,主要设计的数学理论有逻辑、概率论及模糊理论等。

一、命题逻辑与谓词逻辑

(1)命题就是具有真假意义的语句,代表了人们进行思维时的一种判断,若命题的意义为真,则称它的真值为真,记作 T,否则记作 F。一个命题不能同时既为真又为假,但可以在一定条件下为真,在另一种条件下为假。没有真假意义的语句(如感叹句、疑问句等)不是命题。

在命题逻辑中,命题通常用大写的英文字母表示,可以是一个特定的命题,也可以是一个抽象的命题,前者称为命题常量,后者称为命题变元。对于命题变元而言,只有把确定的命题代入后,它才可能有明确的真值(T 或 F)。

命题逻辑的这种表示法有较大的局限性,它无法把它所描述的客观事物的结构及逻辑特征反映出来,也不能把不同事物间的共同特征表述出来。由于这些原因,在命题逻辑的基础上发展起来了谓词逻辑。

(2)在谓词逻辑中,命题是用谓词表示的,一个谓词可分为谓词名与个体这两个部分。个体表示某个独立存在的事物或者某个抽象的概念;谓词名用于刻画个体的性质、状态或个体间的关系 。其一般形式:

$$P(x_1, x_2, \cdots, x_n)$$

其中,P 是谓词名,$x_1, x_2, \cdots, x_n$ 是个体。谓词名通常用大写的英文字母表示,个体通常用小写的英文字母表示。在谓词中,个体可以是常量,也可以是变元,还可以是一个函数。

在用谓词表示客观事物时,谓词的语义是由使用者根据需要人为地定义的。当谓词中的变元都用特定的个体取代时,谓词就具有一个确定的真值,T 或 F。谓词中包含的个体数目称为谓词的元数。在谓词 $P(x_1, x_2, \cdots, x_n)$ 中,若 $x_i(i = 1, \cdots, n)$ 都是个体常量、变元或函数,则称它为一阶谓词。如果某个 x_i 本身又是一个一阶谓词,则称它为二阶谓词。

个体变元的取值范围称为个体域。个体域可以是有限的,也可以是无限的。谓词与函数表面上很相似,容易混淆,其实这是两个完全不同的概念。谓词的真值是"真""假",而函数的值是个体域中的某个个体,函数无真值可言,它只是在个体域中从一个个体到另一个个体的映射。

(3)按下述规则得到谓词演算的合式公式:

单个谓词是合式公式,称为原子谓词公式;

若 A 时合式公式,则 $\rightarrow A$ 也是合式公式;

若 A, B 都是合式公式,则 $A \wedge B, A \vee B, A \rightarrow B, A \leftrightarrow B$ 也都是合式公式;

若 A 时合式公式,x 是任一个体变元,则 $(\forall x) A$ 和 $(\exists x) A$ 也都是合式公式。

在合式公式中,连接词的优先级别是 $\rightarrow$,$\wedge$,$\vee$,$\rightarrow$,$\leftrightarrow$,另外,位于量词后面的单个谓词或者用括弧括起来的合式公式称为量词的辖域,辖域内与量词中同名的变元称为约束变元,不受约束的变元称为自由变元。

在谓词公式中,变元的名字是无关紧要的,可以把一个名字换成另一个名字。但必须注意,当对量词辖域内的约束变元更名时,必须把同名的约束变元都统一改成相同的名字,且不能与辖域内的自由变元同名;当对辖域内的自由变元改名时,不能改成与约束变元相同的名字。

命题公式是谓词公式的一种特殊情况,它是用连接词把命题常量、命题变元连接起来所构成的合式公式。

二、多值逻辑

经典命题逻辑和谓词逻辑中,任何一个命题的真值只能用"真"与"假"种的某一个,但是,在实际的应用中,事物也有可能处在"真"与"假"之间的某个位置,因此,多值逻辑定律应运而生。

在多值逻辑中,除了"真"与"假"之外,还在这两者之间定义了无限多个逻辑真值,并且用"1"表示"真",用"0"表示"假",用 $T(A)$ 表示命题 A 为真的程度,它是介于 0～1 之间的一个实数,即

$$0 \leqslant T(A) \leqslant 1$$

称 $T(A)$ 为命题 A 的真度。

与二值逻辑一样,多值逻辑也定义了用连接词表示的逻辑运算,其定义如下:

$T(\neg A) = 1 - T(A)$

$T(A \land B) = \min\{T(A), T(B)\}$

$T(A \lor B) = \min\{T(A), T(B)\}$

$T(A \to B) = \min\{1, 1 - T(A) + T(B)\}$

$T(A \leftrightarrow B) = 1 - |T(A) - T(B)|$

对于 $A \to B$,除了可用上面给出的定义计算 $T(A \to B)$ 外,还可以按下述定义:

$R_b : T(A \to B) = \min\{1 - T(A), T(B)\}$

$R_c : T(A \to B) = \min\{T(A), T(B)\}$

$R_p : T(A \to B) = T(A) \times T(B)$

$R_* : T(A \to B) = 1 - T(A) + T(A) \times T(B)$

$R_{st} : T(A \to B) = \max\{1 - T(A), T(B)\}$

$R_m : T(A \to B) = \max\{\min\{T(A), T(B)\}, 1 - T(A)\}$

$R_{bp} : T(A \to B) = \max\{0, T(A) + T(B) - 1\}$

$R_g : T(A \to B) = \begin{cases} 1, & \text{当 } T(A) \leqslant T(B) \\ T(B), & \text{当 } T(A) > T(B) \end{cases}$

$R_s : T(A \to B) = \begin{cases} 1, & \text{当 } T(A) \leqslant T(B) \\ 0, & \text{当 } T(A) > T(B) \end{cases}$

$R_\square : T(A \to B) = \begin{cases} 1, & \text{当 } T(A) < 1 \text{ 或 } T(B) = 1 \\ 0, & \text{当 } T(A) = 1 \text{ 或 } T(B) < 1 \end{cases}$

$R_\Delta : T(A \to B) = \begin{cases} 1, & \text{当 } T(A) \leqslant T(B) \\ \dfrac{T(A)}{T(B)}, & \text{当 } T(A) > T(B) \end{cases}$

$R_{dp} : T(A \to B) = \begin{cases} T(A), & \text{当 } T(B) = 1 \\ T(B), & \text{当 } T(A) = 1 \\ 0, & \text{当 } T(A) < 1 \text{ 且 } T(B) < 1 \end{cases}$

在具体应用时,究竟选用哪种定义计算 $T(A \to B)$,要根据实际情况决定。

多值逻辑在人工智能中有较多的应用,因为它在真与假之间有多个中间状态,在一定程度上承认了真值的中介过渡性,因此可用来表示不确定性的知识。但是,由于多值逻辑只是用穷举中介的方法表示真值的过渡性,把中介看作彼此独立、界限分明的对象,没有反映出中介之间的相互渗透,因而它还不能完全解决不确定性知识的表示问题。

三、概率论

概率论研究随机现象中数量规律,反映了事物的一种不确定性,即随机性。

(一)随机现象

在自然现象和社会现象中,有一类这样的现象:在相同条件下做同一个试验时,得到的结果可能相同,也可能不相同。而且在试验之前无法预言一定会出现哪一个结果,具有偶然性。在相同条件下重复进行某种试验时,试验结果不一定完全相同且不可预知现象称为随机现象。随机现象中,试验结果呈现出的不确定性称为随机性。

(二)样本空间与随机事件

1. 样本空间

对随机现象进行观察或试验,每一次试验的结果是无法准确预言的,但是它可能会出现什么样的结果一般都可以知道。在概率论中,把试验中每一个可能出现的结果称为试验的一个样本点,由样本点的全体构成的集合称为样本空间。如果用 d 表示样本点,D 表示样本空间,则有

$$D = \{d_1, d_2, \cdots, d_n, \cdots\}$$

由上式可知,样本空间中的样本点可以是有限个,也可以是无限个,在每次随机试验中,这样样本点有且仅有一次出现。

2. 随机事件

在实际应有中,人们不仅关心某个样本点所代表的可能结果是否会出现,有时更关心由某些样本点构成的集合所代表的事物是否会出现。我们把要考察的由一些样本点构成的集合称为随机事件,简称为事件。如果事件用大写英文字母 $A, B, \cdots$ 表示,d 表示样本点,则随机事件:

$$A = \{d_1, d_2, \cdots, d_n\}$$

在一次试验中,若事件包含的某一个样本点出现,就称这一事件发生了。显然,由全体样本点构成的集合(即样本空间)所表示的事件是一个必然要发生的事件,称为必然事件;由空集所表示的事件,即不包含任何样本点的事件,在任何一次试验中都不会发生,称为不可能事件。必然事件记为 D,不可能事件记为 Φ。

各类事件之同的关系:

(1)事件的包含。若事件 A 的发生必然导致事件 B 的发生,即 A 的样本点都是 B 的样本点,则称 B 包含 A,记作 $B \supset A$ 或 $A \subset B$。如图 5-1 所示。

(2)事件的并(和)。由"事件 A 与事件 B 至少有一个发生"所表达的事件,即由 A 与 B 的样本点共同构成的事件,称为 A 与 B 的并事件,记作 $A \cup B$。如圈 5-2 所示。

(3)事件的交(积)。由"事件 A 与事件 B 同时发生"所表达的事件,即由既属于 A 同时又属于 B 的样本点所构成的事件,称为 A 与 B 的交事件,记作 $A \cap B$。如图 5-3 所示。

(4)事件的差。由"事件 A 发生而事件 B 不发生"所表达的事件,即由属于 A 但不属于 B 的样本点构成的事件,称为 A 与 B 的差事件,记作 $A - B$。如图 5-4 所示。

(5)事件的逆。若事件 A 与 B 同时满足 $A \cap B = \phi$ 和 $A \cup B = D$,则称 A 与 B 为互逆事件,记

作 $A = \neg B$ 或 $B = \neg A$。在每次随机试验中,A 与 $\neg A$ 有一个且仅有一个发生。如图 5-5 所示。

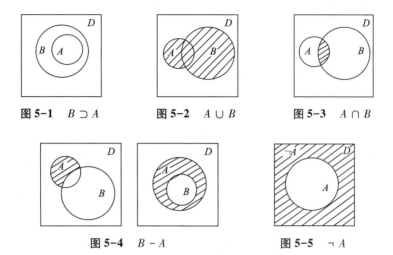

图 5-1　$B \supset A$　　　　图 5-2　$A \cup B$　　　　图 5-3　$A \cap B$

图 5-4　$B - A$　　　　　　图 5-5　$\neg A$

四、模糊理论

概率论用$[0,1]$上的一个数(概率)表示随机事件发生的可能性,这就对随机性给出了一种定量的描述及处理方法,为在计算机上进行处理奠定了基础。但是随机性只是现实世界中的一种不确定性,除此之外还广泛存在着另一种更为普遍的不确定性,这就是模糊性。为了刻画和处理这种不确定性,l965 年扎德(L. A. Zadeh)等人从集合论的角度对模糊性的表示与处理进行了大量研究,提出了模糊集、隶属函数、语言变量、语言真值及模糊推理等重要概念,对模糊性的定量描述与处理提供了一种新途径。

1. 模糊性

模糊性是指客观事物在性态及类属方面的不分明性,其根源是在类似事物间存在一系列过渡状态,它们互相渗透,互相贯通,使得彼此之间没有明显的分界线。

2. 集合与特征函数

在处理某一问题时,总是把议题限制在某一个范围内,称此"范围"为相应问题的论域。在论域中,把具有某种属性的事物的全体称为集合。集合中的每一个事物称为这个集合的一个元素。集合一般用大写的英文字母 $A,B,\cdots$ 等表示;集合中的元素一般用小写字母 $a,b,\cdots$ 等表示。若 a 属于集合 A,则记为 $a \in A$,若 a 不属 A,则记为 $a \notin A$。

由于集合中的元素都具有某种属性,因此可用集合表示某一确定性概念,而且可用一个函数来刻画它,该函数称为特征函数。

设 A 是论域 U 上的一个集合,对任意 $u \in U$,令

$$C_A(u) = \begin{cases} 1, & \text{当 } u \in A \\ 0, & \text{当 } u \notin A \end{cases}$$

则称 $C_A(u)$ 为集合 A 的特征函数。特征函数 $C_A(u)$ 在 $u = u_0$ 处的取值 $C_A(u_0)$ 称为 u_0 对 A 的隶属度。

对任意一个集合 A 都有唯一确定的一个特征函数与之对应,同时任一特征配数都唯一定了一个集合 A:

$$A = \{u \mid C_A(u) = 1\}$$

所以,集合 A 与其特征函数是等价的,集合 A 就是其特征函数值等于 l 的元素所构成的集合。

3. 模糊集和隶属函数

一个确定性概念可用一个普通集合表示,并用一个特征函数来刻画它。那么,对于一个模糊概念是否也可以这样呢?

设论域:

$$U = \{1, 2, 3, 4, 5\}$$

在此论域上,"奇数"是一个确定性的概念,它可用集合 $A = \{1, 3, 5\}$ 表示,并且可用一个特征函数:

$$C_A(u) = \begin{cases} 1, & \text{当 } u = 1, 3, 5 \\ 0, & \text{当 } u = 2, 4 \end{cases}$$

来刻画它。但是,在此论域上对模糊概念"大"和"小"是否也可以用一个普通集合来表示,且用一个取值只能为 0 或 l 的特征函数来刻画它呢? 显然不可以,因为"大"和"小"都是模糊概念,没有明确的边界线,不可以简单地用 $\{1, 2, 3\}$ 表示"小",用 $\{4, 5\}$ 表示"大"。

对于模糊概念都存在与上例类似的问题,为了解决这个问题,把模糊概念及有关模糊概念间存在的连续过渡特征表示出来,扎德把普通集合里特征函数的取值范围由 $\{0, 1\}$ 推广到闭区间 $[0, 1]$ 上,引入了模糊集及隶属函数的概念:

设 U 是论域,μ_A 是把任意 $u \in U$ 映射为 $[0, 1]$ 上某个值的函数,即

$$\mu_A : U \rightarrow [0, 1]$$

$$u \rightarrow \mu_A(u)$$

则称 μ_A 为定义在 U 上的一个隶属函数,由 $\mu_A(u)$ $(u \in U)$ 所构成的集合 A 称为 U 上的一个模糊集,$\mu_A(u)$ 称为 μ 对 A 的求属度。

由此可知道,模糊集 A 完全由其隶属函数所刻画,隶属函数 μ_A 把 U 中的每一个元素 μ 都映射为 $[0, 1]$ 上的一个值 $\mu_A(u)$,表示该元素隶属于 A 的程度,值越大表示隶属程度越高。当 $\mu_A(u)$ 的值仅为 0 或 1 时,模糊集 A 便退化为一个普通集合,隶属函数退化为特征函数。

4. 模糊度

德拉卡(Delaca)在 1972 年曾提出对模糊集的定量描述问题,是度量模糊性的理论基础,是定量描述中的一种。

模糊度是模糊集的模糊程度的一种度量:

设 $A \in F(U)$,d 是定义在 $F(U)$ 上的一个实函数,如果满足如下条件:

(1)对任意 $A \in F(U)$,有 $d(A) \in [0, 1]$;

(2)当且仅当 A 是一个普通集合时, $d(A) = 0$;

(3)若 A 的隶属函数 $\mu_A(u) = 0.5$ 则 $d(A) = 1$;

(4)若 $A, B \in F(U)$,且对任意 $u \in U$,满足

$$\mu_B(u) \leqslant \mu_A(u) \leqslant 0.5$$

或者

$$\mu_B(u) \geqslant \mu_A(u) \geqslant 0.5$$

则有
$$d(B) \leqslant d(A)$$

（5）对任意 $A \in F(U)$ ，有
$$d(A) = d(\neg A)$$

则称 d 为定义在 $F(U)$ 上的一个模糊度，$d(A)$ 称为 A 的模糊度。

因此，模糊度的直观意义有以下几个：

①任何模糊集的模糊度都是 $[0,1]$ 上的一个数。

②普通集合的模糊度为 0，它表示普通集合所刻画的概念是不模糊的。

③越靠近 0.5 时就越模糊，尤其是当 $\mu_A(u) = 0.5$ 时最模糊。

④模糊集 A 与其补集 $\neg A$ 具有相同的模糊度。

5. 模糊数

在社会实践及科学研究中，经常用到一些模糊的数量，比如"参会人数约 500 人""下雨的可能性约 0.6"等，都属于模糊数概念。

如果实数域 R 上的模糊集 A 的隶属函数 $\mu_A(u)$ 在 R 上连续且具有如下性质：

（1）A 是凸模糊集，即对任意 $\lambda \in [0,1]$ ，A 的 λ 水平截集 A_λ 是闭区间；

（2）A 是正规模糊集，即存在 $u \in R$ ，使 $\mu_A(u) = 1$ 。

则称 A 为一个模糊数。

直观上看，模糊数的隶属函数的图形是单峰的，且在峰顶使隶属度达到 1，如对"μ_0"左右的数用图形表示（图 5-6）。

模糊数的模糊程度可由其隶属函数图形的陡峭程度来表示。模糊数也可用其隶属函数表示。

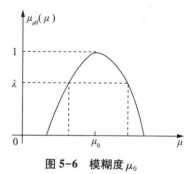

图 5-6　模糊度 μ_0

第三节　工业应用（工程检测）机器人专家系统

人工智能的应用非常广泛，对人工智能的开发及使用，针对不同的领域具有完全不同的系统及模式。专家系统是最早也是应该最广泛、最基础的人工智能应用，主要用在工业生产方面。工程检测智能化的一个重要方面，利用智能机器人代替人工完成工程检测问题，使得检测结果更客观、更真实、更准确，检测数据对工程病害的预防更精确，能大大提高工程质量安全。

一、专家系统概论

迄今为止，关于专家系统也还没有一个公认的严格定义，从人工智能的角度讲，它是一个智能程序系统；它具有相关领域内大量的专家知识；它能模拟人类专家求解问题的思维过程进行推理，解决相关领域内的困难问题，并且达到领域专家的水平。因此，专家系统具有以下基本特点：

1. 具有专家水平的专门知识

人类专家之所以能称为"专家",是由于他掌握了某一领域的专门知识,使得他在处理问题时更加专业、精确。人工智能专家系统为了更好地解决实际问题,必须具有专家级的知识,知识越丰富,质量越高,解决问题的能力就越强。

一般来说,专家系统中的知识可分为3个层次,即数据级、知识库级和控制级。数据级知识是指具体问题所提供的初始事实以及问题求解过程中所产生的中间结论、最终结论等。知识库级知识是指专家的知识,这一类知识是构成专家系统的基础,一个系统性能的高低取决于这种知识的质量和数量。控制级知识是关于如何运用前两种知识的知识,用于控制系统的运行过程及推理,其性能的优劣直接关系到系统的"智能"程度。

2. 能进行有效的推理

专家系统的根本任务是求解领域内的现实问题。问题的求解过程是一个思维过程,即推理过程。这就要求专家系统必须具有相应的推理机构,能根据用户提供的已知事实,通过运用掌握的知识,进行有效的推理,以实现对问题的求解。不同专家系统所面向的领域不同,要求解的问题有着不同的特性,因而不同专家系统的推理机制也不尽相同,有的只要求进行精确推理,有的则要求进行不确定性推理、不完全推理以及试探性推理等,需要根据问题领域的特点分别进行设计,以保证问题求解的有效性。

3. 具有获取知识的能力

专家系统的基础是知识。为了得到知识就必须具有获取知识的能力。当前应用较多的是建立知识编辑器,知识工程师或领域专家通过知识编辑器把领域知识"传授"给专家系统,以便建立起知识库。一些高级专家系统目前正在建立一些自动获取工具,使得系统自身具有学习能力,能从系统运行的实践中不断总结出新的知识,使知识库中的知识越来越丰富、完善。

4. 具有灵活性

在大多数专家系统中,其体系结构都采用了知识库与推理机相分离的构造原则,彼此既有联系,又相互独立。这样做的好处是,既可在系统运行时能根据具体问题的不同要求分别选取合适的知识构成不同的求解序列,实现对问题的求解,又能在一方进行修改时不致影响到另外一方。特别是对于知识库,随着系统的不断完善,可能要经常对它进行增、删、改操作,由于它与推理机分离,这就不会因知识库的变化而要求修改推理机的程序。

5. 具有透明性

所谓一个计算机程序系统的透明性,是系统自身及其行为能被用户所理解。专家系统具有较好的透明性,这是因为它具有解释功能。人们在应用专家系统求解问题时,不仅希望得到正确的答案,而且还希望知道得出该答案的依据。因此,专家系统一般都设置了解释机构,用于向用户解释它的行为动机及得出某些答案的推理过程。这就可使用户能比较清楚地了解系统处理问题的过程及使用的知识和方法,从而提高用户对系统的可信程度,增加系统的透明度。另外,由于专家系统具有解释功能,系统设计者及领域专家就可方便地找出系统隐含的错误,便于对系统进行维护。

6. 具有交互性

专家系统一般都是交互式系统。一方面它需要与领域专家或知识工程师进行对话以获取知识,另一方面它也需要通过与用户对话以索取求解问题时所需的已知事实以及回答用户的询问。专家系统的这一特征为用户提供了方便,亦是它得以广泛应用的原因之一。

7. 具有实用性

专家系统是根据领域问题的实际需求开发的,这一特点就决定了它具有坚实的应用背景。另外,专家系统拥有大量高质量的专家知识,可使问题求解达到较高的水平,再加上它所具有的透明性、交互性等特征,就使得它容易被人们接受、应用。截至目前,专家系统已经被用于工业方面多种领域中,取得了巨大的经济效益及社会效益,并且正在更广泛地应用于更多的领域中,这是人工智能的其他研究领域所不能相比的。

8. 具有一定的复杂性及难度

专家系统拥有知识,并能运用知识进行推理,以模拟人类求解问题的思维过程。但是,人类的知识是丰富多彩的,人们的思维方式也是多种多样的,因此要真正实现对人类思维的模拟还是一件十分困难的工作,有赖于其他多种学科的共同发展。在建造一个专家系统时,会遇到多种需要解决的困难问题,如不确定性知识的表示、不确定性的传递算法、匹配算法等等,对一个具体的系统来说,还需要根据实际情况进行调整,其复杂性和难度都是比较大的。

二、专家系统的一般结构

不同的专家系统,其功能与结构都不尽相同,但一般都包括人机接口、推理机、知识库及其管理系统、数据库及其管理系统、知识获取机构、解释机构6部分(图5-7)。

（1）人机接口

人机接口是专家系统与领域专家或知识工程师及一般用户间的界面,由一组程序及相应的硬件组成,用于完成输入输出工作。领域专家或知识工程师通过它输入知识,更新、完善知识库;一般用户通过它输入欲求解的问题、已知事实以及向系统提出的询问;系统通过它输出运行结果、回答用户的询问或者向用户索取进一步的事实。在输入或输出过程中,人机接口需要进行内部表示形式与外部表示形式的转换。

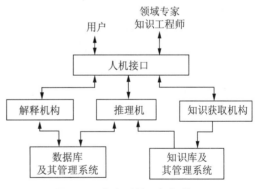

图5-7　专家系统一般机构

（2）知识获取机构

这是专家系统中获取知识的机构,由一组程序组成。其基本任务是把知识输入到知识库中,并负责维持知识的一致性及完整性,建立起性能良好的知识库。在不同的系统中,知识获取的功能及实现方法差别较大,有的系统首先由知识工程师向领域专家获取知识,然后再通过相应的知识编辑软件把知识送入到知识库中;有的系统自身具有部分学习功能,由系统直接与领域专家对话获取知识,或者通过系统的运行实践归纳、总结出新的知识。

（3）知识库及其管理系统

知识库是知识的存储机构,用于存储领域内的原理性知识、专家的经验性知识以及有关的事实等。知识库中的知识来源于知识获取机构,同时它又为推理机提供求解问题所需的知识,与两者都有密切关系。

知识库管理系统负责对知识库中的知识进行组织、检索、维护等。专家系统中其他任何部分如要与知识库发生联系,都必须通过该管理系统来完成,这样就可实现对知识库的统一管理和使用。

(4)推理机

推理机是专家系统的"思维"机构,是构成专家系统的核心部分。其任务是模拟领域专家的思维过程,控制并执行对问题的求解。它能根据当前已知的事实,利用知识库中的知识,按一定的推理方法和控制策略进行推理,得问题的答案或证明某个假设的正确性。

推理机的性能与构造一般与知识的表示方式及组织方式有关,但与知识的内容无关,这有利于保证推理机与知识库的相对独立性,当知识库中的知识有变化时,无须修改推理机。

(5)数据库及其管理系统

数据库又称为"黑板""综合数据库"等。它是用于存放用户提供的初始事实、问题描述以及系统运行过程中得到的中间结果、最终结果、通行信息(如推出结果的知识能)等的工作存储器。

数据库的内容是在不断变化的。在求解问题的开始时,它存放的是用户提供的初始事实;在推理过程中它存放每一步推理所得到的结果。推理机根据数据库的内容从知识库选择合适的知识进行推理,然后又把推出的结果存入数据库中。由此可以看出,数据库是推理机不可缺少的一个工作场地,同时由于它可记录推理过程中的各有关信息,又为解释机构提供了回答用户咨询的依据。

数据库是由数据库管理系统进行管理的,这与一般程序设计中的数据库管理没有什么区别,只是应使数据的表示方法与知识的表示方法保持一致。

(6)解释机构

能够对自己的行为作出解释,是专家系统区别于一般程序的重要特征之一,亦是它取信于用户的一个重要措施。另外,通过对自身行为的解释还可帮助系统建造者发现知识库及推理机中的错误,有助于对系统的调试及维护。因此,无论是对用户还是对系统自身,解释机构都是不可缺少的。

以上几个机构,是一般专家系统应该具有的几个基本部分。在具体建造一个专家系统时,除了应该具有这几部分外,还应根据相应领域问题的特点及要求适当增加某些部分。

三、知识获取

拥有知识是专家系统有别于其他计算机软件系统的重要标志,而知识的质量与数量又是决定专家系统性能的关键因素,但如何使专家系统获得高质量的知识呢? 这正是知识获取要解决的问题。

知识获取是一个与领域专家、专家系统建造者以及专家系统自身都密切相关的复杂问题,由于各方面的原因,至今仍然是一件相当困难的工作,被公认是专家系统建造中的一个"瓶颈"问题。目前,知识获取通常是由知识工程师与专家系统中的知识获取机构共同完成的。知识工程师负责从领域专家那里抽取知识,并用适当的模式把知识表示出来,而专家系统中的知识获取机构负责把知识转换为计算机可存储的内部形式,然后把它们存入知识库。在存储的过程中,要对知识进行一致性、完整性的检测。

四、知识的检测与求精

知识的一致性、完整性是影响专家系统性能的重要因素。

1. 知识的一致性与完整性

知识库的建立过程是知识经过一系列变换进入计算机程序的过程,这个过程中存在着各种各样导致知识不健全的因素,因此,知识库中经常出现这样或那样的问题,主要表现在冗余、矛盾、从属、环路、不完整性等。

(1)知识冗余,知识库中存在多余的知识或者存在多余的约束条件,分 3 种情况:等价规则、冗余规则链、冗余条件。

(2)矛盾,如果两条产生式规则或规则链在相同条件下得到的结论时互斥的,或者它们虽有相同的结论,但规则强度不同,则称它们是矛盾的。对于矛盾规则或矛盾规则链,不能让它们共处于同一知识库,必须从中舍弃一个,至于舍弃哪一个,需征求领域专家的意见。

(3)从属,如果规则 r_1 和 r_2 有相同的结论,但 r_1 比 r_2 要求更多的约束条件,则称 r_1 是 r_2 的从属规则。

(4)环路,当一组规则形成一条循环链时,称为一个环路。当知识库中出现环路时,应征求领域专家的意见,修改或舍弃其中的一条规则,破坏形成环路的条件。

(5)不完整性,所谓不完整性是指知识库中的知识不完全,不能满足预先定义的约束条件,即当存在应该推出某一结论的条件时,却推不出这一结论,不能形成产生这一结论的推理链;或者虽能推出结论,但确实错误的。但当知识库的知识不完整时,需要通过知识求精不断改进、完善,使其能满足问题就缺的需要。

2. 基于经典逻辑的检测方法

为了保证知识库的正确性,需要做好对知识的检测,主要分为静态检测和动态检测。静态检测是指在知识输入之前由领域专家及知识工程师所做的检查工作;动态检测是指在输入过程中以及对知识库进行增、删、改时由系统所进行的检查。在系统运行过程中出现错误时也需要对知识进行动态检测。

对知识冗余、矛盾等的检测实际上是通过对知识的相应部分进行比较实现的,该方法检测的基本环节是检查两个逻辑表达式的等价性,主要包括逻辑表达式等价性的检测、冗余的检测、矛盾规则及矛盾规则链的检测、从属规则的检测及环路的检测。

3. 基于 Petri 网的检测方法

(1)冗余的检测

等价规则及冗余条件在 Petri 网的生成过程中就可被发现,利用假设规则,进行冗余规则链进行检测:

r_1:IF　A_1　THEN　A_2

r_2:IF　A_2　THEN　A_3

r_3:IF　A_1　THEN　A_3

r_4:IF　A_2　THEN　A_4　THEN　A_5

r_5:IF A_5 THEN A_6

其 Petri 网结构如图5-8。

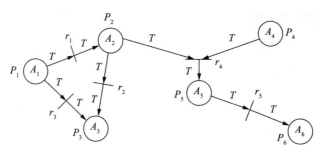

图 5-8   Petri 网(1)

（2）矛盾、从属及环路的检测

假设产生如下规则：

r_1:IF A_1 THEN A_2

r_2:IF A_2 THEN A_3

r_3:IF A_3 THEN A_4

r_4:IF A_1 THEN A_5

r_5:IF A_5 THEN $\rightarrow A_4$

r_6:IF A_3 AND A_6 THEN A_7

r_7:IF A_6 THEN A_7

r_8:IF A_5 THEN A_8

r_9:IF A_8 THEN A_9

r_{10}:IF A_9 THEN A_5

则其 Petri 网如图5-9所示。

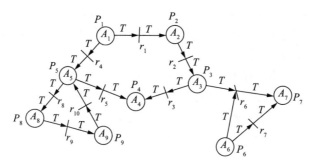

图 5-9   Petri 网(2)

由图5-9可知：

①由 P_1 出发，经 P_2，P_3 到达 P_4 时，推出 P_4 所代表的命题 A_4 为真，但由 P_1 出发经 P_5 到达 P_4 时，得到 A_4 为假，这就产生了矛盾，由此可知由 r_1，r_2，r_3 所构成的规则链与由 r_4，r_5 构成的规则链是矛盾的。

②由 P_3 及 P_6 可到达 P_7，另外仅由 P_6 也可到达 P_7，这表示 r_6 比 r_7 要求更多的条件，即 r_6 是 r_7 的从属规则。

③由 P_5 出发经 P_8，P_9 又回到了 P_5，构成了环路，这表明 r_8，r_9 及 r_{10} 形成环路。

五、知识的组织与管理

专家系统的性能一方面取决于知识的质量和数量、推理方法及控制策略，另一方面也取决于知识的组织与管理。

1. 知识的组织

当把获取的知识送入知识库时，立即面临的问题就是如何合理地安排这些知识，并建立起逻辑上的联系，这一工作称为知识的组织。

知识的组织方式一方面依赖于知识的表示模式，另一方面也与计算机系统提供的软件环境有关，在系统软件比较丰富的计算机系统中，可有较大的选择余地。原则上可用于数据组织的方法都可用于对知识的组织，究竟选用哪种组织方式，要视知识的逻辑表示形式以及对知识的使用方式而定。一般来说，在确定知识的组织方式时应遵守如下基本原则：

（1）通用的组织方式应使知识具有相对的独立性

知识库与推理机构相分离是专家系统的特征之一。因此在进行知识组织时，应能保证这一要求的实现，这就不会因为知识的变化而对推理机产生影响。

（2）便于对知识的搜索

在推理过程中，对知识库进行搜索是一种经常要进行的工作，而组织方式又与搜索直接相关，它直接影响到系统的效率。因此，在确定知识的组织方式时要充分考虑到将要采取的搜索策略，使两者能够密切配合，以提高搜索的速度。

（3）便于对知识进行维护及管理

知识库建成后，对它的维护与管理是一项经常性的工作。知识的组织方式便于检测知识中可能存在的冗余、不一致、不完整之类的错误，便于向知识库增加新知识、删除错误知识及对知识的修改。在删除或增加知识时，应尽量避免对知识太多的移动，以节约计算机的时间。

（4）便于内存与外存的交换

知识通常都是以文件形式存储于外部存储介质上的，只有当用到时才输入到内存中来。因而知识在使用过程中要频繁地进行内、外存的交换，知识的组织方式应便于进行这种交换，以提高系统的运行效率。

（5）便于在知识库中同时存储用多种模式表示的知识

把多种表示模式有机地结合起来是知识表示中常用的方法。例如把语意网络、框架及产生式结合起来表示领域知识，既可表示知识的结构性，又可表示过程性知识。知识的组织方式应能对这种多模式表示的知识实现存储，而且便于对知识的利用。

（6）尽量节省存储空间

知识库一般需要占用较大的存储空间，其规模一方面取决于知识的数量，另一方面也与知识的组织方式有关。因此，在确定知识的组织方式时，关于存储空间的利用问题也应作为考虑的一个因素，特别是在存储空间比较紧张的情况下更应如此。

2. 知识的管理

严格地说，知识的维护与知识的组织都属于知识管理的范畴，这里所说的知识管理是指除了上述内容外的管理工作，它包括：

（1）知识库的重组

为了提高系统的运行效率，建立知识库时总是采用适合领域问题求解的组织形式。但当系统经过一段时间运行后，由于对知识库进行了多次的增、删、改，知识库的物理结构必然会发生一些变化，使得某些使用频率较高的知识不能处于容易被搜索的位置上，直接影响到系统的运行效率。此时需要对知识库中的知识重新进行组织，以便使那些用得较多的知识容易被搜索，逻辑上关系比较密切的知识尽量放在一起，等等。

（2）记录系统运行的实例

问题实例的运行过程是求解问题的过程，也是系统积累经验、发现自身缺陷及错误的过程，因此应对运行的实例做适当的记录。记录的内容没有严格的规定，可根据实际情况确定。在某些专家系统中设置了如下一些项目：实例编号、提交人、提交时间、实例运行过程中出现问题、运行后得到的结论是否正确、运行时间等。为了对系统运行的实例进行记录，需要建立专用的问题实例库。

（3）记录系统的运行史

专家系统是在使用过程中不断完善的，为了对系统的进一步完善提供依据，除了记录系统的运行实例外，还需要记录系统的运行史，记录的内容与知识的检测及求精方法有关，没有统一标准。一般来说，应当记录系统运行过程中激活的知识、产生的结论以及产生这些结论的条件、推理步长、专家对结论的评价等。这些记录不仅可用来评价系统的性能，而且对知识的维护以及系统用户的解释都有重要作用。为了记录系统的运行史，需要建立运行史库以存储上述各种信息。

（4）记录知识库的发展史

对知识库的增、删、改将使知识库的内容发生变化，如果将其变化情况及知识的使用情况记录下来，将有利于评价知识的性能、改善知识库的组期、结构，达到提高系统效率的目的。为了记录知识库的发展变化情况，需要建立知识库发展史库，记录内容一般包括：

①知识库设计者及建造者的姓名、初始建成的时间。

②每条知识的编号以及它进入知识库的时间。如果知识是由不同专家提供的，还需标明提供知识的专家姓名或代号以及知识的"权"系数。

③如有知识被删除，则记录删除者的姓名、被删除的知识以及删除的时间。有时为了缩小发展史的空间，提高查找速度，也可把这些信息记录在后备库中，只在发展史库中登记相应信息在后备库中的地址。这样做既可用来恢复被错删的知识，也可用来追查错删的原因及责任等。

④如有知识被修改，则记录修改者的姓名、修改前的知识及修改时间等。也可把这些信息记录在后备库中，而把它在后备库中的地址登记在发展史库中。

⑤统计并记录各类知识的使用次数，如有可能还可对各条知识的性能进行分析。这样做一方面可对功能较弱的知识进行完善，另一方面也把使用频率较高的知识放置在容易搜索的位置上，提高系统的运行效率。

六、知识库的安全保护与保密

所谓安全保护是指不要使知识库受到破坏。知识库的建立是领域专家与知识工程师辛勤工作的成果,也是专家系统赖以生存的基础,因而必须建立严格的安全保护措施,以防止由于操作失误等主观或容观原因使知识库遭到破坏,造成严重后果。至于安全保护措施,既可以像数据库系统那样通过设置口令验证操作者的身份、对不同操作者设置不同的操作权限、预留备份等,也可以针对知识库的特点采取特殊的措施。

所谓保密是指防止知识的泄漏。知识是领域专家多年实践及研究的结晶,是极其宝贵的财富,在未取得专家同意的情况下是不能外传的。因此,专家系统要对其知识采取严格的保密措施,严防未经许可就查阅、复制等。至于保密的措施,通常用于软件加密的各种手段都可用到知识库的保密上。

第六章 数据定位——GPS定位技术

第一节 GPS伪距测量定位

美国研制GPS的主要目的是为陆海空三军提供连续、实时的导航定位。它采用双频伪随机码测距被动式定位体制。首先利用C/A码捕获、跟踪4颗以上的GPS卫星,然后,用P码测量伪距和载波多普勒频移,实现连续、实时导航定位。

GPS提供的信息,不仅可以利用伪随机码测量伪距,还可以利用载波信号,进行载波相位测量和积分多普勒测量,进行定位。载波相位测量具有很高的定位精度,广泛用于高精度测量定位。积分多普勒测量所需观测时间一般较长、精度并不很高,故未获广泛应用。

(一)GPS定位的基本概念

1.绝对定位与相对定位

(1)绝对定位

在一个待定点上,利用GPS接收机理测4颗以上的CPS卫星,独立确定待定点在地面坐标系的位置(日前为WGS-84坐标系),称之为绝对定位。绝对定位的优点是,只需用一台接收机即可独立定位,观测的组织与实施简便,数据处理简单。其主要问题是,受卫星星历误差和卫星信号在传播过程中的大气延迟误差的影响显著,定位精度较低。

(2)相对定位

在两个或若干个测量站上,设置GPS接收机,同步跟踪观测相同的GPS卫星,测定它们之间的相对位置,称为相对定位。在相对定位中,至少其中一点或几个点的位置是已知的,即其在WGS-84坐标系的坐标为已知,称之为基准点。

由于相对定位是用几点同步观测GPS卫星的数据进行定位,因此可以有效地削除或减弱许多相同的或基本相同的误差,如卫星钟的误差、卫星星历误差、卫星信号在大气中的传播延迟误差和SA的影响等,从而可获得很高的相对定位精度。但相对定位要求各站接收机必须同步跟踪观测相同的卫星,因而其作业组织和实施较为复杂,且两点间的距离受到限制,一般在1000km以内。

相对定位是高精度定位的基本方法,广泛应用于高精度大地控制网、精密工程测量、地球动力学、地震监测网和导弹、火箭外弹道测量方面。

(3)差分定位(DGPS)

差分定位是相对定位的一种特殊应用。高精度相对定位采用的是载波相位测量定位,而差分定位则采用伪随机码伪距测量定位。其基本方法是:在定位区域内,于一个或若干个已知点上设置GPS接收机作为基准站,连续跟踪观测视野内所有可见的GPS卫星的伪距,经与已知距离比对,求出伪距修正值(称为差分修正参数),通过数据传输线路,按一定格式发播。测区内的所有待定点接收机,除跟踪观测 GPS 卫星的伪距外,同时还接收基准站发来的伪距修正值,对相应的 GPS 卫星的伪距进行修正。然后,用修正后的伪距进行定位。

差分定位在基准站的支持下,利用差分修正参数改正观测伪距,从而大大消减卫星星历误差、电离层和对流层延迟误差及 SA 的影响,提高定位精度。其实时定位精度可达 10~15m,事后处理的定位精度可达 3~5m。但是差分定位需要数据传播路线,用户接收机要有差分数据接口,一个基准站的控制距离约在 200~300km 范围。

2. 静态定位与动态定位

按待定点相对地固坐标系(如 GPS 的 WGS-84 坐标系)的运动状态来区分,GPS 定位可分为静态定位与动态定位两大类。

(1)静态定位

若特定点相对于地固坐标系,没有可觉察到的运动,或者虽有微小的运动,但在一次观测期间(数小时或若干天)无法觉察到,确定这样的特定点位置,称为静态定位。

静态定位的基本特点是在 GPS 观测数据处理中,待定点的位置参数(坐标)是个常量,而没有速度分量。也就是说,静态定位的基本任务就是确定点位坐标。在静态定位中,可进行大量的重复观测,以提高定位精度。

(2)动态定位

若待定点相对于地固坐海系有显著的运动,则这样的点的定位称为动态定位。动态定位可划分为两种情况:一是导航动态定位,它要求在用户通动时,实时地确定用户的位置和速度,并根据预先选定的终点和运动路线,引导用户沿预定航线到达目的地。另一种是精密动态定位,其主要目的不是导航,而是精确确定用户各个时刻的位置和速度。精密动态定位精度要求较高,如定位误差小于 0.1m,测速小于 0.01m/s。

(二)伪距测量绝对定位

1. 基本观测量与定位模型

伪随机码测距的原理,是通过接收机的本地码与卫星信号的随机码进行相关处理,测定信号从卫星至接收机的传播时 τ'。由于基本期测量 τ' 与时钟密切相关,引入以下时间符号:$T(\text{GPS})$ 表示统一的标准时;t^s 表示卫星 S 时钟的表面时,t_k 表示接收机 K 时钟的表面时。设卫星钟和接收机时钟相对于 $T(\text{GPS})$ 标准时的钟差分别为 δt^s 和 δt_k,其定义为:

$$\begin{cases} T_s = t^s - \delta t^s \\ T_k = t_k - \delta t_k \end{cases} \tag{1}$$

假设卫星 S 于卫星钟 t^s 时刻发射信号(相应于 GPS 时 T_s),于接收机时钟 δt_k 时刻(相对于 T_k 时刻)到达接收机,通过伪随机码测定基本测量 τ',则

$$\tau' = t_k - t^s = (T_k + \delta t_k) - (T_s + \delta t^s) = (T_k - T_s) + (\delta t_k - \delta t^s) = \tau + \delta t_k - \delta t^s \tag{2}$$

将式(2)两端同乘以光速 c,得:

$$\rho = c\tau' = c\tau + c\,\delta t_k - c\,\delta t^s = R + b_k - c\,\delta t^s \tag{3}$$

式中:ρ 为实测的伪距,R 为 t^s 时刻的卫星位量至 t_k 时刻接收机之间的几何距离如式(4)所示;b_k 为接收机钟差等效距离,$b_k = c\,\delta t_k$;δt^s 为卫星钟钟差改正。

$$R = [(X^s(t^s) - X_K(t_k))^2 + (Y^s(t^s) - Y_K(t_k))^2 + (Z^s(t^s) - Z_K(t_k))^2]^{1/2} \tag{4}$$

因为在 GPS 观测中，仅能获得接收机时钟的观测时刻 t_k，而不能获得 t^s，因此需首先按：

$$t^s = t_k - \tau' = t_k - \frac{\rho}{c} \tag{5}$$

计算 t^s，然后，据广播星历按 t^s 计算卫星的坐标 (X^s, Y^s, Z^s)。应强调指出，在伪距测量定位中，必须注意计算卫星坐标的时刻 t^s 与观测时刻 t_k 的差别，否则，将会引入近 60m 的误差，因为：

$$R = R(t^s, t_k) = R(t_k - \tau', t_k) = R(t_k, t_k) - R(t_k, t_k)\tau' \tag{6}$$

对 GPS 卫星来说，$R \approx 0.9\text{km/s}$，$\tau' \approx 0.07\text{s}$

故 $R(t_k, t_k)\tau' \approx 60\text{m}$

方程式（3）即为伪距测量定位的基本模型。假设一测站 K 点上，在观测时刻，t_k 同时测得 4 颗以上的 GPS 卫星 S_j 的伪距 $\rho_k^j (j = 1, 2, \cdots)$，则依（3）式可列的 j 个方程：

$$\rho_k^j = R_k^j(t^{S_j}, t_k) + b_k - c\delta t^j \tag{7}$$

将 R_k^j 用（4）式表达，且省略时间标志，则得：

$$\rho_k^j = [(X^j - X_k)^2 + (Y^j - Y_k)^2 + (Z^j - Z_k)^2]^{1/2} + b_k - c\delta t^j \quad (j = 1, 2, \cdots) \tag{8}$$

方程式（8）中，未知参数为特定点坐标 (X_k, Y_k, Z_k) 和接收机钟差参数 b_k；卫星 S_j 的坐标 (X^j, Y^j, Z^j) 和钟差 δt^j 由广播星历按照 $t^{S_j} = t_k - \rho_k^j/c$ 求得；伪距 ρ_k^j 为观测量。显然，当观测卫星个数 $j \geqslant 4$，即可求得 4 个未知参数。这就是伪距测量定位原理。

由上可知，由于将接收机钟差参数 b_k 作为一个未知参数来求解，因此在一点三维定位中，至少需要 4 个观测量才能定位。这样做的好处是，对接收机时钟要求不高，可使接收机成本大大下降。另外，在定位的同时，还定了时间。所以，实质上是四维定位，其伪距测量定位如图 6-1 所示。

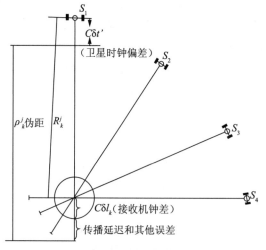

图 6-1　伪距测量定位的示意图

2. 伪距定位解算

（1）组成观测误差方程

根据伪距基本方程式（8），考虑电离层延迟 $\delta\rho_{km}^j$，对流层延迟 $\delta\rho_{kP}^j$ 和观测随机误差 v_k^j，可组成观测误差方程：

$$\rho_k^j = [(X^j - X_k)^2 + (Y^j - Y_k)^2 + (Z^j - Z_k)^2]^{1/2} + b_k - c\delta t^j + \delta\rho_{km}^j + \delta\rho_{kP}^j + v_k^j \quad (9)$$

在实际定位解算中，根据待定点的概略坐标 (X_k^0, Y_k^0, Z_k^0)，用 $X_k = X_k^0 + \delta X_k$，$Y_k = Y_k^0 + \delta Y_k$，$Z_k = Z_k^0 + \delta Z_k$ 代入式（9），并用泰勒级数将其展开，将观测方程线性化。得：

$$v_k^j = l_k^j \delta X_k + m_k^j \delta X_k + n_k^j \delta X_k - b_k + \rho_k^j - \widetilde{R}_k^j + c\delta t^j - \delta\rho_{km}^j - \delta\rho_{kP}^j \quad (10)$$

式中：(l_k^j, m_k^j, n_k^j) 为待定点 $k \sim$ 卫星 S_j 的观测矢量的方向余弦

$$l_k^j = \frac{(X^j - X_k^0)}{\widetilde{R}_k^j}; m_k^j = \frac{(Y^j - Y_k^0)}{\widetilde{R}_k^j}; n_k^j = \frac{(Z^j - Z_k^0)}{\widetilde{R}_k^j} \quad (11)$$

式中：$\widetilde{R}_k^j$ 为 $k \sim S_j$ 距离 R_k^j 的近似值

$$\widetilde{R}_k^j = [(X^j - X_k^0)^2 + (Y^j - Y_k^0)^2 + (Z^j - Z_k^0)^2]^{1/2} \quad (12)$$

（2）计算卫星 S_j 在 t^{S_j} 时刻的坐标和钟差

首先根据配测时刻 t_k 和观测伪距 ρ_k^j，计算卫星 S_j 信号发射时刻：

$$t^{S_j} = t_k - \frac{\rho_k^j}{c}$$

然后，计算卫星 S_j 在 t^{S_j} 时刻的坐标和时钟差。

（3）电离层与对流层延迟改正的计算

按式（4）的有关公式计算

（4）定位解算

首先根据卫星坐标和 k 点概略坐标，计算 (l_k^j, m_k^j, n_k^j) 和 $\widetilde{R}_k^j$，并将观测方程（10）式中的已知项用 L_k^j 表示，即得

$$v_k^j = l_k^j \delta X_k + m_k^j \delta Y_k + n_k^j \delta Z_k - b_k - L_k^j \quad (13)$$

式中：L_k^j 为观测误差方程的常数项，或称自由项

$$L_k^j = \widetilde{R}_k^j - \rho_k^j - c\delta t^j + \delta\rho_{km}^j - \delta\rho_{kP}^j \quad (14)$$

将式（13）写成矩阵形式，为

$$V = AX - L \quad (15)$$

式中：

X 为待定参数矢量

$$X = [\delta X_k \ \delta Y_k \ \delta Z_k \ b_k]^T \quad (16)$$

A 为位置参数的系数矩阵

$$A = \begin{bmatrix} l_k^1 & m_k^1 & n_k^1 & -1 \\ l_k^2 & m_k^2 & n_k^2 & -1 \\ \vdots & \vdots & \vdots & \vdots \\ l_k^n & m_k^n & n_k^n & -1 \end{bmatrix} \tag{17}$$

L 为常数项矢量

$$L = [L_k^1 \, L_k^2 \cdots L_k^n]^{\mathrm{T}} \tag{18}$$

V 为改正数(残差)矢量

$$V = [v_k^1 \, v_k^2 \cdots vL_k^n]^{\mathrm{T}} \tag{19}$$

根据观测卫星个数,定位解算有两种情况:

(1)当观测 4 颗卫星时($n = 4$)

此时只能忽略观测随机误差,求得代数解。即式(15)写成:

$$AX - L = 0 \tag{20}$$

其代数解为:

$$X = A^{-1}L \tag{21}$$

(2)当观测 4 颗以上卫星时($n > 4$)

此时需根据观测方程式(15),用最小二乘法求解。即组成法方程:

$$A^{\mathrm{T}}AX = A^{\mathrm{T}}L \tag{22}$$

解法方程,求得未知参数矢量 X :

$$X = (A^{\mathrm{T}}A)^{-1}A^{\mathrm{T}}L \tag{23}$$

求解出 $X = [\delta X_k \, \delta Y_k \, \delta Z_k \, b_k]^{\mathrm{T}}$ 后,即可按:

$$\begin{bmatrix} X_k \\ Y_k \\ Z_k \end{bmatrix} = \begin{bmatrix} X_k^0 + \delta X_k \\ Y_k^0 + \delta Y_k \\ Z_k^0 + \delta Z_k \end{bmatrix} \tag{24}$$

求得待定点坐标。

(三)伪距测量相对定位

1. 相对定位概述

为了消除或减弱各误差的影响,提高定位精度,人们提出并采用相对定位的方法。

相对定位就是在两个或多个点上,同时设置 GPS 接收机,各站同步观测相同的 GPS 卫星,以确定两点间在 WGS-84 地固坐标系的相对位置或两点间的基线矢量。因此,要确定各点在 WGS-84 坐标系的绝对坐标,必须至少已知其中一点在 WGS-84 坐标系的精确坐标,作为基准点。

由于相对定位是在两站或多站同步跟踪相同的 GPS 卫星,所以卫星的星历误差、卫星钟差、接收机钟差和电离层、对流层延迟误差,对同一颗卫星的两站观测值的影响是相同的或基本相同,因此,通过相对定位可有效地消除或减弱这些误差的影响,提高定位精度。

相对定位有两类解算方法:一是用直接观测值组成定位观测误差方程、法方程,一并解算出两点间的相对位置;另一类方法是将直接观测值进行不同的线性组合,构成虚拟观测值,由虚拟观测值组成相应的观测误差方程,进行相对定位解算。

直接观测值的相对定位,其最简单的方法为:两点各自根据观测值,组成观测误差方程,各自答解出点位坐标;然后求两点间的坐标差,即两点的相对位置。在已知其中一点坐标时,即可求得另一点的坐标。

目前,相对定位中广泛采用的方法是由直接观测值线性组合构成虚拟观测值的方法,即所谓的求差法。

2. 直接观测值的线性组合

设已知点为 D 点,其在 WGS-84 坐标系的坐标为 $(X_D \text{、} Y_D \text{、} Z_D)$;待定点为 K 点,其概略坐标为 $(X_k^0 \text{、} Y_k^0 \text{、} Z_k^0)$ 。在 t_i 时刻,D 与 K 两点同步跟踪观测相同的卫星 j ,其伪距观测值分别为 $\rho_D^j(t_i)$ 和 $\rho_K^j(t_i)$ 。

直接观测值 $\rho_D^j(t_i)$ 和 $\rho_K^j(t_i)$ 通过线性组合构成虚拟观测值可以有多种方式。目前,广泛采用的是求差法:站同观测值一次差,构成单差虚拟观测值;两站和卫星间求二次差,构成双差虚拟观测值;两站、卫星和历元间求三次差,构成三差虚拟观测值。

(1)站间求一次差的单差观测值 $\Delta\rho_{DK}^j(t_i)$

将两站于 t_i 时刻同步观测卫星 j 的伪距观测值 $\rho_D^j(t_i)$ 和 $\rho_K^j(t_i)$ 作差,构成新的虚拟观测值 $\Delta\rho_{DK}^j(t_i)$,称为单差观测值。

$$\Delta\rho_{DK}^j(t_i) = \rho_K^j(t_i) - \rho_D^j(t_i) \tag{25}$$

显然,当各直接观测值为独立的等精度的,则单差观测值都是彼此独立的等精度的。

(2)双差虚拟观测值

设在历元时刻 t_i ,两站同步观测两颗卫星 p 和 j ,其伪距观测值为 $\rho_D^p(t_i)$ 、$\rho_D^j(t_i)$ 和 $\rho_K^p(t_i)$ 、$\rho_K^j(t_i)$,构成单差观测值为 $\Delta\rho_{DK}^p(t_i)$ 和 $\Delta\rho_{DK}^j(t_i)$ 。若再取此两卫星单差观测值之差,即构成双差虚拟观测值 $\Delta\rho_{DK}^{pj}(t_i)$:

$$\Delta\rho_{DK}^{pj}(t_i) = \Delta\rho_{DK}^j(t_i) - \Delta\rho_{DK}^p(t_i) \tag{26}$$

当两站同步观测多颗卫星时,构成双差观测值的方法是,首先选择一个卫星作参考卫星,其他卫星的单差观测值均与该参考卫星单差观测值作差而组成双差观测值。

(3)三差虚拟观测值

在两相邻历元 t_i 、t_{i+1} 的双差观测值,再次作差即构成三差观测值 $\Delta\rho_{DK}^{pj}(t_i, t_{i+1})$:

$$\Delta\rho_{DK}^{pj}(t_i, t_{i+1}) = \Delta\rho_{DK}^{pj}(t_{i+1}) - \Delta\rho_{DK}^{pj}(t_i) \tag{27}$$

显然,由于构成双差观测值的参考卫星是相同的,双差观测值在同一历元是相关的,所以三差观测值是相关的。三差观测值是相邻历元双差观测值作差,$\Delta\rho_{DK}^{pj}(t_{i+1})$ 和 $\Delta\rho_{DK}^{pj}(t_{i+1}, t_{i+2})$ 都使用,所以相邻历元的三差观测值也是相关的。使用三差观测值定位时,可根据实际观测情况,应用权逆阵传播律,导出其具体的权逆阵。

3. 单差观测值相对定位

根据单点绝对定位的基本观测方程式(9),可列得 D 和 K 点的基本观测方程为

$$\begin{cases} \rho_D^j(t_i) = R_D^j(t_i) + b_D(t_i) - C\delta t^j(t_i) + \delta\rho_{Dm}^j(t_i) + \delta\rho_{DP}^j(t_i) + v_D^j(t_i) \\ \rho_K^j(t_i) = R_K^j(t_i) + b_K(t_i) - C\delta t^j(t_i) + \delta\rho_{Km}^j(t_i) + \delta\rho_{KP}^j(t_i) + v_K^j(t_i) \end{cases} \tag{28}$$

两式作差即构成单差观测的基本观测方式:

$$\Delta\rho^j_{DK}(t_i) = \rho^j_K(t_i) - \rho^j_D(t_i) = R^j_K(t_i) - R^j_D(t_i)$$
$$+ [b_K(t_i) - b_D(t_i)] + [\delta\rho^j_{Km}(t_i) - \delta\rho^j_{Dm}(t_i)]$$
$$+ [\delta\rho^j_{KP}(t_i) - \delta\rho^j_{DP}(t_i)] + [v^j_K(t_i) - v^j_D(t_i)] \tag{29}$$

由式(29)可看出,单差观测方程中已消除了卫星钟差δt^j;电离层、对流层延迟已是两点的延迟之差。当两点相距不远时,可近似认为,$\delta\rho^j_{Dm}(t_i) \approx \delta\rho^j_{Km}(t_i)$,$\delta\rho^j_{Dp}(t_i) \approx \delta\rho^j_{Kp}$,即电离层、对流层延迟的影响基本可以消除。而接收机钟差参数变为两站接收机钟差之差。现将式(29)简化为:

$$\Delta\rho^j_{DK}(t_i) = R^j_K(t_i) - R^j_D(t_i) + b_{DK}(t_i) + v^j_{DK}(t_i) \tag{30}$$

式中:

$$\begin{cases} R^j_K(t_i) = \{[X^j(t_i) - X_K(t_i)]^2 + [Y^j(t_i) - Y_K(t_i)]^2 + [Z^j(t_i) - Z_K(t_i)]^2\}^{1/2} \\ R^j_D(t_i) = \{[X^j(t_i) - X_D]^2 + [Y^j(t_i) - Y_D]^2 + [Z^j(t_i) - Z_D]^2\}^{1/2} \\ b_{DK}(t_i) = b_K(t_i) - b_D(t_i) \\ v^j_{DK}(t_i) = v^j_K(t_i) - v^j_D(t_i) \end{cases} \tag{31}$$

其中,(X_K, Y_K, Z_K)和b_{DK}为待定的未知参数;已知点D至卫星的距离$R^j_D(t_i)$为已知值。当已知待定点K的概略坐标(X^0_k, Y^0_k, Z^0_k)时,则可将式(31)线性化为:

$$v^j_{DK}(t_i) = l^j_k(t_i)\delta X_K + m^j_k(t_i)\delta Y_K + n^j_k(t_i)\delta Z_K - b_{DK}(t_i) + \Delta\rho^j_{DK}(t_i) - \widetilde{R}^j_K(t_i) + R^j_D(t_i) \tag{32}$$

式中,$\Delta\rho^j_{DK}(t_i)$为单差观测值,$\widetilde{R}^j_K(t_i)$为K点至卫星的距离概值:$\widetilde{R}^j_K(t_i) = \{[X^j(t_i) - X^0_k(t_i)]^2 + [Y^j(t_i) - Y^0_k(t_i)]^2 + [Z^j(t_i) - Z^0_k(t_i)]^2\}^{1/2}$,$R^j_D(t_i)$为D点至卫星的距离,都是已知值。将它们归并为常数项$L^j_{DK}(t_i)$,则上式写成:

$$v^j_{DK}(t_i) = l^j_k(t_i)\delta X_K + m^j_k(t_i)\delta Y_K + n^j_k(t_i)\delta Z_K - b_{DK}(t_i) - L^j_{DK}(t_i) \tag{33}$$

式中:

$$L^j_{DK}(t_i) = \widetilde{R}^j_K(t_i) - R^j_D(t_i) - \Delta\rho^j_{DK}(t_i) \tag{34}$$

写成矩阵形式:$V = AX - L$

在动态定位中,若历元时刻t_i两站同步观测4颗以上卫星,则可作式(33)组成法方程式:

$$A^T A X = A^T L$$

解得:

$$X = (A^T A)^{-1} A^T L \tag{35}$$

此时系数阵A与单点绝对定位相同,不同的是常数项矢量不同。另外,按:

$$\sigma_0 = \sqrt{\frac{V^T V}{n - 4}} \tag{36}$$

计算出的观测值单位权均方差σ_0,是单差观测值的均方差。伪距观测值均方差σ为:

$$\sigma = \sqrt{\frac{1}{2}}\,\sigma_0 \tag{37}$$

未知参数 X 的权逆阵和协方差阵为:

$$\begin{cases} Q_{XX} = (A^{\mathrm{T}}A)^{-1} \\ D_{XX} = Q_{XX} \cdot \sigma_0 \end{cases} \tag{38}$$

在单点静态定位中,要进行多次重复观测。设其时间段为 $(t_1 \sim t_N)$,则可组成 $n \times N$ 个单差观测误差方程(n 为每个历元 t_i 观测的卫星数),由观测误差方程组成法方程,解算未知参数和进行精度估计。此时,与动态单差定位不同的是,接收机钟差参数 $b_{DK}(t_i)$,在不同历元 t_i 不是一个常量,而应顾及变化。一般可用二阶或三阶多项式来描述:

$$b_{DK}(t_i) = b_{DK_0} + b_{DK_1}(t_i - t_0) + b_{DK_2}(t_i - t_0)^2 + b_{DK_3}(t_i - t_0)^3 \tag{39}$$

式中,t_0 为参考时刻,一般可进择 $(t_1 \sim t_N)$ 的中央历元时刻为参考时刻。

由于钟差参数增加到4个,所以待求参数就变成7个:

$$X = [\delta X_K \ \delta Y_K \ \delta Z_K \ b_{DK_0} \ b_{DK_1} \ b_{DK_2} \ b_{DK_3}]^{\mathrm{T}} \tag{40}$$

4. 双差观测值相对定位

由式(32)可组成参考星 W 和其他卫星 j 的单差观测方程:

$$v_{DK}^w(t_i) = l_k^w(t_i)\,\delta X_K + m_k^w(t_i)\,\delta Y_K + n_k^w(t_i)\,\delta Z_K - b_{DK}(t_i) + \Delta\rho_{DK}^w(t_i) - \widetilde{R}_K^w(t_i) + R_D^w(t_i)$$

$$v_{DK}^j(t_i) = l_k^j(t_i)\,\delta X_K + m_k^j(t_i)\,\delta Y_K + n_k^j(t_i)\,\delta Z_K - b_{DK}(t_i) + \Delta\rho_{DK}^j(t_i) - \widetilde{R}_K^j(t_i) + R_D^j(t_i)$$

两单差观测方程作差,即组成双差观测方程:

$$v_{DK}^{wj}(t_i) = l_k^{wj}(t_i)\,\delta X_K + m_k^{wj}(t_i)\,\delta Y_K + n_k^{wj}(t_i)\,\delta Z_K + \Delta\rho_{DK}^{wj}(t_i)$$
$$- [\widetilde{R}_K^j(t_i) - \widetilde{R}_K^w(t_i)] + [R_D^j(t_i) - R_D^w(t_i)] \tag{41}$$

式中:

$$\begin{cases} l_k^{wj}(t_i) = l_k^j(t_i) - l_k^w(t_i) \\ m_k^{wj}(t_i) = m_k^j(t_i) - m_k^w(t_i) \\ n_k^{wj}(t_i) = n_k^j(t_i) - n_k^w(t_i) \end{cases} \tag{42}$$

$\Delta\rho_{DK}^{wj}(t_i)$ 为双差观测值

$$\Delta\rho_{DK}^{wj}(t_i) = \Delta\rho_{DK}^j(t_i) - \Delta\rho_{DK}^w(t_i) \tag{43}$$

由双差观测方程式(41)可知,其接收机钟差参数 $b_{DK}(t_i)$ 已被消除,而待定参数仅剩下待定点 K 的坐标改正数(δX_K、δY_K、δZ_K)。

将式(41)中的已知量合并为常数项 $L_{DK}^{wj}(t_i)$

$$L_{DK}^{wj}(t_i) = [\widetilde{R}_K^j(t_i) - \widetilde{R}_K^w(t_i)] - [R_D^j(t_i) - R_D^w(t_i)] - \Delta\rho_{DK}^{wj}(t_i) \tag{44}$$

则双差观测值的观测误差方程为

$$v_{DK}^{wj}(t_i) = l_{Dk}^{wj}(t_i)\,\delta X_K + m_{Dk}^{wj}(t_i)\,\delta Y_K + n_{Dk}^{wj}(t_i)\,\delta Z_K - L_{DK}^{wj}(t_i) \tag{45}$$

写成矩阵形式为

$$V = AX - L \tag{46}$$

由于双差观测值是相关的,其权逆阵为 Q,故按最小二乘法进行数据处理时,其法方程为:

$$\begin{cases} A^{\mathrm{T}} Q^{-1}AX = A^{\mathrm{T}} Q^{-1}L \\ \text{或} A^{\mathrm{T}}PAX = \text{或} A^{\mathrm{T}}PL \ (P = Q^{-1}) \end{cases} \tag{47}$$

解法方程得未知参数 X

$$X = (A^{\mathrm{T}}PA)^{-1}A^{\mathrm{T}}PL \tag{48}$$

精度估计：

（1）单位权均方差

$$\sigma_0 = \sqrt{\frac{V^{\mathrm{T}}PV}{N(n-4)-3}} \tag{49}$$

（2）未知参数的权逆阵和协方差阵

$$\begin{cases} Q_{XX} = (A^{\mathrm{T}}PA)^{-1} \\ D_{XX} = Q_{XX} \cdot \sigma_0^2 \end{cases} \tag{50}$$

第二节　GPS 载波相位测量定位

（一）载波相位测量原理

载波相位测量是测定 GPS 载波信号在传播路程上的相位变化值，以确定信号传播的距离（图6-2）。卫星 S 发出一个载波信号，在任一时刻 t 其在卫星 S 处的相位为 ϕ_S，而此时经距离 ρ 传播到接收机 K 处的信号，其相位为 ϕ_K，则由 $S \sim K$ 的相位变化为 $(\phi_S - \phi_K)$。$(\phi_S - \phi_K)$ 包括了整周数和不足一周的小数部分。为方便计，载波相位均以周数为单位。如果能测定 $(\phi_S - \phi_K)$，则卫星 S 至接收机 K 的距离 ρ 即为：

$$\rho = \lambda(\phi_S - \phi_K) = \lambda(N_0 - \Delta\phi) \tag{51}$$

式中，N_0 为载波相位 $(\phi_S - \phi_K)$ 的（t 时刻）整周数部分；$\Delta\phi$ 为不足一周的小数部分；λ 为载波的波长，为已知值。

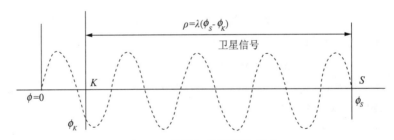

图6-2　载波相位测量示意图

伪随机码测定伪距，其测量精度大约是一码元宽度的 1/100，P 码约为 30cm，C/A 码约为 3m。由于载波频率高（L_1：1575.42MHz）；（L_2：1227.6MHz），波长短（$\lambda_1 = 19.05\mathrm{cm}$，$\lambda_2 = 24.45\mathrm{cm}$），所以，载波相位测量的相位精度可以达到很高。所以，在高精度测量定位中，普遍采用载波相位测量定位方法。另外，由于它直接测量载波相位，可不受 P 码保密的限制。

载波信号是一种周期性的正弦信号，实际相位测量只能测定不足一周的小数部分，因此存在整周致 N_0 模糊度问题。另外，在载波相位测量中，要连续跟踪载波，但由于接收机故障和外界干扰等因素的影响，经常会引起跟踪卫星的暂时中断，而产生周跳问题。整周模糊度和周跳是载波相位测量的两个主要问题，给数据处理工作增加不少麻烦和困难。

1. 重建载波

要测量载波相位,首先在接收机内要重新获取纯净的载波。这一工作称为重建载波。重建载渡一般可采用两种方法,即码相关法和平方法。采用码相关法重建波信号,用户必须知道测距码的结构,即接收机必须能产生与测距码结构完全相同的本地码。用码相关法恢复载波时用户可同时获得测距信号和卫星导航电文。

平方法是利用调制波取值为±1的二进制信号波形,其自乘结果恒等于1,来获取纯净的载波(图6-3),天线接收到GPS信号以后,经过变频而得到一个中频GPS信号。后者的结构没有发生变化,仅载波频率被降低了。将中频GPS号进行自乘,即:

$$U^2 = A^2 \cos^2(\omega_0 t + \phi) = \frac{A^2}{2}[1 + \cos(2\omega_0 t + 2\phi)] \tag{52}$$

因中频GPS信号U的调制波A是取值±1的二进制信号波形,其自乘结果恒等于1。因此,乘法器B的输出信号是一种纯净载波。

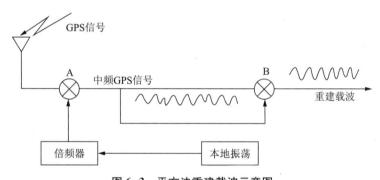

图6-3　平方法重建载波示意图

2. 载波相位测量原理

在式(1)中,我们假设在同一时刻t_i,既测定载波在卫星S处的相位体ϕ_s,又测定载波在接收机处的相位ϕ_k,求得$(\phi_s - \phi_k)$。但实际上,我们无法测量到ϕ_s。因此这种方法是无法实施的。解决这一问题的办法是:如果接收机的振荡器能产生一个频率和初相与卫星处载波信号完全相同的基准信号,则任一时刻t_i在接收机的基准信号的相位就等于卫星处载波信号的相位。因此,只要测定接收机基准信号相位,问题便迎刃而解(图6-4),在任一时刻t_i,载波在卫星S处的相位$\phi_s(t_i)$等于接收机基准信号的相位$\phi_k(t_i)$,即$\phi_k(t_i) = \phi_s(t_i)$。此时刻到达接收机$K$处

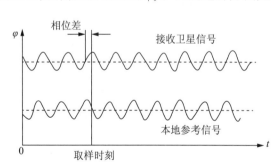

图6-4　载波相位测量定位原理示意图

的载波信号的相位为$\phi_k(t_i)$。因此,测定基准信号与接收到的卫星载波信号的相位差$[\phi_k(t_i) - \phi_k(t_i)]$,即可求得GPS信号传播的距离,$\rho = [\phi_k(t_i) - \phi_k(t_i)]$。

由于GPS载波信号在传播中有多普勒效应,接收机接收到的载波频率与本机基准信号的频率是有差别的。经混频后,得到差频率后的中频信号。该中频信号的相位值即为所接

收到的载波信号与本机基准信号的相位差。因此,实际的载波相位测量是通过测定中频载波信号的相位值,来获得接收机基准信号与接收到的载波信号的相位差。

(二)载波相位测量定位原理

载波相位测量与时间密切相关,而卫星钟和接收机钟都有不可避免的钟差。当涉及多站同步观测时,各卫星和接收机的钟差大小各异,因此在载波相位测量中,必须采用统一的时间标准,即标准的 GPS 时。为此,我们首先引入以下符号:

T ——理想的 GPS 时刻;

t^j ——卫星 S^j 钟时刻;

t ——接收机钟时刻;

δt^j ——卫星 S^j 时钟相对 GPS 时的钟差;

δt_k ——接收机 K_i 时钟相对 GPS 时的钟差;

τ^j_k ——卫星信号由 S^j 至接收机 K_i 的传播时间。

1. 载波相位测量的观测值

载波相位测量需要连续跟踪卫星,通过中频信号测定接收机 K_i 在 t_i 时刻的基准信号与接收到的载波信号的相位差。

（1）首次观测值

设在 T_1 时刻进行首次载波相位测量,此时接收机基准信号相位为 $\phi_k(T_0)$,接收到的来自卫星的载渡信号的相位为 $\phi^j(T_0)$,因此要测定的相位差为 $\phi^j_k(T_1)$,其中包括整周数 N_0 和不足一周的数部分 $\delta\phi^j_k(T_1)$ 。

$$\phi^j_k(T_1) = \phi_k(T_1) - \phi^j_0(T_1) = N^j_k + \delta\phi^j_k(T_1)$$

在实际测量中,我们只能测定不足一周的小数部分 $\delta\phi^j_k(T_1)$,而整周数 N^j_k 无法测定,而成为一个待定的来知参数,所以首次相位测量的观测值为 $\delta\phi^j_k(T_1)$ 。

（2）其余各次观测值

在首次测量以后,在连续跟踪卫星的情况下,可连续测量中频载波信号的相位变化。因此,可以测定 T_1 至 T_i 的整周数 ΔN 和不足一周的小数部分(图 6-5)。所以:

$$\phi^j_k(T_i) = \phi_k(T_i) - \phi^j_k(T_i) = N^j_k + \Delta N^j_k(T_i) + \delta\phi^j_k(T_1) \tag{53}$$

写成:

$$\phi^j_k(T_i) = N^j_k + \Delta\phi^j_k(T_i) \tag{54}$$

在 T_i 时刻的相位测量的观测值为 $\Delta\phi^j_k(T_i)$ 。它是由两部分组成,一是 $T_1 \sim T_i$ 的整周数变化 ΔN ,二是不足一周的小数部分。另外,还可知道,在连续相位测量中,各次测量中均包含一个共同的整周数 N^j_k 。它是首次测量的整周数。

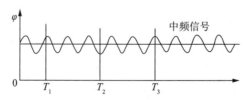

图 6-5 中频信号相位测量

2. 载波相位观测方程

载波相位测量的观测值,是以标准的 GPS 时 T 为基准。但实际测量时是以接收机时钟钟面时 t_i 进行观测的。因此,实际观测值为:

$$\phi_k^j(t_i) = \phi_k(t_i) - \phi_k^j(t_i) = N_k^j + \Delta N(t_i) + \delta\phi_k^j(t_i)$$

式中的 $\phi_k^j(T_i)$ 是卫星发射时刻的载波相位。设发射时刻为卫星钟时 t^j,故上式写成:

$$\phi_k^j(t_i) = \phi_k(t_i) - \phi^j(t^j) = N_k^j + \Delta N(t_i) + \delta\phi_k^j(t_i) = N_k^j + \Delta\phi_k^j(t_i) \tag{55}$$

由于接收机时钟和卫星时钟均有钟差 δt_k 和 δt^j,故:

$$\begin{cases} t_i = T_i + \delta t_k(t_i) \\ t^j = T_j + \delta\phi^j(t_i) = T_i - \tau_k^j + \delta\phi^j(t_i) \end{cases} \tag{56}$$

将此式代入式(55),可得:

$$\phi_k^j(t_i) = \phi_k(T_i) + f_k\delta t_k(t_i) - \phi^j(T_i) + f^j\tau_k^j - f^j\delta t^j(t_i) = N_k^j + \Delta\phi_k^j(t_i)$$

由于 $\phi_k(T_i) = \phi^j(T_i)$,所有

$$\phi_k^j(t_i) = f^j\tau_k^j + f_k\delta t_k(t_i) - f^j\delta t^j(t_i) = N_k^j + \Delta\phi_k^j(t_i)$$

式中:f^j、f_k 为卫星 S^j 载波信号频率和接收机 K_i 基准信号频率:

$$f^j = f_k = f$$

因此,上式可写成:

$$\phi_k^j(t_i) = f\tau_k^j + f\delta t_k(t_i) - f\delta t^j(t_i) = N_k^j + \Delta\phi_k^j(t_i)$$

将式(54)代入上式,即得:

$$\phi_k^j(t_i) = \frac{f}{c}\rho_k^j(t_i)\left[1 - \frac{1}{c}\rho_k^j(t_i)\right] + f\left[1 - \frac{1}{c}\rho_k^j(t_i)\right]\delta t_k(t_i) - f\delta t^j(t_i) = N_k^j + \Delta\phi_k^j(t_i) \tag{57}$$

此式即为载波相位基本观测方程。式中 $\Delta\phi_k^j(t_i)$ 为实际观测值,它是由 $\Delta N_k^j(t_i)$ 和 $\delta\phi_k^j(t_i)$ 组成。在初始观测历元 t_1 时,$\Delta N_k^j(t_0) = 0$。若考虑电离层、对流层延迟 $\delta\rho_{km}^j$,$\delta\rho_{kp}^j$ 和随机观测误差 $v_k^j(t_i)$,则上式可写成:

$$v_k^j(t_i) = -\frac{f}{c}\rho_k^j(t_i)\left[1 - \frac{1}{c}\rho_k^j(t_i)\right] - f\left[1 - \frac{1}{c}\rho_k^j(t_i)\right]\delta t_k(t_i) + f\delta t^j(t_i) + N_k^j$$
$$+ \Delta\phi_k^j(t_i) + \frac{f}{c}[\delta\rho_{km}^j(t_i) + \delta\rho_{kp}^j(t_i)] \tag{58}$$

此式便是载波相位测量的观测误差方程。它是以周为单位的。

若上式两边同乘以 $\lambda = c/f$,则可得以距离表示的观测误差方程:

$$v_k^j(T_i) = -\rho_k^j(t_i)\left[1 - \frac{1}{c}\rho_k^j(t_i)\right] - c\left[1 - \frac{1}{c}\rho_k^j(t_i)\right]\delta t_k(t_i)$$
$$+ c \cdot \delta t^j(t_i) + \lambda N_k^j + \lambda\Delta\phi_k^j(t_i) + [\delta\rho_{km}^j(t_i) + \delta\rho_{kp}^j(t_i)] \tag{59}$$

此式又称为测相伪距观测误差方程。为简单计,式中随机观测误差仍以 $v_k^j(t_i)$ 表示,但它的单位是 m。

简化的测相观测误差方程:

$$v_k^j(t_i) = -\frac{f}{c}\rho_k^j(t_i) - f\delta t_k(t_i) + f\delta t^j(t_i) + N_k^j + \Delta\phi_k^j(t_i) + \frac{f}{c}[\delta\rho_{km}^j(t_i) + \delta\rho_{kp}^j(t_i)]$$

$$(60)$$

测相伪距观测误差方程:

$$v_k^j(t_i) = -\rho_k^j(t_i) - c\delta t_k(t_i) + c\cdot\delta t^j(t_i) + \lambda N_k^j + \lambda\Delta\phi_k^j(t_i) + [\delta\rho_{km}^j(t_i) + \delta\rho_{kp}^j(t_i)]$$

$$(61)$$

比较测相伪距观测方程式(61)上节测码伪距观测方程(10),可以得出,式(61)除了增加一项载波相位整周未知数 N_k^j 以外,和测码伪距观测方程完全相似。

3. 载波相位测量绝对定位

观测误差方程中,$\Delta\phi_k^j(t_i)$ 是相位观测值,为已知;$\tilde{\rho}_{k_0}^j(t_i)$ 是接收卫星坐标和接收机概略坐标计算的概略距离,为已知;$c\delta t^j(t_i)$ 卫星钟差可利用导航电文中给出的参数计算;电离层和对流层延迟可按式(4)所述方法计算。这些已知量统称为常数项用 $L_k^j(t_i)$ 表示。观测误差方程中的待定未知参数是观测点的 3 个坐标改正数 $(\delta X_k, \delta Y_k, \delta Z_k)$,$j$ 个卫星的相位整周数 N_k^j 和接收机钟差 δt_k,共为 $(4+j)$ 个。

设常数项为 $L_k^j(t_i)$

$$L_k^j(t_i) = -[\lambda\Delta\phi_k^j(t_i) + c\delta t^j(t_i) + \delta\rho_{km}^j(t_i) + \delta\rho_{kp}^j(t_i) - \tilde{\rho}_{k_0}^j(t_i)]$$

$$(62)$$

则观测误差方程可写成:

$$v_k^j(t_i) = [l_k^j(t_i)\ m_k^j(t_i)\ n_k^j(t_i)]\begin{bmatrix}\delta X_k(t_i)\\ \delta Y_k(t_i)\\ \delta Z_k(t_i)\end{bmatrix} - c\delta t_k(t_i) + \lambda N_k^j - L_k^j(t_i)$$

$$(63)$$

显然,这比伪随机码伪距测量的观测误差方程(13)式多了 j 个未知参数 N_k^j。因此,在一个观测站上仅于一个观测历元 t_i 观测 4 颗以上的卫星,是无法定位的。也就是说,载波相位测量无法进行实时绝对定位。

当在一个观测站进行静态定位时,可进行多个历元 $t_i(i=l,2,\cdots,m)$ 的观测,而此时观测站的坐标分量改正数是不随历元 t_i 变化的 $(\delta X, \delta Y, \delta Z)$,故可利用载波相位测量进行绝对定位。但此时各历元 t_i 的接收机钟差 $\delta t_k(t_i)$ 不是固定值,一般可用二阶或三阶多项式来描述,现设为:

$$\delta t_k(t_i) = a_0 + a_1(t_i - t_0) + a_2(t_i - t_0)^2$$

$$(64)$$

式中 t_0 为选定的参考时刻。

将式(64)代入式(63),则得:

$$v_k^j(t_i) = [l_k^j(t_i)\ m_k^j(t_i)\ n_k^j(t_i)]\begin{bmatrix}\delta X_k(t_i)\\ \delta Y_k(t_i)\\ \delta Z_k(t_i)\end{bmatrix}$$

$$- c[a_0 + a_1(t_i - t_0) + a_2(t_i - t_0)^2] + \lambda N_k^j - L_k^j(t_i)$$

$$(65)$$

此时,若观测历元为 m 个,每个历元观测 n 颗卫星,则总观测值数为 mn 个。而待定的未知参数为:3 个坐标分量改正数,3 个接收机时钟钟差参数,n 个整周模糊度参数,总计为 $(6 +$

n）个。因此为了求解未知参数,观测值总数必须满足:

$$mn \geqslant 6 + n$$

观测历元数:

$$m \geqslant (6 + n) / n$$

当每个历元观测 4 颗卫星($n = 4$)时,则

$$m \geqslant 10/4$$

即至少要观测 3 个历元,才能进行绝对定位。

当观测时间较短,定位精度要求不太高时,可以把各观测历元接收机钟差看作为一个相同的参数,此时待定未知参数即变为($4 + n$)个。因此,在各历元同步观测 4 颗卫星的情况下,至少必须观测 2 个历元才能定位。

现令:

$$b_0 = c \, a_0, b_1 = c \, a_1, b_2 = c \, a_2 \tag{66}$$

则观测误差方程式(65)写成:

$$v_k^j(t_i) = [\, l_k^j(t_i) \; m_k^j(t_i) \; n_k^j(t_i) \,] \begin{bmatrix} \delta X_k(t_i) \\ \delta Y_k(t_i) \\ \delta Z_k(t_i) \end{bmatrix} - [\, 1(t_i - t_0) \; (t_i - t_0)^2 \,] \begin{bmatrix} b_0 \\ b_1 \\ b_2 \end{bmatrix} - N_k^j - L_k^j(t_i)$$

$$\tag{67}$$

$i = 1, 2, 3, \cdots, m$(观测历元数)

$j = 1, 2, \cdots, n$(各历元观测卫星数)

则式(67)为 $n \times m$ 个观测误差方程构成的方程组,将其写成矩阵形式:

$$V = AX - L \tag{68}$$

式中:X 为待定的未知参数矢量:$X = [\delta X_k \, \delta Y_k \, \delta Z_k \, b_0 \, b_1 \, b_2 \, N_k^1 \, N_k^2 \cdots\cdots N_k^m]^T$

　　　L 为常数项矢量;

　　　V 为残差矢量;

　　　A 为待定位置参数的系数阵。

组成法方程:

$$(A^T A) \, X - A^T L = 0 \tag{69}$$

解法方程,求得未知参数 X:

$$X = (A^T A)^{-1} A^T L \tag{70}$$

精度估计:

(1)单位权均方差

$$\sigma_0 = \sqrt{\frac{V^T V}{nm - (6 + n)}} \tag{71}$$

(2)未知参数 x 的权逆阵 Q_{xx} 和协方差阵 D_{xx}

$$\begin{cases} Q_{xx} = (A^T A)^{-1} \\ D_{xx} = \sigma_0^2 \, Q_{xx} \end{cases} \tag{72}$$

以上假定各观测历元 t_i 同步观测卫星数均为 n 颗,但在实际观测中,各历元所观测的卫

星数不一定相同。因此,应根据实际观测情况,来建立观测误差方程,进行数据处理。

载波相位测量既可以进行单点绝对定位,也可进行相对定位。在绝对定位中,由于受卫星星历误差和大气传播延迟误差影响较大,则定位精度不高。应用载波相位测量进行相对定位时,由于可消除或减弱许多相同的或相关的误差,充分发挥高精度的载波相位观测值的作用,从而获得极高的相对定位精度。这种方法在精密定位领域中得到广泛应用。

(三) 载波相位测量相对定位

载波相位测量相对定位可采用非差法和求差法。非差法就是利用相位测量的直接观测值,组成观测误差方程,在已知一点坐标的条件下,求解另一点的坐标。在精密定位中,还需考虑卫星钟差误差的影响和电离层延迟等。其中定位参数是我们所需要的,而其余参数仅是为精化模型。当在两点上进行静态定位时,需观测一个时间段。此时,观测方程所需要的定位参数很少,仅 3 个,而不需要的多余参数却很多。为了解决这个问题,可用二阶多项式来描述钟差:

$$\delta t_k(t_i) = \alpha_0 + \alpha_1(t_i - t_0) + \alpha_2(t_i - t_0)^2$$

这样,钟差便减少到 3 个。然而,如果接收机时钟质量不够好,钟差并不完全遵循上述规律,因此,就会引入误差,降低定位参数的精度。

求差法相对定位是通过观测值作差,消除一些多余参数,使法方程阶数减少,解算工作量减少。

1. 单差相位观测值相对定位

在两个观测站 1 和 2 上,同时设置 GPS 接收机,于约定时间 t_i 同步观测卫星 S^j,取得载波相位观测值 $\Delta\phi_1^j(t_i)$ 和 $\Delta\phi_2^j(t_i)$。1 点和 2 点中假设 1 点的坐标 (X_1, Y_1, Z_1) 为已知,2 点的概略坐标 (X_2^0, Y_2^0, Z_2^0) 为已知,现求 2 点的精确坐标 (X_2, Y_2, Z_2)。

由式(57)可列 1 和 2 点的相位观测方程:

$$\begin{cases} \Delta\phi_1^j(t_i) = \dfrac{f}{c}\rho_1^j(t_i)\left[1 - \dfrac{1}{c}\dot{\rho}_1^j(t_i)\right] + f\left[1 - \dfrac{1}{c}\dot{\rho}_1^j(t_i)\right]\delta t_1(t_i) \\[2mm] \qquad - f\delta t^j(t_i) - \dfrac{f}{c}\left[\delta\rho_{1m}^j(t_i) + \dfrac{1}{c}\delta\rho_{1p}^j(t_i)\right] - N_1^j + v_1^j(t_i) \\[3mm] \Delta\phi_2^j(t_i) = \dfrac{f}{c}\rho_2^j(t_i)\left[1 - \dfrac{1}{c}\dot{\rho}_2^j(t_i)\right] + f\left[1 - \dfrac{1}{c}\dot{\rho}_2^j(t_i)\right]\delta t_2(t_i) \\[2mm] \qquad - f\delta t^j(t_i) - \dfrac{f}{c}[\delta\rho_{2m}^j(t_i) + \delta\rho_{2p}^j(t_i)] - N_2^j + v_2^j(t_i) \end{cases} \tag{73}$$

现将两站观测值作差,即可组成单差虚拟观测值 $\Delta\phi_{12}^j(t_i)$ 的观测误差方程:

$$\begin{aligned} \Delta\phi_{12}^j(t_i) &= \Delta\phi_2^j(t_i) - \Delta\phi_1^j(t_i) = \frac{f}{c}[\rho_2^j(t_i) - \rho_1^j(t_i)] \\[2mm] &\quad - \frac{f}{c^2}[\rho_2^j(t_i)\dot{\rho}_2^j(t_i) - \rho_1^j(t_i)\dot{\rho}_1^j(t_i)] + f[\delta t_2(t_i) - \delta t_1(t_i)] \\[2mm] &\quad - \frac{f}{c^2}[\dot{\rho}_2^j(t_i)\delta t_2(t_i) - \dot{\rho}_1^j(t_i)\delta t_1(t_i)] - \frac{f}{c}[\delta\rho_{2m}^j(t_i) - \delta\rho_{1m}^j(t_i)] \\[2mm] &\quad - \frac{f}{c}[\delta\rho_{2p}^j(t_i) - \delta\rho_{1p}^j(t_i)] - (N_2^j - N_1^j) + [v_2^j(t_i) - v_1^j(t_i)] \end{aligned} \tag{74}$$

现令：

$$\begin{cases} N_{12}^j = N_2^j - N_1^j \\ \delta t_{12}(t_i) = \delta t_2(t_i) - \delta t_1(t_i) \\ \delta \dot{\rho}_{12}^j(t_i) = \delta \dot{\rho}_2^j(t_i) - \delta \dot{\rho}_1^j(t_i) \\ \delta \rho_{12}^j(t_i) = \delta \rho_2^j(t_i) - \delta \rho_1^j(t_i) \\ \delta \rho_{12m}^j(t_i) = \delta \rho_{2m}^j(t_i) - \rho_{1m}^j(t_i) \\ \delta \rho_{12p}^j(t_i) = \delta \rho_{2p}^j(t_i) - \rho_{1p}^j(t_i) \\ v_{12}^j(t_i) = v_2^j(t_i) - v_1^j(t_i) \end{cases} \qquad (75)$$

单差观测误差方程可写成：

$$\Delta \phi_{12}^j(t_i) = \frac{f}{c}[\rho_2^j(t_i) - \rho_1^j(t_i)] + f\delta t_{12}(t_i) - N_{12}^j - \frac{f}{c}[\dot{\rho}_1^j(t_i)\delta t_{12}(t_i) - \delta \dot{\rho}_{12}^j(t_i)\delta t_2(t_i)]$$

$$- \frac{f}{c^2}[\dot{\rho}_1^j(t_i)\delta \rho_{12}^j(t_i) + \dot{\rho}_2^j(t_i)\delta \rho_{12}^j(t_i)]$$

$$- \frac{f}{c}\delta \rho_{12m}^j(t_i) - \frac{1}{c}\delta \rho_{12p}^j(t_i) + v_{12}^j(t_i) \qquad (76)$$

现将未知点 2 的概略坐标 (X_2^0, Y_2^0, Z_2^0) 及其改正数 $(\delta X_2, \delta Y_2, \delta Z_2)$ 代入式（76）中的 $\rho_2^j(t_i)$，并用级数展开，将观测误差方程线性化，单差观测误差方程：

$$v_{12}^j(t_i) = \frac{f}{c}[l_2^j(t_i)\delta X_2 + m_2^j(t_i)\delta Y_2 + n_2^j(t_i)\delta Z_2] - f\delta t_{12}(t_i) + N_{12}^j$$

$$+ [\rho_1^j(t_i) - \rho_2^j(t_i)] + \frac{f}{c}[\dot{\rho}_1^j(t_i)\delta t_{12}(t_i) + \delta \dot{\rho}_{12}^j(t_i)\delta t_2(t_i)]$$

$$+ \frac{f}{c^2}[\dot{\rho}_1^j(t_i)\delta \rho_{12}^j(t_i) + \dot{\rho}_2^j(t_i)\delta \rho_{12}^j(t_i)] + \Delta \phi_{12}^j(t_i) \qquad (77)$$

式中：$(\delta X_2 , \delta Y_2 , \delta Z_2)$ ——未知点的待定坐标参数；

$\qquad \delta t_{12}$ ——待定的站间钟差参数；

$\qquad N_{12}^j$ ——待定的站间整周模糊度参数。

$$\begin{cases} \rho_1^j(t_i) = \{[X^j(t_i) - X_1]^2 + [Y^j(t_i) - Y_1]^2 + [Z^j(t_i) - Z_1]^2\}^{1/2} \\ \rho_{20}^j(t_i) = \{[X^j(t_i) - X_2^0]^2 + [Y^j(t_i) - Y_2^0]^2 + [Z^j(t_i) - Z_2^0]^2\}^{1/2} \\ l_2^j(t_i) = \dfrac{X^j(t_i) - X_2^0}{\rho_{20}^j(T_i)}; m_2^j(t_i) = \dfrac{Y^j(t_i) - Y_2^0}{\rho_{20}^j(T_i)}; n_2^j(t_i) = \dfrac{Z^j(t_i) - Z_2^0}{\rho_{20}^j(T_i)} \\ \dot{\rho}_1^j(t_i) = l_1^j(t_i)[\dot{X}^j(t_i) - \dot{X}_1] + m_1^j(t_i)[\dot{Y}^j(t_i) - \dot{Y}_1] + n_1^j(t_i)[\dot{Z}^j(t_i) - \dot{Z}_1] \\ \dot{\rho}_2^j(t_i) = l_2^j(t_i)[\dot{X}^j(t_i) - \dot{X}_2] + m_2^j(t_i)[\dot{Y}^j(t_i) - \dot{Y}_2] + n_2^j(t_i)[\dot{Z}^j(t_i) - \dot{Z}_2] \end{cases} \qquad (78)$$

式（78）中的卫星坐标 (X^j, Y^j, Z^j) 和速度分量 $(\dot{X}^j, \dot{Y}^j, \dot{Z}^j)$ 可由卫星星历求得。当 1 点和 2 点为静态时，其速度分量为零，故式（78）各量均为已知的量。

一般精密定位所使用的 GPS 接收机均具有 C/A 码伪距定位功能，由伪距定位所求得的点位坐标和钟差作为先验值,用来计算该式(77)的第5项和第6项之值。所以,观测误差方程式(77)中的第5和第6项是作为已知值。最后,式(77)中的最后一项 $\Delta \phi_{12}^j(T_i)$ 是观测值,是已知的。

现将式(77)中所有已知项归并为常数项 $L_{12}^j(T_i)$,定义为:

$$
L_{12}^j(T_i) = -\left\{\begin{array}{l}
[\rho_1^j(t_i) - \rho_2^j(t_i)] + \dfrac{f}{c}[\rho_1^j(t_i)\,\delta t_{12}(t_i) + \delta \rho_{12}^j(t_i)\,\delta t_2(t_i)] \\[2mm]
+ \dfrac{f}{c^2}[\rho_1^j(t_i)\,\delta \rho_{12}^j(t_i) + \rho_2^j(t_i)\,\delta \rho_{12}^j(t_i)] + \Delta \phi_{12}^j(t_i)
\end{array}\right\}
\tag{79}
$$

则单差观测误差方程可写成:

$$
v_{12}^j(t_i) = \frac{f}{c}[l_2^j(t_i)\ m_2^j(t_i)\ n_2^j(t_i)]\begin{bmatrix}\delta X_2 \\ \delta Y_2 \\ \delta Z_2\end{bmatrix} - f\,\delta t_{12}(t_i) + N_{12}^j - L_{12}^j(t_i)
\tag{80}
$$

当各历元 t_i 两站均同步观测 n 颗卫星,在观测时间段内总共观测 m 个历元时,则可组成 $n \times m$ 个观测误差方程。其中包含3个待定点的坐标参数,n 个初始历元的整周模糊度参数,m 个两站接收机的站间钟差参数,总计为 $(3 + n + m)$ 个未知参数。当 $n \cdot m > (3 + n + m)$。即可应用最小二乘法,解算出各未知参数,并进行精度估计。

2. 双差观测值相对定位

由站间单差观测值定位可看出,其观测方程中包含着大量的接收机站间钟差参数 $\delta t_{12}(t_i)$ 。因而法方程阶数高,计算工作量较大。若在同一观测历元 t_i ,选取一参考卫星 S^k ,其他卫星 S^j 的单差观测值与参考星 S^k 单差观测值作差,构成双差虚拟观测值,则在双差观测方程中即可消去站间钟差参数。

根据式(80),可得 S^k 与 S^j 的单差观测方程:

$$
v_{12}^k(t_i) = \frac{f}{c}[l_2^k(t_i)\ m_2^k(t_i)\ n_2^k(t_i)]\begin{bmatrix}\delta X_2 \\ \delta Y_2 \\ \delta Z_2\end{bmatrix} - f\delta t_{12}(t_i) + N_{12}^k - L_{12}^k(t_i)
$$

$$
v_{12}^j(t_i) = \frac{f}{c}[l_2^j(t_i)\ m_2^j(t_i)\ n_2^j(t_i)]\begin{bmatrix}\delta X_2 \\ \delta Y_2 \\ \delta Z_2\end{bmatrix} - f\delta t_{12}(t_i) + N_{12}^j - L_{12}^j(t_i)
$$

两式作差即构成双差观测方程:

$$
v_{12}^{kj}(t_i) = \frac{f}{c}[l_2^{kj}(t_i)\ m_2^{kj}(t_i)\ n_2^{kj}(t_i)]\begin{bmatrix}\delta X_2 \\ \delta Y_2 \\ \delta Z_2\end{bmatrix} + N_{12}^{kj} - L_{12}^{kj}(t_i)
\tag{81}
$$

式中:

$$\begin{cases} l_2^{kj}(t_i) = l_2^j(t_i) - l_2^k(t_i) \; ; \\ m_2^{kj}(t_i) = m_2^j(t_i) - m_2^k(t_i) \; ; \\ n_2^{kj}(t_i) = n_2^j(t_i) - n_2^k(t_i) \; ; \\ N_{12}^{kj}(t_i) = N_{12}^j - N_{12}^k \\ L_{12}^{kj}(t_i) = L_{12}^{kj}(t_i) - L_{12}^{kj}(t_i) \; ; \\ v_{12}^{kj}(t_i) = v_{12}^j(t_i) - v_{12}^k(t_i) \; ; \end{cases} \tag{82}$$

式(81)中仅含有待定点的 3 个坐标参数和$(n-1)$个初始历元卫星相位整周模糊度参数。若观测 m 个历元,则可组成 $m(n-1)$ 个观测方程。然后,用最小二乘法求解未知参数。但需指出,同一历元之双差观测值是相关的,各历元之间是不相关的。其权逆阵 Q 为:

$$Q_i = \begin{bmatrix} Q_1 & & & 0 \\ & Q_2 & & \\ & & \ddots & \\ 0 & & & Q_m \end{bmatrix} = P^{-1} \tag{83}$$

其中:

$$Q_i = \begin{bmatrix} 2 & 1 & \cdots & 1 \\ 1 & 2 & \cdots & 1 \\ \vdots & \vdots & \vdots & \vdots \\ 1 & 1 & \cdots & 2 \end{bmatrix} \quad (i = 1, 2, \cdots, m) \tag{84}$$

将式(81)写成矩阵形式,为:

$$V = AX - L$$

其法方程式为:

$$(A^T P A) X - A^T P L = 0 \tag{85}$$

解法方程,得未知参数矢量:

$$X = (A^T P A)^{-1} A^T P L \tag{86}$$

精度估算:

(1)单位全均方差

$$\sigma_0 = \sqrt{\frac{V^T P V}{m(n-1) - (n+2)}} \tag{87}$$

(2)未知参数 x 的权逆阵 Q_{xx} 和协方差阵 D_{xx}

$$\begin{cases} Q_{xx} = (A^T P A)^{-1} \\ D_{xx} = \sigma_0^2 Q_{xx} \end{cases} \tag{88}$$

从理论上讲,单差与双差观测定位本质上是一样的。但由于两种观测模型中未知参数个数不同,法方程不同,实际的解算结果能有微小差异。

3. 三差观测值相对定位

相邻历元 t_i 与 t_{i+1} 的双差观测值之差就构成三差观测值。因此, t_i 与 t_{i+1} 的双差观测方程作差,即构成三差观测方程。由式(81)可得:

$$v_{12}^{kj}(t_i) = \frac{f}{c}[\, l_2^{kj}(t_i)\ m_2^{kj}(t_i)\ n_2^{kj}(t_i)\,]\begin{bmatrix}\delta X_2 \\ \delta Y_2 \\ \delta Z_2\end{bmatrix} + N_{12}^{kj} - L_{12}^{kj}(t_i)$$

$$v_{12}^{kj}(t_{i+1}) = \frac{f}{c}[\, l_2^{kj}(t_{i+1})\ m_2^{kj}(t_{i+1})\ n_2^{kj}(t_{i+1})\,]\begin{bmatrix}\delta X_2 \\ \delta Y_2 \\ \delta Z_2\end{bmatrix} + N_{12}^{kj} - L_{12}^{kj}(t_{i+1})$$

两式作差得:

$$v_{12}^{kj}(t_i,t_{i+1}) = \frac{f}{c}[\, l_2^{kj}(t_i,t_{i+1})\ m_2^{kj}(t_i,t_{i+1})\ n_2^{kj}(t_i,t_{i+1})\,]\begin{bmatrix}\delta X_2 \\ \delta Y_2 \\ \delta Z_2\end{bmatrix} - L_{12}^{kj}(t_i,t_{i+1}) \qquad (89)$$

式中:

$$\begin{cases} l_2^{kj}(t_i,t_{i+1}) = l_2^{kj}(t_{i+1}) - l_2^{kj}(t_i)\,; \\ m_2^{kj}(t_i,t_{i+1}) = m_2^{kj}(t_{i+1}) - m_2^{kj}(t_i)\,; \\ n_2^{kj}(t_i,t_{i+1}) = n_2^{kj}(t_{i+1}) - n_2^{kj}(t_i)\,; \\ L_{12}^{kj}(t_i,t_{i+1}) = L_{12}^{kj}(t_{i+1}) - L_{12}^{kj}(t_i)\,; \\ v_{12}^{kj}(t_i,t_{i+1}) = v_{12}^{kj}(t_{i+1}) - v_{12}^{kj}(t_i)\,; \end{cases} \qquad (90)$$

式(89)即为三差观测方程。由方程可知,它已消除了初始历元 t_1 的模糊参数 N_{12}^{kj},仅剩下未知点三个坐标参数,因而观测方程最简单。但是,三差观测值的相关性较复杂。它不仅同一历元 (t_i,t_{i+1}) 以内的各观测值相关,面且相邻历元间也是相关的。

为了克服三差观测值相关的复杂性,而又充分利用其消除相位整周模糊数的优点,可采用以下方法构成三差观测值。在构成三差观测值时,(t_i,t_{i+1}) 中的 i 值仅取 $i = 1,3,5,\cdots$,这样就是由 T_1 与 T_2、T_3 与 T_4、$\cdots$ 的双差观测值之差来构成历元 (T_1,T_2),(T_3,T_4),$\cdots$ 的三差观测值。因此,三差观测值仅在同一历元内是相关的,而相邻历元间则是不相关的,从而大大简化了相关权逆阵和权阵的计算。

第三节　GPS 动态测量定位

GPS 动态定位与静态定位的基本区分,应该是测量定位时接收机(天线)的状态。动态定位中,接收机天线始终是处于通动状态。静态定位,不论在定位前接收机是否处于运动,但在定位测量时,接收机的天线是处于待定点上固定不动的。定位测量时间长或短,不是本质问题。即使定位测量只需几秒钟,但在这几秒钟的时间里,接收机天线是静止不动的。也就是说,静态定位是确定一些不随时间(观测时间段内)变化的点位坐标,其速度分量为零,动态定位则是确定一系列随时间变化的点位坐标和速度;因此,在定位的同时必须定时。动态定位要确定七维状态参数(三维坐标、三维速度和时间)。

随着高精度动态用户日益增多,伪距动态定位已不能满足要求。即使采用差分定位技术,其定位精度只能达到 10m 左右,采用后处理也仅能达到 3~5m,而高精度动态用户要求定位精度进到 1~0.1m。因此,采用载波相位测量动态定位,其关键是模糊度快速解算技术(OFT 算法)。

1. 载波相位测量动态定位原理

载被相位测量动态定位采用差分定位技术,其实质就是载波相位测量相对定位,其定位方法为单差或双差定位。根据单差定位方程式(77)和双差定位方程式(81),将式中已知项作为常数项 L ,而保留相位观测值 $\Delta\phi$,则可得:

单差动态定位方程:

$$v_{12}^j(t_i) = \frac{f}{c}[l_2^j(t_i)\,\delta X_2 + m_2^j(t_i)\,\delta Y_2 + n_2^j(t_i)\,\delta Z_2]$$
$$- f\,\delta t_{12}(t_i) + N_{12}^j + \Delta\phi_{12}^j(t_i) - L_{12}^j(t_i) \tag{91}$$

双差动态定位方程:

$$v_{12}^{kj}(t_i) = \frac{f}{c}[l_2^{kj}(t_i)\,\delta X_2 + m_2^{kj}(t_i)\,\delta Y_2 + n_2^{kj}(t_i)\,\delta Z_2] + N_{12}^{kj} + \Delta\phi_{12}^{kj}(t_i) - L_{12}^{kj}(t_i) \tag{92}$$

式中:

$$\begin{cases} \Delta\phi_{12}^j(t_i) = \Delta\phi_2^j(t_i) - \Delta\phi_1^j(t_i) \\ N_{12}^j = N_2^j - N_1^j \\ \Delta\phi_{12}^{kj}(t_i) = \Delta\phi_{12}^j(t_i) - \Delta\phi_{12}^k(t_i) \\ N_{12}^{kj} = N_{12}^j - N_{12}^k \end{cases} \tag{93}$$

以双差定位方程为例,载波相位测量接收机,一般均可进行伪距测量,因此,通过伪距测量绝对定位结果,可计算出方程式(92)中的常数项 $L_{12}^{kj}(t_i)$ 和系数 $l_{12}^{kj}(t_i)$, $m_{12}^{kj}(t_i)$, $n_{12}^{kj}(t_i)$ 。式中 $\Delta\phi_{12}^{kj}(t_i)$ 是两站(基准站 1 点和动态定位 2 点的单差观测值之差。可写成:

$$\Delta\phi_{12}^{kj}(t_i) = [\Delta\phi_2^j(t_i) - \Delta\phi_2^k(t_i)] - [\Delta\phi_1^j(t_i) - \Delta\phi_1^k(t_i)] \tag{94}$$

由此可知,双差观测值是 1 点、2 点两点对参考星 S^k 和卫星 S^j 的原始相位观测值的线性组合。

N_{12}^{kj} 为 1 点、2 点两点在初始历元 t_1 ,对卫星 S^k 和 S^j 观测中的载波相位整周模糊度的线性组合。如果能确定初始历元模糊度 N_{12}^{kj} ,则双差动态观测方程式(91)就只有 3 个定位参数 $(\delta X_2、\delta Y_2、\delta Z_2)$ 。因此,即可根据历元 t_i 的观测值 $\Delta\phi_{12}^{kj}(t_i)$ 来解算,达到动态定位之目的。

因此,要实现载波相位测量实时动态定位,必须具备以下 3 个条件:

(1)精确地确定初始历元整周模糊度 N_{12}^{kj} 。这称之为初始化。

(2)在初始化之后进行动态定位时,必须对卫星锁定,进行连续的跟踪观测。观测卫星数必须在 4 个以上。

(3)要通过数据链,将基准站的观测数据和常数项部分,实时地传送给动态定位的用户。这就要利用现代移动数据通讯技术。

若用户只要求事后提供高精度定位结果,则可用事后数据处理方法。此时,则仅需具备前两项条件。

第七章　数据传输——"互联网+"及卫星通信

智能采集的工程变化信息数据,如何有效的从采集器上传输的存储端,以备对工程变化进行实施监测、分析,是影响智能土木工程检测的关键步骤。通过智能传输,在无人工参与的情况下,就能实现工程监测数据的及时传输及搜集。

第一节　移动互联网传输

在无线通信中,通常使用电磁波作为信息传输的载体,而电磁波可以在空气、水乃至真空中传播,因此,无线通信与传统有线通信不同,其不需要通信传输介质。

一、无线移动传输发展

与传统的有线网络不同,无线网络使用各种无线通信技术为各种移动设备提供必要的物理接口,实现物理层和数据链路层的功能。无线网络是计算机网络技术与无线通信技术相结合的产物。随着无线通信技术的发展,行走在路上的人们已经可以随时随地通过个人数字助理 PDA、手机、笔记本电脑等移动设备发生或接收电子邮件、浏览网页,或者访问远程文件等。随着无线接入技术的进一步发展及移动操作系统和移动浏览器的开发,无线移动互联网具有越来越多的网络应用,并且越来越多的使用者逐步接受无线移动互联网。据统计,2007 年年底我国无线移动用户已经达到 5000 多万。与此同时,"无线城市"不仅成为耳熟能详的新名词,而且通过 Wi-Fi、3G 等无线网络技术组建的无线局域网、无线城域网已经走进千家万户。可以说,无线通信技术成为固定宽带之后互联网发展的重要推动力,无线移动互联网代表了未来计算机网络技术乃至未来计算机技术的发展趋势,21 世纪成为无线移动互联网的时代。

无线通信技术的发展经历了一个多世纪的时间。早在 1901 年,马可尼发明了越洋远距离无线电报通信。在 20 世纪 20 年代,美国等国家开始启用车载无线电等专用无线通信系统。1945 年,射频识别技术(Radio Frequency Identification,RFID)问世。20 世纪 60 年代,脉冲无线电(Ultra Wideband,UWB)超宽带技术问世。1971 年,美国夏威夷大学的研究人员创建了第一个基于报文传输的无线电通信网络,被称为 ALOHANET,成为最早的无线局域网络。1973 年,全球首个模拟移动电话系统原型建成。20 世纪 70 年代中期至 80 年代中期,模拟语音系统开始支持移动性。1983 年,全球第一个商用移动电话发布。20 世纪 80 年代中期,数字无线移动通信系统开始在世界各地迅速发展。

我国无线通信技术同样经历了高速发展。1987 年 11 月 18 日,我国第一个 TACS 模拟蜂窝移动电话系统建成并投入使用。1991 年,全球首个 GSM 网络建成,1995 年,中国移动的 GSM 和中国联通的 GSM130 数字移动电话网开通。2000 年 5 月 5 日,在土耳其召开的国际电信联盟 2000 年世界无线大会上,中国提出的第三代移动通信制式 TD-SCDMA 被批准为 ITU 的正式标准。2001 年 3 月,3GPP 正式接纳了由中国提出的 TD-SCDMA 第三代移动通信标准的全部技术方案,并包含在 3GPP 的 R4 版本中。

二、无线移动传输原理

"无线"是指消息的发送方式和接收方式使用微波、光波、红外线等电磁波作为信息载体的数据传输方式,而非使用双绞线、同轴电缆、光纤等连接线。"移动"是指消息的发送方和接收方的位置关系随时可以改变,进而网络节点互联的拓扑结构随时可以改变。虽然"无线"和"移动"两个概念常常联系到一起,但是二者含义不同。"无线"所描述的传输介质的属性。"移动"所描述的则是网络拓扑结构的变化。表 7-1 具体说明了这两个概念的区别与联系。

表 7-1 举例说明无线与移动的关系

无线	移动	典型应用
是	否	没有布线的老式建筑物中的无线网络
否	是	接入宾馆房间的 ADSL 网络插孔中的旅客笔记本电脑
否	否	接入办公室网络有线接口中的台式计算机
是	是	在行驶火车上使用个人数字助理 PDA 上网接收邮件

与固定结构互联网相比,无线移动互联网具有诸多特殊之处,其主要特点有:移动性、无线性、能量和资源的有限性、动态鲁棒性、多路干扰性等。

基于无线移动互联网的特点及其与移动电话系统之间的差异,在无线移动互联网的设计过程中需要考虑的主要因素主要包括以下几点:

(1)总是在线。

(2)支持突发流量。

(3)提供无缝的移动性。

(4)支持服务质量控制。

(5)提供安全保障。

(6)提供灵活的组网方式。

1. 移动自组织网络

20 世纪 80 年代,美国国防部国防高级研究计划署研制了分组无线网络(Packet Radio Network,PRNET),该网络利用 ALOHA 和 CSMA 技术进行链路控制,采用距离向量路由算法。20 世纪 90 年代早期,随着带有无线网卡的计算机及各种便携式通信设备的广泛使用,有学者在 PRNET 的基础上,提出了移动自组织网络。20 世纪 90 年代末期,移动自组织网络的相关技术日臻成熟,微电子和传感器技术也得到快速发展,学者将移动自组织网络技术与传感器技术结合起来,提出无线传感器网络。21 世纪初,为了进一步提高无线移动互联网的性能,学者结合自组织网络的高速无线通信技术与互联网的固定拓扑结构,提出了无线 Mesh 网络(图 7-1)。

移动自组织网络(Mobile Ad Hoc Network,MANET),是不依赖于任何固定基础设施的移动节点的联合体,是一种自组织、无线、多跳、对等式、动态的移动网络。一个移动自组织网络是由一组移动节点组成,不需要借助基站等已建立好的基础设施进行集中控制。各个移动节点处于移动状态。移动节点通过无线传输技术与一跳邻居节点直接进行数据通信,再由该邻居节点决定如何将数据传送到下一跳,直至目的节点。也就是说,在移动自组织网络中,每个移动节点同时承担

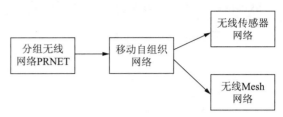

图7-1 无线互联网发展

了主机和路由器的功能,在作为主机收发上层应用业务数据的同时,也作为路由器为其他主机进行数据转发。

在移动自组织网络中,每个移动节点需要同时拥有通信装置和计算装置,能够参与移动自组织网络的信息传输和计算,如带有无线网卡的计算机、手机、PDA 等。在移动自组织网络的数据传送中,源节点是指数据传送的起始节点,也就是形成数据的节点。目的节点是数据传送的结束节点,通常也就是数据传送的最终目标。中间节点是位于源节点和目的节点之间并参与数据传送的节点。

移动自组织网络的特点包括:移动性,无线性,多路线,多跳性,节点对等性,分布性,自组织性,高动态性,能量和资源的有限性。同时移动自组织网络使用简化的 OSI 参考模型作为体系结构,该体系结构包括物理层、数据链路层、网络层、传输层和应用层 5 层。由于移动自组织网络具有节点对等性,因此各个节点都具有相同的体系结构。

由于移动自组织网络的上述特点,其数据链路层,网络层,传输层存在很多问题需要研究,主要包括链路控制、信道接入、路由选择算法、无线环境下的 TCP 技术、服务质量保证机制以及安全保障机制 6 个方面。图 7-2 给出了移动自组织网络关键技术的主要研究内容。

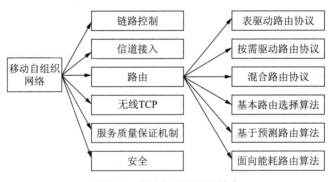

图7-2 移动自组织网络技术

移动自组织网络所具有的特点使其在很多特定场合通信应用中具有独特的优势。美国国防部一直是移动自组织网络的主要开发者,移动自组织网络在军事领域具有较为广泛的应用。随着技术的发展,移动自组织网络逐步走向商业领域。短短十几年的时间,移动自组织网络的应用研究已经取得了长足的进步。人们对于普适计算和物联网等新型网络的需求

越来越高,希望能够随时随地进行移动计算和通信,移动自组织网络正式能够满足这种需求的重要技术。

2. 无线传感器网络

无线传感器网络是在移动自组织网络的基础上发展起来的一种新兴的无线多跳网络,其目的是为了在某一区域获取用户感兴趣的信息。无线传感器网络作为当今信息领域新的研究热点,涉及多学科的交叉领域,有着巨大的应用价值。

在无线传感器网络中,能耗是非常突出的问题。从节点角度考虑,通信单元是能耗最大的一个部分,所以无线传感器网络硬件方面的挑战仍然是如何设计高可靠性,低功耗,低成本的传感器网络节点。在物理层设计方面,现在已经提出了 M-ray、ACMP、UWB 等技术,但其性能仍无法满足无线传感器网络的要求。

无线传感器网络 MAC 层研究的主要目标是设计一种低能耗的分布式共享信道访问协议。现有协议主要分为竞争型、分配型和混合型 3 类。竞争性 MAC 协议是在 SMAC 的基本思路上发展起来的,其主要改进是设计一种合理的睡眠-工作调度方法使得节点仅在需要收发时才开启通信设备。分配型 MAC 协议基本上是在 TDMA 的基础上进行改进的,其发展方向是设计一种高效合理的时隙分配方法,是节能的基础上提高全网吞吐量。混合型 MAC 协议将两种 MAC 协议的优势结合起来,是高性能、低能耗 MAC 发展的趋势之一。

无线传感器网络中的路由协议在加强考虑能耗问题和面向应用的同时,可以进一步细分为两大类,即平面路由协议和分层路由协议。平面路由协议中,为了节约能量,需限制路由信息宏观的范围,通常只需在汇聚节点和感知到信息的源节点间形成传输路径即可。分层路由协议可以更好的节约能量,因为普通节点只需通过一个重要研究方向。由于无线传感器网络的应用极其广泛,在具体场合中对路由器协议都会提出不同的要求,需要根据实际情况对路由器协议进行优化。

节点定位和时间同步是无线传感器网络面临的两项重要支撑技术。节点定位技术可以分为基于测距的机制和非测距的机制。前者通过测量未知节点和锚节点之间的距离或角度来计算节点位置,虽然定位精度高,但需要在节点上增加一些设备;后者通过计算多边形质心或估算未知节点与锚节点距离,从而计算节点位置,对节点硬件要求较低。时间同步技术有多种实现机制,对发送者和接受者有着不同的要求,能达到不同的同步粒度和精度,在能耗、可扩展性等方面也不尽相同。总的来说,选择何种技术与具体的应用场景和需求有着密切的关系。

3. 无线 Mesh 网络

无线 Mesh 网络,由 Mesh Routers(路由器)和 Mesh Clients(客户端)组成,其中 Mesh Routers 构成骨干网络,并和有线的 Internet 网相连接,负责为 Mesh clients 提供多跳的无线 Internet 连接。无线 Mesh 网络(无线网状网络)也称为"多跳(Multi-hop)"网络,它是一种与传统无线网络完全不同的新型无线网络技术。

传统的无线接入技术中,主要采用点到点或者点到多点的拓扑结构。这种拓扑结构一般都存在一个中心节点,例如移动通信系统中的基站、802.11 WLAN 中的 AP 等。中心节点一方面与各个无线终端通过单跳无线链路相连,控制各无线终端对无线网络的访问;另一方面,中心节点又通过有线链路与有线骨干网相连,提供到骨干网的连接。

而在无线 Mesh 网络中,采用网状 Mesh 拓扑结构,也可以说是一种多点到多点的网络拓扑结构。在这种无线 Mesh 网络结构中,各网络节点通过相邻的其他网络节点以无线多跳方式相连。目前,普遍认为无线 Mesh 网络包含两类网络节点:Mesh 路由器和 Mesh 客户端。

Mesh 路由器除了具有传统的无线路由器的网关/中继功能外,还支持 Mesh 网络互联的路由功能。Mesh 路由器通常具有多个无线接口,这些无线接口可以基于相同的无线接入技术构建,也可以基于不同的无线接入技术。与传统的无线路由器相比,无线 Mesh 路由器可以通过无线多跳通信,以更低的发射功率获得同样的无线覆盖范围。Mesh 终端也具有一定的 Mesh 网络互联和分组转发功能,但是一般不具有网关桥接功能。通常,Mesh 终端只具有一个无线接口,实现复杂度远小于 Mesh 路由器。根据各个节点功能的不同,无线 Mesh 网络结构分为 3 类:骨干网 Mesh 结构(分级结构)、客户端 Mesh 结构(平面结构)、混合结构。无线 Mesh 网络结构(图 7-3)。

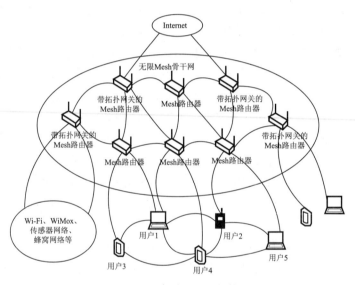

图 7-3 无线 Mesh 网络

无线 Mesh 网是下一代无线网络的关键技术,能将不同的无线网结合起来,大大扩充了无线网应用范围,其应用环境十分广泛。相信在不久的将来,无线 Mesh 网络将得到广泛的应用。

第二节 卫星通信传输

通信技术在智能土木工程检测中的应用,就是将野外采集的工程变化信息数据,通过无限传输的方式,传输到接收端,以实现工程信息变化到病害预测全程的智能化。

一、通信系统的原理——香农定理

(一)信息量和熵

通信的目的就是要准确、可靠、有效地传递信息,信息是消息中的有效内容。消息的出现是随机的,消息中所包含信息的多少与消息的统计特性有关。

1. 离散信源的信息量

离散信源产生的消息状态是可数的或者离散的,离散消息中所包含的信息的多少(即息量)应该怎么样来衡量呢?

经验告诉人们,当某个消息出现的可能性越小的时候,该消息所包含的信息量就越多。消息中所包含的信息的多少与消息出现的概率密切相关。

为此,哈特莱首先提出了信息的度量关系。

对于离散消息 x_i 来讲,其信息量 I 可表示为

$$I = \log_a \frac{1}{p(x_i)}$$

其中, $p(x_i)$ 表示离散消息 x_i 出现的概率。

根据 a 的取值不同,信息量的单位也不同。当 a 取 2 时,信息量的单位为比特(bit);当 a 取 e 时,信息量的单位为奈特;当 a 取 10 时,信息量的单位为哈特莱。通常 a 的取值都是 2,即用比特作为信息量的单位。

2. 离散信源的熵

当离散消息中包含的符号比较多时,利用符号出现概率来计算该消息中的信息量往往是比较麻烦的。为此,可以用平均信息量(H)来表征,即

$$H(X) = \sum_{i=1}^{m} p(x_i) \log_2 p(x_i)$$

其中, m 表示消息中的符号个数。

上述平均信息量的计算公式与热力学和统计力学中关于系统熵的公式一致,故又把离散信源的平均信息量称为离散信源的熵。

(二)信道容量及香农定理

1. 信道容量

从信息论的角度上讲,通常可以把信道分为离散信道和连续信道两大类。其中,离散信道中输入输出信号的取值都是离散的时间函数;连续信道中输入输出信号的取值都是连续间函数。对于离散信道的传输特性通常用转移概率来描述,而连续信道的传输特性通常用概率密度来描述。

通信系统中的信道容量是指信道在无差错传输信息的最大信息速率,即反映了信道的一种极限传输能力。信道容量是通信系统设计的一个重要指标。

2. 香农定理

通信系统中一个很重要的因素是噪声。从广义上讲,噪声是指影响通信系统中有用信号可靠传输的有害干扰信号。通常,把周期性有规则的有害信号称为干扰,把其他不确定的随机干扰称为噪声。通信系统受噪声的干扰程度将直接影响到系统的性能。

自然界中噪声的种类很多,其中电路里面的起伏噪声通信系统的性能影响最大。散弹噪声和热噪声是电路中最基本的起伏噪声。

噪声从功率谱的角度可以分为白噪声和窄带噪声。白噪声的功率谱在整个频率范围内部是一个常数,即

$$P_N(\omega) = n_0 \qquad \omega \in [0, +\infty]$$

或

$$P_N(\omega) = \frac{n_0}{2} \qquad \omega \in [-\infty, +\infty]$$

其中，n_0 称为噪声的单边功率谱密度，$\frac{n_0}{2}$ 称为噪声的双边功率谱密度。

由此可见，白噪声的功率谱密度是与频率无关的，它的这种频谱特性同白光类似，因而被叫作白噪声。

窄带噪声是指在通信系统的接收端设置有窄带滤波器，这种滤波器恰好能使有用信号的频谱成分无失真地通过，而白噪声经过该滤波器时，只有窄带滤波器带宽范围的噪声频谱分量通过，这就形成了窄带噪声（图 7-4）。

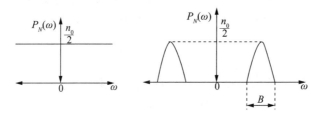

图 7-4　白噪声与窄带噪声功率谱密度

假设某通信系统的信道带宽为 B，信号功率为 S，噪声功率为 N，则可以证明该系统的信道容量 C 为

$$C = B \log_2\left(1 + \frac{S}{N}\right) \qquad (\text{bit/s})$$

上式就是非常著名的香农信道容量公式，简称为香农公式。它表明了当信号与信道中噪声的平均功率给定时，在传输带宽 B 的信道上，从理论的角度反映出单位时间内可能传输息量的极限值。

通过香农公式可以得到如下一些重要结论：

（1）当信道的传输带宽 B 一定时，接收端的信噪比 S/N 越大，其系统的信道容量 C 越大。当噪声功率 N 趋近 0 时，信道容量 C 趋近 ∞。

（2）当接收端的信噪比 S/N 一定时，信道的传输带宽 B 越大，其系统的信道容量 C 也越大。当信道带宽 B 趋于 ∞ 时，信道容量 C 并不趋于 ∞，而是趋于一个固定值。因为当信道带宽越大时，进入到信道中的噪声功率也越多，因而信道容量不可能趋于 ∞。

$$\lim_{B \to \infty} C = \lim_{B \to \infty} B \log_2\left(1 + \frac{S}{N}\right) = \lim_{B \to \infty} B \log_2\left(1 + \frac{S}{n_0 B}\right) = \frac{S}{n_0} \lim_{B \to \infty} \frac{n_0 B}{S} \log_2\left(1 + \frac{S}{n_0 B}\right) = \frac{S}{n_0} \log_2 e = 1.44 \frac{S}{n_0}$$

（3）当信道容量 C 一定时，信道带宽 B 与信噪比 S/N 可以互换。可以通过增加系统的传输带宽来降低接收机对信噪比，即以牺牲系统的有效性来换取系统的可靠性，这也正是扩频通信的理论基础。

二、卫星通信系统

(一)卫星通信系统的组成

1.卫星通信系统

通常卫星通信系统由地球站、通信卫星、跟踪遥测及指令系统和监控管理系统4大部分组成(图7-5)。

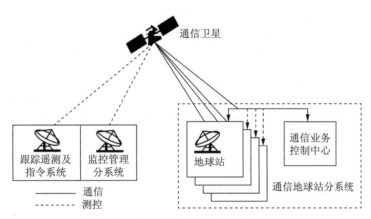

图7-5　卫星通信系统的组成

其中的遥测及指令系统的任务是对卫星上的运行数据及指标进行跟踪测量,并对卫星在轨道上的位置及姿态进行监视与控制。监控管理系统的功能并不直接用于通信,而是在通信业务开通前和开通后对卫星通信的性能及参数进行监测和管理。

2.卫星通信线路

两个地球站通过通信卫星进行通信的卫星通信线路的组成(图7-6),是由发端地球站,上行、下行无线传输路径和收端地球站组成的。

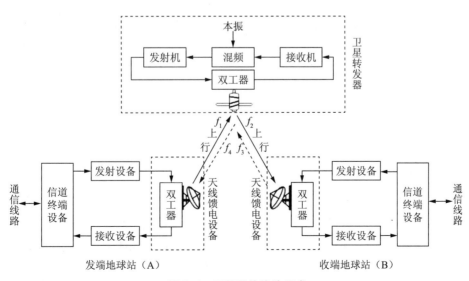

图7-6　卫星通信线路组成

3. 卫星通信的基本工作原理

有待发送的数据转换成的通信信号,在发端地球站的终端设备中进行多路复用,成为基带信号,在发信设备的调制器中对中频载波(例如70MHz)进行调制,然后在发信设备的发信机中进行上变频,把70MHz的已调波度变换为微波频率的已调波(f_1),再经射频功率放大器、双工器和地球站的天线发向卫星。信号经过大气层和宇宙空间,不但受到很大衰减,而且引入了一定的噪声,最终到达了卫星转发器。在卫星转发器的接收机中,首先将微波频率为f_1的上行信号进行低噪声放大,并变换成另个微波频率f_2(一般下行微波射频比上行射频低)的已调波,再经卫星的发信机功率放大,并经双工器由天线经宇宙空间和大气层发回到收端地球站。

同样,收端地球站将收到的微弱信号用大口径的高增益天线和低噪声接收机进行射频放大后,再将频率为f_2的已调波在收端接收设备中变为中频已调波,并在接收设备的解调器中解调,恢复成基带信号。最后利用信道终端设备进行分路,送给收端户,这就是卫星通信的单向(一跳)通信过程。

由图中B端地球站向A端传送信号时,与上述过程相同。不同的是B端的上行微波频率为f_3,下行微波频率为f_4,其目的是为了避免上、下行信号间的相互干扰。

(二)地球站的组成及其工作原理

对于不同用途的系统,地球站的组成也就不同。国际卫星通信频分多址方式A型标准地球站(图7-7),主要由天线分系统、发射机分系统、接收机分系统、通信控制分系统、信道终端设备分系统和电源分系统6个分系统组成。

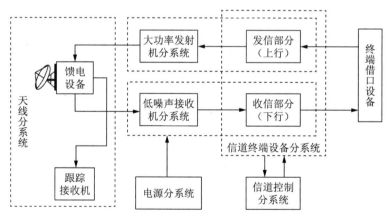

图7-7 地球站的总体方框图

1. 天线分系统

(1)天线系统的组成

地球站的天线馈线系统(图7-8),与视距微波通信天馈线系统相比,多了一套天线跟踪卫星的系统,即地球站天线的轴要始终对准卫星方向。自动跟踪能使天线连续地跟踪卫星,而且精度较高,在大型标准地球站中通常都采用自动跟踪方式。

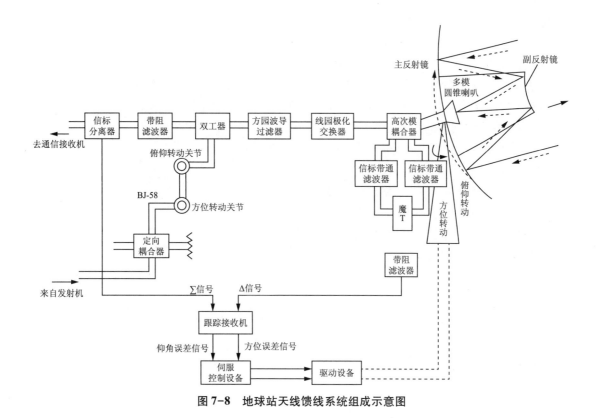

图 7-8 地球站天线馈线系统组成示意图

图中的跟踪和(∑)信号和跟踪差(△)信号都属于信标信号,是由卫星发出的,频率固定且具有较高的频率稳定度。

跟踪和(∑)信号相当于基准信号,跟踪差(△)信号相当于角误差信号。∑信号和△信号被跟踪接收机接收后,经混频、放大和同步检波等信号处理,便成为了与天线指向误差角度成正比的、具有一定极性的两个直流误差信号,它们分别与方位角和仰角误差对应。再经伺服控制设备、天线驱动设备,就可以不断地调整地球站天线轴的指向。这样,就能使天线的方位角和俯仰角向减少角误差的方向转动,而使地球站天线始终对准运动的卫星,即使卫星在轨道上发生了摄动或位量上的漂移也如此。

(2)与天线馈源连接的低噪声放大器

地球站的收信系统在接收信号的同时,也会有各种线路噪声被接收。对于卫星通信而言,当电波由卫星穿过大气层到达地球站时,其信号强度是非常微弱的,仅有 $-140 \sim 130 dB \cdot m$ 左右。为了保证这个微弱信号到达收信机后有尽量大的信噪比 (S/N),就要求整个收信系统的内部噪声尽量地小。一个由多级网络级联的接收系统,全系统的噪声大小主要取决于第一级,即要求第一级放大器噪声系数尽可能小,增益尽可能高:

$$N_F = N_{F1} + \frac{N_{F2} - 1}{G_1} + \frac{N_{F3} - 1}{G_1 G_2} + \cdots + \frac{N_{Fn} - 1}{G_1 G_2 \cdots G_{n-1}}$$

式中: N_{F1} , N_{F2} ,…, N_{Fn} 是各级网格的噪声系数。

G_1 , G_2 ,…, G_{n-1} 是 $n-1$ 级以前各级的增益。可见,第一级放大器的 N_{F1} 越小, G_1 越大,

系统的总噪声系数 N_F 越低,收信系统信噪比越高,通信质量就越好。

卫星通信的收信系统可视为由天线馈源后的双工器开始直到机房内的地面通信设备(收信机)。其中包括馈线和分路系统的许多无源网络。因此,把收信系统的低噪声放大器(冷参或常参低噪声放大器)放在这些无源网络的前边还是后边,对整个系统 N_F 的影响是相当大的。所以很多大型地球站都是把低噪声放大器置于机房外,使其靠近天线馈源处(图7-9),而发信系统的大功率放大器安装在天线座的塔基内,其他的地面通信设备 GCE 和终端设备则安装在靠近天线的中心机房,中心机房用波导馈线与室外的放大器连接。

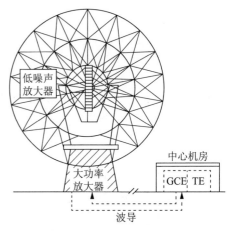

图7-9　低噪声放大器位置示意图

2. 发射机分系统

(1)系统组成及指标要求

由于发射卫星条件的限制,卫星转发器天线的口径和增益不能太大,因此,要求地球站发射机系统发射信号的功率大,以保证卫星通信系统的信号质量。发射机分系统由上变频器、自动功率控制电路、发射波合成装置、激励器和大功率放大器等组成(图7-10)。

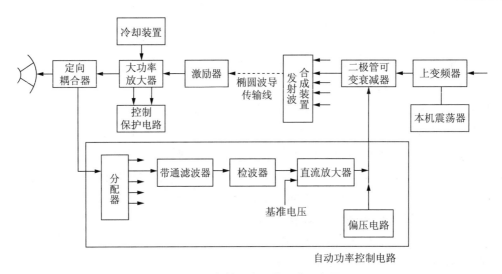

图7-10　发射机分系统组成示意图

对地球站发射机分系统的主要要求有以下几点。

①发射的功率大。

②频带宽,从而保证通信容量以及发射多个载波所需的带宽。

③射频的频率稳定度高。由于通信系统射频频率的精确度取决于各振荡器的频率稳定度,即要求振荡器的频率稳定度要高于射波频率的相对精度一个数量级。

④放大器的线性好。为了减小多载波放大时产生的交调分量,必须要求功率放大器的线性度高。一般规定多载波时的交调分量的有效全向辐射功率在任意一个 4kHz 的频带内

应低于 26dB·W。

⑤增益稳定,对发射地球站的有效全向辐射功率要求保持在额定值的±0.5dB 以内,以保证接收地球站的性能指标。

（2）功率放大器

发射机分系统中的功率放大器由行波管功率放大器或速调管功率放大器组成。在频分多址的情况下,功率放大器的输入信号中包含多个载波,以区分不同的地球站址。但这种功率放大器的放大特性和相移特性是非线性的,即输入和输出的信号功率之间为非线性关系。当有多个载波同时输入时,会因幅度的非线性产生调幅/调相变换,进而在输出信号中产生交调分量,使信噪比降低,严重时还会造成通信中断。

当功率放大器放大多个载波,若一个功率放大器的功率不够大时,需要采用功率合成的方法,可先把载波单独进行功率放大,然后再进行功率合成。

（3）上变频器和本机振荡器

发射机分系统中的上变频器一般都采用参量变频器,它的主要特点是噪声小而且有一定的增益。

无论是上变频器或接收机分系统中用的下变频器,都要有本机振荡器。本机振荡器的频率为几吉赫兹,而且要求有很高的频率稳定度,一般需采用晶振倍频锁相的方法来实现（图 7-11）。

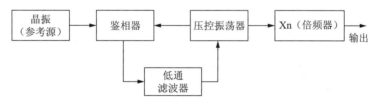

图 7-11　晶振倍频锁相振荡源

3. 接收机分系统

（1）组成与要求

由于卫星转发器的发射功率较小,只有几瓦至几十瓦,而且天线的增益也不高,经 200dB 左右的下行线路损耗之后,到达地球站的信号极微弱。因此。地球站的接收机分系统必须是低噪声的。低噪声接收机分系统主要由低噪声放大器、下变频器和本机振荡器等组成。

对接收机分系统的主要要求:

①噪声温度低,接收机分系统的噪声温度很低,一般只有几十开尔文（K）。

②工作频带宽,一般要求具有 500MHz 的带宽。

③增益稳定。

（2）低噪声放大器

在微波频段使用的低噪声放大器主要是低噪声晶体管放大器、场效应管放大器和参量放大器等。

由于地球站要求低噪声放大应有 40dB 的增益,所以常用 2~3 级参量放大器组成前级,后面再接几级低噪声晶体管或场效应管放大器。

为了降低参量放大器的噪声,除适当选择参量放大器所用的变容管和泵源外,还可以采用致冷参量放大器。

(3)下变频器

经低噪声放大器放大的微波信号,要送到下变频器变换成中频,再经过中频放大后送到解调器。

地球站接收机分系统中的中频,通常都是70MHz。如果采用两次变频方式,第一中频常用1GHz、1.4GHz或1.7GHz,第二中频则仍是70MHz。

4. 信道终端设备分系统

信道终端设备分系统可以分为上行和下行两个部分。

(1)上行部分

上行部分即发端信道终端设备,主要作用是分别对多类型信号进行基带处理,把组成的基带信号进行载频调制,然后送到发射机分系统进行上变频处理。

(2)下行部分

信道终端设备下行部分的任务是把输送进来的信息信号,经过解调和基带处理后,输出基带信号,然后再送到终端接口设备,把基带信号进行分解。

5. 通信控制分系统

地球站相当复杂和庞大,为了保证各部分正常工作,必须在站内集中监视、控制和测试。为此,各地球站都有一个中央控制室,通信控制分系统就配置在中央控制室内。通信控制分系统主要由监视设备、控制设备和测试设备等组成。

监视设备安装在中心控制台上,用于监视地球站的总体工作状态、通信业务、各种设备的工作情况以及现用与备用设备的情况等。

控制设备用来对地球的通信设备进行遥测、遥控以及主用、备用设备的自动转换等。控制设备由发射控制设备和接收控制设备两部分组成。

测试设备用于对各部分电路进行测试。

6. 电源分系统

地球站电源分系统要供应站内全部设备所需用的电能,它关系到通信的质量及设备的可靠性。

当利用公用交流市电来对地球站供电时,通过电力传输线路,必然会同时引进许多杂波干扰,而且公用交流市电也会出现波动。所以,必须采取稳压和滤除杂波干扰的措施。市电的定期停电或偶然断电等情况,对地球站的影响更为严重。对于大型标准地球站来说,即使市电断电时间只有100s,也会引起比这长得多的线路中断,如果断电时间大于60s,那么大功率发射机就不能重新自动工作了。所以地球站的大功率发射机所需电源必须是定电压、定频率并且高可靠的不中断电源。

为满足地球站的供电要求,通常应设有两种电源设备,即应急电源设备和交流不间断电源。另外,为了确保电源设备的安全以及减少噪声和交流声,所有电源设备都应良好接地。

(三)通信卫星的组成及其工作原理

以静止卫星为例,有两种形态:三轴稳定式和自消旋式(图7-12)。主要有5个系统组成。

a：三轴稳定式 b：自消旋式

①天线分系统：定向发射与接收无线电信号。

②通信分系统：接收、处理、并重发信号，通常称为转发器。

③电源分系统：为卫星提供电能，包括太阳能电池、蓄电池和配电设备。

④跟踪、通测与指令分系统：跟踪部

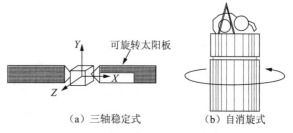

（a）三轴稳定式　　（b）自消旋式

图7-12　静止通信卫星的外形图

分用来为地球站跟踪卫星发射信标；遥测部分用来在卫星上测定并给地面的 TT&C 站发送有关卫星的姿态及卫星各部件工作状态的数据；指令部分用于接收来自地面的控制命令，处理后送给控制分系统执行。

⑤控制分系统：用来对卫星的姿态、轨道位置、各分系统工作状态等进行必要的调节与控制。

1. 天线分系统

通信卫星上的天线要求体积小、质量轻、馈电方便、便于折叠和展开等，至于工作原理、外形等，则都与地面上的天线相同。

通信卫星上最主要的天线是通信用的微波天线。微波天线是定向天线，要求天线的增益尽量高，以便增大天线的有效辐射功率，微波天线根据波束宽度的不同，可以分为3类：全球波束天线、点波束天线和区域形波束天线。

全球波束天线的波束宽度约为17°～18°；点波束天线比全球波束窄的多，增益较高，但其辐射的区域比全球波束小得多；区域波束也成赋形波束，覆盖面积可通过修改天线反射器的形状和使用多个馈源从不同方向照射天线反射器，由反射器产生多个波束的组合来实现(图7-13)。

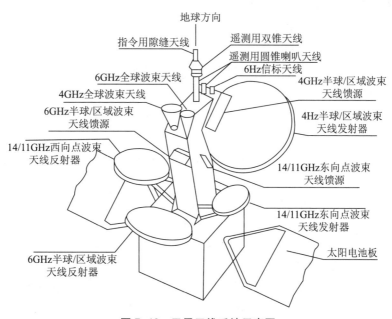

图7-13　卫星天线系统示意图

卫星通信天线除有波束覆盖面积和形状的要求之外,还要有以下各种性能:

(1)指向精度。要求卫星天线波束的指向误差小于波束宽度的10%,以便保证天线的波束能覆盖指定的区域。

(2)频带宽度。要求卫星天线有足够大的工作频带宽度。

(3)星上转接功能。在大容量通信卫星中往往用多副天线产生多个波束,因此在卫星上应能完成不同波束间的信号转接,才能沟通不同覆盖区的地球站的信道(图7-14)。

(4)极化方式。为克服大气电离层对电波的法拉第旋转效应,一般频率低于10GHz的天线都采用圆极化方式;工作效率高与10GHz的天线,由于大气电离层对电波的法拉第旋转效应可以忽略,而大气对流层中因降雨引起的退极化效应会使圆极化波变成椭圆极化波,以致极化隔离度降低,所以大多采用线极化方式。由于线极化设备产生互相正交的双极化波比较简单容易,所以国内通信卫星在4/6GHz时也采用线极化方式。

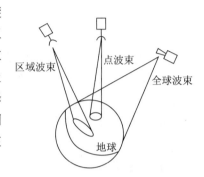

图7-14 各种波束覆盖示意图

(5)隔离度。对采用极化分割或空间分割的频率复用技术的通信卫星天线,应具有必要的极化隔离度和不同波束间的隔离度,以避免相互干扰。

(6)消旋措施。对采用自施稳定法进行姿态控制的卫星,它的天线或波束必须与卫星作相反方向的施转,即消旋。

2. 通信分系统(转发器)

转发器是通信卫星中直接起中继站作用的部分。对转发器的基本要求是:以最小的附加噪声和失真,并以足够的工作频带和输出功率来为各地球站有效而可靠地转发无线电信号。转发器通常分为透明转发器和处理转发器类。

(1)透明转发器:收到地面发来的信号后,除进行低噪声放大、变频、功率放大外,不作任何加工处理,只是单纯地完成转发任务。

(2)处理转发器:它除进行信号销转发外,还具有处理功能。

卫星上的信号处理功能主要包括:对数字信号进行解调再生,使噪声不会积累;在不同的卫星天线波束之间进行信号交换;进行其他更高级的信号更换和处理。

3. 电源分系统

卫星上的电源除要求体积小、质量轻、效率高和可靠性外,还要求电源能在长时间内保持足够的输出。

通信卫星所用电源有太阳能电池、化学电池和原子能电池。化学电池大都采用镍镉(Ni_Cd)蓄电池,与太阳能电池并接,非星蚀期间蓄电池被充电,星蚀时,蓄电池供电保证卫星继装工作。

4. 跟踪、遥测、指令分系统

主要包括遥测与指令两大部分,此外还有应用于卫星跟踪信标发射设备。

(1)遥测设备,遥测设备是用各种传感器和敏感元件等不断测得有关卫星姿态及卫星内各部分工作状态等数据,经放大、多路复用、编码调制等处理后,通过专用的发射机和天线,发给地面的 TT&C 站,TT&C 站接收并检测出卫星发来的遥测信号,转送给卫星监控中心进行分析和处理,然后通过 TT&C 站向卫星发出有关姿态和位置校正、星内温度调节、主备用部件切换、转发器增益换挡等控制指令信号。

(2)指令设备,专门用来接收 TT&C 站发给卫星的指令,进行解调与译码后,一方面将其暂时储存起来,另一方面又经遥测设备发回地面进行校队,TT&C 站在核对无误后发出"指令执行"信号,指令设备收到后,才将储存的各种指令送到控制分系统,使有关的执行机构正确完成控制动作。

5. 控制分系统

控制分系统由一系列机械的或电子的可控调整装置组成,如各种喷气推进器、驱动装置、加热及散热装置、各种开关等等,在 TT&C 站的指令的控制下完成对卫星的姿态、轨道位置、工作状态主备用切换等各项调整。

(四)卫星通信频段的选取

1. 主要影响因素

卫星通信使用的工作频段虽然属于微波频段(300MHz~300GHz),但由于卫星通信电波传播的中继距离远,从地球站到卫星的长距离传输中,既要受到对流层大气噪声的影响,又要受到宇宙噪声的影响。因此,卫星通信工作频段的选取将影响到系统的传输容量、地球站发信机及卫星转发器的发射功率、天线口经尺寸及设备的复杂程度等。进取工作频段时,考虑的主要因素有:

(1)天线系统接收的外界干扰噪声要小;

(2)电波传播损耗要小;

(3)适用于该频段的设备重量要轻,且体积小;

(4)可用频带宽,以便满足传输信息的要求;

(5)与其他地面无线系统(雷达系统、地面微波中继通信系统等)之间的相互干扰要尽量小;

(6)尽可能地利用现有的通信技术和设备。

2. 卫星通信的无限电窗口

由于大气层中的对流层中的氧和水蒸气会对电波有吸收作用,雨、露以及雪也会对电波产生吸收和散射衰耗,资料显示,在 0.3~10GHz 频段,大气吸收衰耗最小,称为"无线电窗口"。此外,在 30GHz 附近也有一个衰减的低谷,称为"半透明无线电窗口"。因此,选择工作频段时,应选在这些"窗口"附近。

目前大多数卫星通信系统选择了如下频段:

(1)UHF(超高频)频段——400MHz/200MHz;

(2)微波 L 频段——1.6MHz/1.5GHz;

(3)微波 C 频段——6.0GHz/4.0GHz;

(4)微波 X 频段——8.0GHz/7.0GHz;

(5)微波 Ku 频段——14.0GHz/12.0GHz 和 14.0GHz/11.0GHz;

(6)微波 Ka 频段——30GHz/20GHz。

随着通信业务的迅连增长,人们正在探索应用更高频段的可能性。1971年的世界无线电行政会议已确定将宇宙通信的频段扩展到275GHz。

在实际应用中,国际卫星通信的商业卫星和国内区域卫星通信中大多数都使用6/4GHz频段。其上行频率为5.925~6.425GHz,下行频率为3.7~4.2GHz,卫星转发器的带宽可达500MHz。为了不与上述的民用卫星通信系统干扰,许多国家的军用和政府用的卫星通信系统使用8/7GHz频段。其上行频率为7.9~8.4GHz,下行频率为7.25~7.75GHz。

由于卫星通信业务量的急剧增加,1~10GHz的无线电窗口日益拥挤,14/11GHz频段已得到开发和使用。其上行频率为14~14.5GHz,下行频率为10.95~11.2GHz和11.45~11.7GHz等。

三、通信信号处理

卫星通信是典型的无线通信系统,在系统中使用了各种数字处理技术,根据各自的通信环境及应用对象不同,对速率及系统性能的要求不同,使得系统对信源和信道编码的要求不同。

(一)信源编码

1. 信源编码的作用

(1)把信源发出的模拟信号转换成以二进制为代表的数字式信息序列,完成模拟信号数字化。

(2)为了使传输更有效,把与传输内容无关的冗余信息去掉,完成信源的数据压缩。

2. 信源编码的抽样定理

抽样又可称为取样或者采样,是任何模拟信号数字化的理论基础,是一个时间连续的模拟信号经过抽样变成离散序列之后,如何用这些离散序列样值不失真地恢复原来的模拟信号这样一个问题。抽样是对模拟信号进行时间上的离散化处理,即每隔一段时间对模拟信号抽取一个样值,是模拟信号数字化的第一步。相应的在接收端要从离散的样值脉冲不失真地恢复出原模拟信号,实现重建任务。

(1)抽样定理

①样值信号频谱

抽样定理模型可用一个乘法器表示(图7-15)。

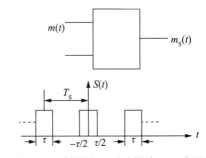

图7-15 抽样定理乘法器表示示意图

即 $m_s(t) = m(t) \cdot s(t)$

式中：$s(t)$ 是重复周期为 T_s、脉冲幅度为1、脉冲宽度为 τ 的周期性脉冲序列，即抽样脉冲。如图所示。可以看出：$s(t) = 1$ 时，$m_s(t) = m(t)$；$s(t) = 0$ 时，$m_s(t) = 0$。

下面分析样值信号频谱。$s(t)$ 用傅里叶级数可表示为：

$$s(t) = A_0 + 2\sum_{n=1}^{\infty} A_n \cos n\,\omega_s t$$

式中：$\omega_s = \dfrac{2\pi}{T_s} = 2\pi f_s$，$A_0 = \dfrac{\tau}{T_s}$，

$$A_n = \frac{\tau}{T_s} \cdot \frac{\sin\dfrac{n\,\omega_s\tau}{2}}{\dfrac{n\,\omega_s\tau}{2}}$$

则：

$m_s(t) = m(t) \cdot s(t) = A_0 m(t) + 2A_1 m(t)\cos\omega_s t + 2A_2 m(t)\cos 2\omega_s t + \cdots + 2A_n m(t)\cos n\,\omega_s t$

若 $m(t)$ 为单一频率 Ω 的正弦波，即 $m(t) = A_\Omega \sin\Omega t$，则式中各项所包含的频率成分分别为：

第一项：Ω，幅度为 $\dfrac{\tau}{T_s}$；

第二项：$\omega_s \pm \Omega$；

第三项：$2\omega_s \pm \Omega$；

……

第 n 项：$n\omega_s \pm \Omega$。

结论：抽样后信号的频率成分除含有 Ω 外，还有 $n\omega_s$ 的上、下边带；第一项中包含了原模拟信号 $m(t) = A_\Omega \sin\Omega t$ 的全部信息，只是幅度差 τ/T_s 倍。

若 $m(t)$ 信号的频率为 $f_L \sim f_H$，即为一定带宽信号，其 $m(t)$、$s(t)$、$m_s(t)$ 信号频谱及波形如图 7-16 所示。

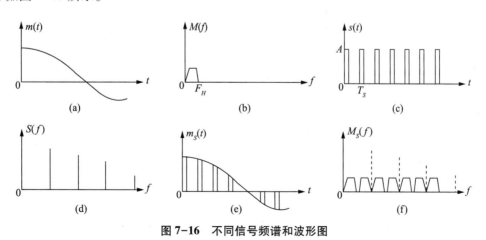

图 7-16　不同信号频谱和波形图

②抽样定理

可以看出,只要频谱间不发生重叠现象,在接收端就可通过截止频率为 $f_c = 2f_H$ 的理想低通滤波器从样值信号中取出原模拟信号。因此,对于低频频率 f_L 很低,最高频率为 f_m 的模拟信号来说,只要抽样信号频率 $f_s \geqslant 2f_m$,在接收端就可不失真地取出原模拟信号。抽样信号 $s(t)$ 的重复频率 f_s 必须不小于模拟信号最高频率的两倍,即 $f_s \geqslant 2f_m$,它是模拟信号数字化的理论根据。

实际滤波器的特性不是理想的,因此常取 $f_s > 2f_m$。

在选定 f_s 后,对模拟信号的 f_m 必须给予限制。其方法为在抽样前加一低通滤波器,限制 f_m,保证 $f_s > 2f_m$。

③信号的重建

利用一低通滤波器即可完成信号重建的任务。由前面分析知道,样值信号中原模拟信号的幅度只为抽样前的 τ/T_s 倍。因为 τ 很窄,所以还原出的信号幅度太小。为了提升重建的语音信号幅度,通常采取加一展宽电路,将样值脉冲 τ 展宽为 T_s,从而提升信号幅度。理论和实践表明:加展宽电路后,在 PAM 信号中,低频信号提升的幅度多,高频信号提升的幅度小,产生了失真。为了消除这种影响,在低通滤波器之后加均衡电路。要求均衡电路对低频信号衰减大,对高频信号衰减小。

3. 信源编码的时分复用〔TDM〕

一般而言,抽样脉冲是相当窄的,因此已抽样信号只占用了有限的时间。而在两个抽样脉冲之间将空出较大的时间间隔,我们可以利用这些时间间隔传输其他信号的抽样值,达到用一条信道同时传输多个基带信号的目的。按照一定的时序把几路已抽样信号组合起来的方法,称为时分复用(TDM),或称时分多路复用。

(1)时分复用原理

时分复用系统原理(图 7-17)是 N 路信号 $f_1(t)$,$f_2(t)$,$\cdots$,$f_N(t)$,经过输入低通滤波器 LPF 之后变成严格带限信号,被加到发送转换开关的相应位置。转换开关每 T_s 秒按顺序依次对各路信号分别抽样一次。最后合成的多路 PAM 信号,它是 N 路抽样信号的总和。

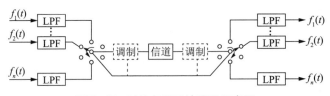

图 7-17 时分复用系统原理示意图

各波形如图 7-18 所示:

在一个抽样周期 T_s 内,由各路信号的一个抽样值组成的一组脉冲叫做一帧,而一帧中相邻两个抽样脉冲之间的时间间隔称为一个时隙,用 T_1 表示

$$T_1 = \tau + \tau_g = \frac{T_s}{N}$$

式中:τ 是抽样脉冲宽度,τ_g 叫做防护时隙,用来避免邻路抽样脉冲的相互重叠。合成的多路 PAM 信号按顺序送入信道。在送入信道之前,根据信道特性可先进行调制,将信号

变换成适于信道传输的形式。在接收端,有一个与发送端转换开关严格同步的接收转换开关,顺序地将各路抽样信号分开并送入相应的低通滤波器,恢复出各路调制信号。

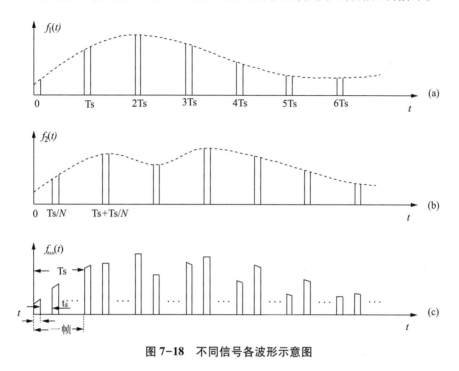

图 7-18 不同信号各波形示意图

在时分多路中,发送端的转换开关和接收端的转换开关必须同步。

（2）传输 TDM-PAM 信号所需的信道带宽

若每路基带信号的频率范围为 $0 \sim f_m$,则 N 路时分复用的 PAM 信号由每秒 $2Nf_m$ 个脉冲组成。由抽样定理可知,频带限制在 f_m（Hz）的连续信号可以由每秒 $2f_m$ 个抽样值来代替。因此每秒 $2Nf_m$ 个抽样值也就确定地对应着一个频带宽度为 Nf_m（Hz）的连续信号。换句话说,可以认为这 $2Nf_m$ 个抽样值是由频带限制在 $0 \sim Nf_m$ 的连续信号经抽样得到。所以传输 N 路时分复用 PAM 信号所需要的信道带宽 B 至少应该等于 Nf_m,即应满足下式

$$B \geqslant Nf_m$$

4. 脉冲编码调制（PCM）

（1）PCM 的基本原理

在数字通信系统中,脉冲编码调制通信是数字通信的主要形式之一。发信端的主要任务是完成 A/D 变换,其主要步骤为抽样、量化、编码。收信端的任务是完成 D/A 变换,其主要步骤是解码、低通滤波。信号在传输过程中要受到干扰和衰减,所以每隔一段距离加一个再生中继器,使数字信号获得再生（图 7-19）。

为了使信码适合信道传输,并有一定的检测能力,在发信端加有码型变换电路,收信端加有码型反变换电路。

根据抽样定理,$m(t)$ 经过抽样后变成了时间离散、幅度连续的信号 $m_s(t)$。将其送入量化器,就得到了量化输出信号 $m_q(t)$。采用了"四舍五入"法将每一个连续抽样值归结为某一临近的整数值,即量化电平（图 7-20）,这里采用了 8 个量化级,将图 7-20（b）中 7 个准

确样值 4.2、6.3、6.1、4.2、2.5、1.8、1.9 分别变换成 4、6、6、4、3、2、2。显然，量化后的离散样值可以用一定位数的代码来表示，也就是对其进行编码。因为只有 8 个量化电平，所以可用 3 位二进制码来表示。如果有 M 个量化电平，需要的二进制码位数 n 为

$$M = 2^n$$

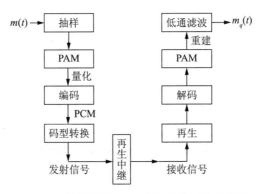

图 7-19　基带传输 PCM 单向通信系统示意图

图 7-20(d)给出了用自然二进制码对量化样值进行编码的结果。如果用 μ 进制脉冲进行编码，n 个码元所代表的量化电平数目为

$$M = \mu^n$$

但实际中，实现这种方法的电路较复杂，因此，实用电路中常常在发信端采用取整量化，在收信端再加上半个量化级差的方法。

可知，经过抽样以后，信号在时间上被离散化了，但是其幅度仍是连续取值，故仍为模拟信号，不能进行编码。因此，必须进行数字化的第二步——幅度离散化处理，即量化。

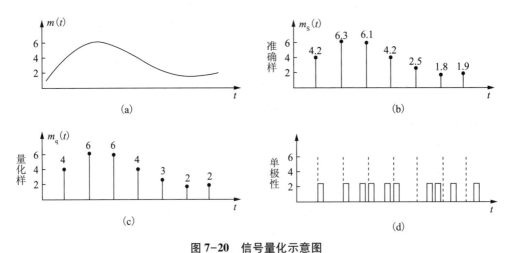

图 7-20　信号量化示意图

（2）量化

量化是将抽样后的信号在幅度上离散化，即将模拟信号转换为数字信号。其做法是将 PAM 信号的幅度变化范围划分为若干个小间隔，每一个小间隔叫做一个量化级。相邻两个

样值的差叫做量化级差,用 δ 表示。当样值落在某一量化级内时,就用这个量化级的中间值来代替,该值称为量化值。

用有限个量化值表示无限个取样值,总是含有误差的。由于量化而导致的量化值和样值的差称为量化误差,用 $e(t)$ 表示。即 $e(t)$ =量化值-样值。

1)均匀量化

均匀量化的量化级差 δ 是均匀的。或者说,均匀量化的实质是不管信号的大小,量化级差都相同。该量化特性曲线共分 8 个量化级[图 7-21(a)],量化输出取其量化级的中间值。量化误差与输入电压的关系曲线[图 7-21(b)],当输入信号幅度在 $-4\delta \sim +4\delta$ 之间时,量化误差的绝对值都不会超过 $\delta/2$,这段范围称为量化的未过载区。在未过载区产生的噪声称为未过载量化噪声。当输入电压幅度 $u(t) > 4\delta$ 或 $u(t) < -4\delta$ 时,量化误差值线性增大,超过 $\delta/2$,这段范围称为量化的过载区。在量化过载区产生的噪声称为过载量化噪声。过载量化噪声在实用中应避免。

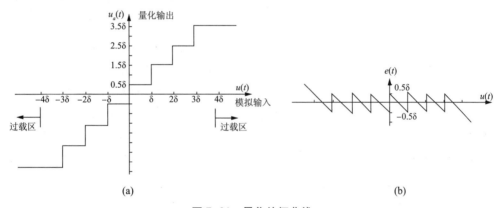

图 7-21　量化特征曲线

通信中常用信噪比表示通信质量。量化信噪比是指模拟输入信号功率与量化噪声功率之比。

经分析知:对一正弦信号,均匀量化的信噪比为:

$$\left(\frac{S}{N}\right)_{dB} = 1.76 + 6n + 20\log\frac{U_m}{V}$$

对一语音信号,均匀量化的信噪比为:

$$\left(\frac{S}{N}\right)_{dB} = 6n - 9 + 20\log\frac{U_m}{V}$$

式中,n 为二进制码的编码位数;

U_m 为有用信号的幅度;

$+V \sim -V$ 为未过载量化范围。

我们把满足一定量化信噪比要求的输入信号取值范围定义为量化器的动态范围。

可以看出:

①为保证通信质量,要求在信号动态范围达到 40dB(即 $20\log\frac{U_m}{V} = -40\text{dB}$)时,信噪比

$\left(\dfrac{S}{N}\right)_{dB} \geq 26dB$，所以 $26 \leq 1.76+6n-40$，解得 $n \geq 10.7$，即在码位 $n=11$ 时，才满足要求。

②信噪比同码位数 n 成正比，即编码位数越多，信噪比越高，通信质量越好。每增加一位码，信噪比可提高 6dB。

③有用信号幅度 U_m 越小，信噪比越低。

④语音信号信噪比比相同幅值的正弦信号输入时信噪比低 11dB。

可见，均匀量化信噪比的特点是：码位越多，信噪比越大；在相同码位的情况下，大信号时信噪比大，小信号时信噪比小。

2）非均匀量化

经过大量统计表明，语音信号中出现小信号的概率要大于出现大信号的概率。但均匀量化信噪比的特点是小信号信噪比小，对提高通信质量不利。因此为了照顾小信号时量化信噪比，又使大信号信噪比不过分富裕，提出了非均匀量化的概念。

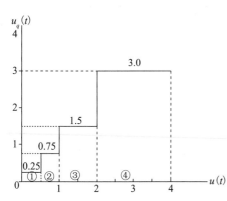

图 7-22 非均匀里量化特征（幅值为正）

非均匀量化是对大小信号采用不同的量化级差，即在量化时对大信号采用大量化级差，对小信号采用小量化级差。这样就可以保证在量化级数（编码位数）不变的条件下，提高小信号的量化信噪比，扩大了输入信号的动态范围。非均匀量化特性，在幅值为正时的量化特性（图 7-22），过载电压 $V=4\Delta$，其中 Δ 为常数，其数值视实际而定。量化级数 $l=8$，幅值为正时，有 4 个量化级差。

由图中看出：在靠近原点的①、②两级量化间隔最小且相等（$\Delta_1 = \Delta_2 = 0.5\Delta$），其量化值取量化间隔的中间值，分别为 0.25 和 0.75；以后量化间隔以 2 倍的关系递增。所以满足了信号电平越小，量化间隔也越小的要求。

①压缩与扩张，实现非均匀量化的方法之一是采用压缩扩张技术，其特点是在发送端对输入模拟信号进行压缩处理后再均匀量化，在接收端进行相应的扩张处理（图 7-23），非线性压缩特性中，小信号时的压缩特性曲线斜率大，而大信号时压缩特性曲线斜率小。经过压缩后，小信号放大变成大信号，再经均匀量化后，信噪比就较大了。在接收端经过扩张处理，还原成原信号。压缩和扩张特性严格相反。

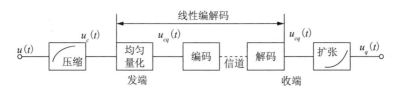

图 7-23 非均匀量化的压缩和扩张示意图

综上所述，非均匀量化的具体实现，关键在于压缩-扩张特性。目前应用较广的是 A 律和 μ 律压扩特性。

②A 律压缩特性,若将压缩特性和扩张特性曲线的输入和输出位置互换,则两者特性曲线是相同的,因此下面只分析压缩特性。A 律压缩特性公式为:

$$y = \frac{Ax}{1 + \ln A}, 0 \leq x \leq \frac{1}{A}$$

$$y = \frac{1 + \ln Ax}{1 + \ln A}, \frac{1}{A} \leq x \leq 1$$

式中 A 为压缩系数,表示压缩程度(图 7-24)。A = 1 时,y = x,为无压缩即均匀量化情况。A 值越大,在小信号处斜率越大,对提高小信号信噪比越有利。

③A 律 13 折线压缩特性,实际中,用一段折线来近似模拟 A 律压缩特性(图 7-25)。在该方法中,将第 Ⅰ 象限的 y、x 各分 8 段。Y 轴均匀的分段点为 1、7/8、6/8、5/8、4/8、3/8、2/8、1/8、0。X 轴按 2 的幂次递减的分段点为 1、1/2、1/4、1/8、1/16、1/32、1/64、1/128、0。这 8 段折线从小到大依次为①、②,…,⑦、⑧段。各段斜率分别用 k_1、k_2,…,k_7、k_8 表示,其值为 $k_1 = 16$、$k_2 = 16$、$k_3 = 8$、$k_4 = 4$、$k_5 = 2$、$k_6 = 1$、$k_7 = 1/2$、$k_8 = 1/4$。靠近,第①、②段斜率最大,说明对小信号放大能力最大,因此信噪比改善最多。再考虑 x、y 为负值的第 Ⅲ 象限的情况,由于第 Ⅲ 象限和第 Ⅰ 象限的第①、第② 的斜率相同,可将此四段视为一条直线,所

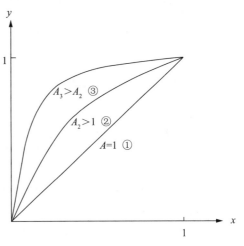

图 7-24　压缩系数曲线

以两个象限总共 13 段折线,称为 13 折线。实际中 A = 87.6 时,其 13 折线压缩特性与 A 律压缩特性相似。因此简称 13 折线 A 律特性或 13 折线特性。

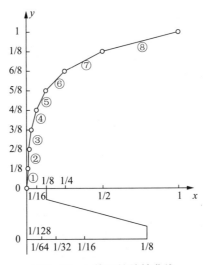

图 7-25　A 律压缩特性曲线

A 律 13 折线压缩特性对小信号信噪比的改善是靠牺牲大信号的量化信噪比换来的。非

均匀量化后量化信噪比的公式可表示为：

$$\left(\frac{S}{N}\right)_{dB} = 1.76 + 6n + 20\log\frac{k_i U_m}{V} = 1.76 + 6n + 20\log\frac{U_m}{V} + 20\log k_i$$

式中，$20\log k_i$ 为量化信躁比的改善量。13 折线各段折线的斜率及量化信噪比的改善量如表 7-2 所示。

表 7-2　折线各段折线的斜率及量化信噪比的改善量

段　落	1	2	3	4	5	6	7	8
折线斜率	6	16	8	4	2	1	1/2	1/4
量化信噪比的改善量/dB	4	24	18	12	6	0	-6	-12

根据以上分析，采用 13 折线压缩特性进行非均匀量化时，编 7 位码（即 $n=7$）就可满足输出信噪比大于 26dB 的要求。

④ μ 律压缩特性

μ 律压缩特性公式为：$y = \dfrac{\ln(1+\mu x)}{\ln(1+\mu)}$（$0 \le x \le 1, 0 \le y \le 1$）

其中 μ 为压缩系数（图 7-26）。$\mu = 0$ 时，相当于无压缩情况。实用中取 $\mu = 255$，μ 律压缩特性可用 15 折线来近似，我国很少使用。

5. 增量调制（ΔM）

增量调制简称 ΔM，1946 年由法国工程师 De Loraine 提出，目的在于简化模拟信号的数字化方法。主要在军事通信和卫星通信中广泛使用，有时也作为高速大规模集成电路中的 A/D 转换器使用。

（1）增量调制的基本原理

增量调制就是将信号瞬时值与前一个抽样时刻的量化值之差进行量化，而且只对这个差值的符号进行编码。因此量化只限于正和负两个电平，即用一位码来传输一个抽样值。如果差值为正，则发"1"码；如果差值为负，则发"0"码。显然，数码"1"和"0"只是表示信号相对于前一时刻的增减，而不代表信号值的大小。这种将差值编码用于通信的方式就称为"增量调制"。我们借助于图来进一步理解增量调制的基本原理（图 7-27）。

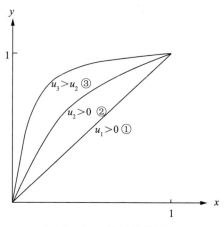

图 7-26　μ 律压缩特性

$m(t)$ 是一个频带有限的模拟信号，时间轴 t 被分成许多相等的时间段 Δt，如果 Δt 很小，则 $m(t)$ 在间隔为 Δt 的时刻上得到的相邻的差值也将很小。如果把代表 $m(t)$ 幅度的纵轴也分成许多相等的小区间 σ，那么模拟信号 $m(t)$ 就可用如图所示的阶梯波 $m'(t)$ 来逼近。显然，只要时间间隔 Δt 和台阶 σ 都很小，则 $m(t)$ 和 $m'(t)$ 将会相当地接近。阶梯波形只有上升一个台阶 σ 或下降一个台阶 σ 两种情况，因此可以把上升一个台阶 σ 用"1"码来表示，下降一个台阶 σ 用"0"码来表示，这样图中连续变化的模拟信号 $m(t)$ 就可以用一串二进码序列来表示，从而实现了模/数转换。在接收端，只要每收到一个"1"码就使输出上

升一个 σ 值,每收到一个"0"码就使输出下降一个 σ 值,当收到连"1"码时,表示信号连续增长,当收到连"0"码时,表示信号连续下降。这样就可以恢复出与原模拟信号 $m(t)$ 近似的阶梯波形 $m'(t)$,从而实现了数/模转换。

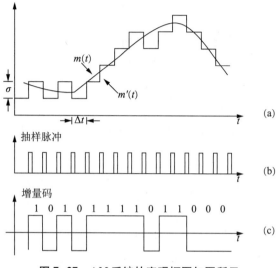

图 7-27　ΔM 系统的实现框图如图所示

积分器的输入(图 7-28)与输出波形(图 7-29),输出波形并不是阶梯波形,而是一个斜变波形。但因 $\Delta E = \Delta$,故在所有抽样时刻 t_i 上斜变波形与阶梯波形有完全相同的值。因而,斜变波形与原来的模拟信号相似。积分器输出的斜变波经低通滤波器之后就变得十分接近于信号 $m(t)$ 。

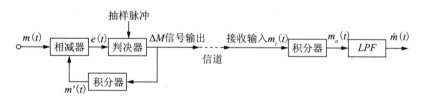

图 7-28　积分器输入示意图

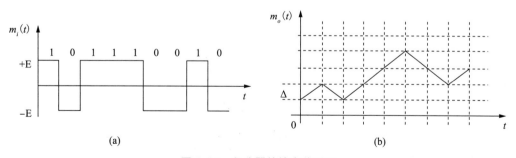

图 7-29　积分器的输出波形图

（2）量化噪声和过载噪声

①量化噪声

由于 ΔM 信号是按台阶 σ 来量化的,因而也必然存在量化误差 $e_q(t)$,也就是所谓的量化噪声。量化误差可以表示为

$$e_q(t) = m(t) + m'(t)$$

正常情况下, $e_q(t)$ 在 $(-\Delta, +\Delta)$ 范围内变化。假设随时间变化的 $e_q(t)$ 在区间 $(-\Delta, +\Delta)$ 上均匀分布,则 $e_q(t)$ 的平均功率可表示成

$$E[e_q^2(t)] = \int_{+\sigma}^{-\sigma} e^2 f_q(e)\,\mathrm{d}e = \frac{1}{2\sigma}\int_{+\sigma}^{-\sigma} e^2\,\mathrm{d}e = \frac{\Delta^2}{3}$$

上式表明, ΔM 的量化噪声功率与量化阶距电压的平方成正比。因此若要想减小 N'_q ,就应减小阶距电压 Δ 。

②过载噪声

因为,在 ΔM 中每个抽样间隔内只容许有一个量化电平的变化,所以当输入信号的斜率比抽样周期决定的固定斜率大时,量化阶的大小便跟不上输入信号的变化,因而产生斜率过载失真,它所产生的噪声称为斜率过载噪声(图7-30)。

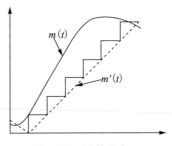

图7-30 过载噪声

（3）不发生过载失真的条件

$m'(t)$ 每隔 T_s 时间增长 Δ ,因此其最大可能的斜率为 Δ/T_s 。而模拟信号 $m(t)$ 的斜率为 $\frac{\mathrm{d}m(t)}{\mathrm{d}t}$ 。为了不发生过载失真,必须使信号的最大可能斜率小于斜变波的斜率,即有

$$\left|\frac{\mathrm{d}m(t)}{\mathrm{d}t}\right|_{\max} \leqslant \frac{\Delta}{T_s}$$

式中, $\left|\dfrac{\mathrm{d}m(t)}{\mathrm{d}t}\right|_{\max}$ 是信号 $m(t)$ 的最大斜率。当输入是单音频信号 $m(t) = A\cos\omega t$ 时,有

$$\left|\frac{\mathrm{d}m(t)}{\mathrm{d}t}\right|_{\max} \leqslant A\omega$$

在这种特殊的情况下,不发生过载失真的条件为

$$A\omega \leqslant \Delta f_s$$

可见,当模拟信号的幅度或频率增加时,都可能引起过载。为了控制量化噪声,则量化阶距电压 Δ 不能过大。因此若要避免过载噪声,在信号幅度和频率都一定的情况下,只有提高频率 f_s ,即使 f_s 满足

$$f_s \geqslant \frac{A}{\Delta}\omega$$

一般情况下, $A \gg \Delta$,为了不发生过载失真, f_s 的取值远远高于 PCM 系统的抽样频率。例如, ΔM 系统的动态范围 $(D)_{\Delta M}$ 定义为最大允许编码幅度

$$A_{\max} = \Delta \frac{f_s}{2\pi f}$$

与最小可编码电平 $A_{min} = \Delta/2$ 的之比,即

$$(D)_{\Delta M} = 20\log \frac{A_{max}}{A_{min}} = 20\log \frac{f_s}{\pi f}$$

若设语音信号的频率为 $f = 1kHz$,并要求其变化的动态范围为40dB,则有

$$20\log \frac{f_s}{\pi f} = 40$$

因此不发生过载, f_s 的取值为 $f_s \approx 300kHz$

在 PCM 系统中,对于频率为1kHz的语音信号进行抽样,抽样频率为2kHz。与之相比, ΔM 系统的 f_s 比 PCM 系统的抽样频率大很多。

在抽样频率和量化阶距电压都一定的情况下,为了避免过载发生,输入信号的频率和幅度关系应保持在图中过载特性所示的临界线之下(图7-31)。

在临界情况下,有

$$A_{max} = \frac{\Delta f_s}{2\pi f}$$

该式说明,输入信号所允许的最大幅度与 Δf_s 成正比,与输入信号的频率成反比,因此输入信号幅度的最大允许值必须随信号频率的上升而下降。频率增加一倍,幅度必须下降6dB。这正是增量调制不能实用的原因。在实际应用中,多采用 ΔM 的改进型——总和增量调制($\Delta - \sum$)系统和数字压扩调制。

(4)PCM 和 ΔM 的性能比较

在不同的 n 值情况下,PCM 与 ΔM 系统的性能不同(图7-32),在相同的传输速率下,如果 PCM 系统的编码位数 n 小于4,则它的性能将比 $f = 1000Hz$, $f_m = 3000Hz$ 的 ΔM 系统差;如果 $n > 4$,PCM 的性能将超过 ΔM 系统,且随 n 的增大,性能越来越好。

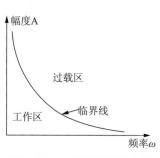

图7-31　工作区界限示意图

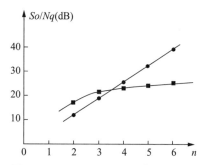

图7-32　PCM 和 ΔM 系统性能曲线

分析得出,增量调制与 PCM 比较有如下特点:

①在比特率较低时,增量调制的量化信噪比高于 PCM;

②增量调制抗误码性能好,可用于比特误码率为 $10^{-2} \sim 10^{-3}$ 的信道,而 PCM 则要求 $10^{-4} \sim 10^{-6}$;

③增量调制通常采用单纯的比较器和积分器作编译码器(预测器),结构比 PCM 简单。

(二)信道编码技术

信道编码是指在数据发送之前,在信息码之外附加一定比特数监督码元,使监督码元与信息码元构成某种特定的关系,接收端根据这种特定的关系来进行检验。

1. 信道编码的目的

在利用卫星信道传送数字或数据时,要求有很高的可靠性。但卫星通信环境的特殊性决定了其信道传输特性不理想,面且信道中存在各种干扰噪声,因此在利用卫星移动通信系统传输数据时,不可避免地会在接收数据时产生差错。由此可见,信道编码的任务主要是进行差错控制以保证传输质量。

(1)差错控制

差错控制是指当信道差错率达到一定程度时,必须采取的用以减少差错的措施。通常差错控制方式又可分为3大类:前向纠错(FEC)、检错重发(自动请求重发——ARQ)以及使用 FEC 和 ARQ 技术的混合方式。

(2)码距与交错能力

码距是指两个码组中非零码的数目。在一种编码中,可以存在许多码组,任意两个许用码组之间的最小距离称为汉明距离,用符号 d_{min} 表示。

编码的纠错和检错能力由汉明距离决定。通常存在下列几种情况。

①若要求检测 e 个错码,则 d_{min} 应满足: $d_{min} \geq e + 1$;

②若要求能够纠正 t 个错码,则 d_{min} 应满足: $d_{min} \geq 2t + 1$;

③若要求能够纠正 t 个错码,同时检测 e 个错码,则: $d_{min} \geq e + t + 1$;

(3)常用的信道编码方式

在固定卫星系统中使用的纠错编码有线性分组码、循环码、BCH 码和卷积码等。由于利用了调制技术与纠错编码(主要来用卷积码)的融合技术,构成格型编码调制(TCM)的概念,从而在频率受限的干扰信道中,既能做到信息的高效传输,又能保证其传输的可靠性。

在 SDH 通信系统中,还使用比特交织奇偶检验(BIP)码,用以进行再生段和复用段的通道检错。

在移动通信中所存在的差错既有随机性差错,也有突发性差错,而且发生突发性差错概率远大于发生随机性差错的概率。因此,在卫星移动通信系统中,采用分组码和卷积码交织编码以及 Turbo 码等来有效地纠、检突发错误。

2. 分组编码与交织技术

根据纠正错误的类型不同,可以分为纠正随机性差错的编码和纠正突发性差错的编码。线性分组码是一种纠正随机性差错的编码,而交织技术是一种应付突发性差错的有效编码。

(1)线性分组码

分组码是将每个信息码元分为一组,然后按一定的规律产生 r 个监督码元,那么分组码的长度 $n = k + r$,通常用符号 (n, k) 表示。而线性分组码是指其分组码的监督位与信息位之间呈现线性关系,即可以用一组线性方程来描述。下面以(7,4)分组码为例来进行说明。

在线性分组码中是用代数关系构成其信息码与监督码之间的监督关系。对于(7,4)组码来说。信息码与监督码之间的关系为:

$$\begin{cases} a_2 = a_6 \oplus a_5 \oplus a_4 \\ a_1 = a_6 \oplus a_5 \oplus a_3 \\ a_0 = a_6 \oplus a_4 \oplus a_3 \end{cases}$$

其中 $\oplus$ 代表模 2 加。可见,每个监督码元是本码组中某些信息码的模 2 加之和。换句话说,每个信息码元将受到几个监督码元的多重监督。从中我们可以得出这样的结论,(n,k) 分组码的监督位只能监督本码组中各信息码元,而对本码组之前以及之后的码组不构成监督关系。

（2）交织技术

交织原理是将已编码的码字按行读入,每行包含一个 (n,k) 分组码,共排成 m 行,这样构成一个 m 行 n 列的矩阵（图 7-33 所示）。传送时按列顺序读出,在接收端则以每 m 比特构成一列,并顺序读入矩阵。可见,当收到 mn 比特时,便可构成如图 7-33 所示的格式相同的矩阵,然后对每一行按已知编码规律进行差错检测。如果已知每一行是利用 (n,k) 分组码来进行纠错编码的话,那么传输过程中连续 mb 比特出现误码时,由于是按列传送的,因此突发性误码便被分散到 m 行,每行包括 b 个错码。若此时 $(n,k$ 分组码具有纠正 b 个错误的能力,那 a 接收端恢复出的数据就与发射端所发射的数据相同。

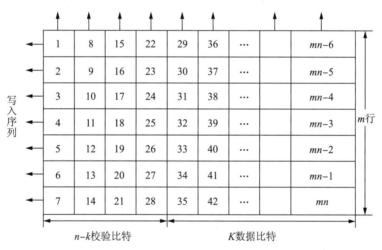

图 7-33　信源编码数据的矩阵

3. 循环码和 BCH 码

循环码 CRC 的应用非常广泛,BCH 码是具有纠正多个随机差错功能的循环码,是一个重要的子类。

（1）循环码

①循环码的概念

循环码也是一种线性分组码,除具有线性分组码的性质外,还具有循环性,即分组码长位 $n(=k+r)$,其中前 k 位为信息位,后 r 位为监督位。在一个码组中,其信息位和监管位之间的关系可用线性方程表示,而且其中任意两码组之和仍为这种码组中的一个码组。循环性是指循环码中任何一个许用码组,经过循环移位后（将最右端的码元移至左端,或反之）

所得到的码组仍为它的一个许用码组。

②循环码的生成多项式

常常运用代数理论来研究循环码,即用多项式表示码组,就是码多项式。若码组 $A = (a_{n-1}, a_{n-2}, \cdots, a_1, a_0)$ 是循环码中的一个许用码组,则相应的码多项式:

$$A(x) = a_{n-1} x^{n-1} + a_{n-2} x^{n-2} + \cdots + a_1 x + a_0$$

由循环码特征可得,连续 2 位信息位为"0",而监督位不为"0"的循环码是不存在的,因为把循环码码组中前 2 位全为"0",而最后一位不为"0"的循环码码组对应多项式成为生成多项式。

③循环码的生成矩阵

$$G(x) = \begin{cases} x^{k-1} g(x) \\ x^{k-2} g(x) \\ \vdots \\ x g(x) \\ g(x) \end{cases}$$

④循环码的形式

在已知信息码的条件下,利用获得的生成多项式求出监督码,进而求出整个码组。

整个码组 $[a_{n-1}, a_{n-2}, \cdots, a_1, a_0]$ 与所采用的生成矩阵 G 以及气信息码 $[a_{n-1}, a_{n-2}, \cdots, a_{n-k}]$ 之间的关系:

$$[a_{n-1}, a_{n-2}, \cdots, a_1, a_0] = [a_{n-1}, a_{n-2}, \cdots, a_{n-k}] \cdot G$$

⑤循环码的编译码

(2)BCH 码

通过对循环码的分析可知,只要找到生成多项式 $g(t)$,就可以根据信息位求出 (n,k) 循环码的编码。但如何才能寻找合适的 $g(t)$,使所编出的码具有一定纠错能力呢?BCH 码正是为了解决这个问题而发展起来的一类能纠正多个随机错误的码。这种码是建立在现代代数理论基础之上的,数学结构严谨,在译码同步等方面有许多独特的优点,故在数字卫星传输设备中常使用这种能纠正多重错误的 BCH 码来降低传输误码率。

①原本 BCH 码与非原本 BCH 码

BCH 码可分为两类,一类是原本 BCH 码,另一类是非原本 BCH 码。

原本 BCH 码的特点是码长为 $2^m - 1$(m 为正整数),其生成多项式是由若干最高次数为 m 的因式相乘构成的,并且循环码的生成多项式具有如下形式:

$$g(t) = \text{LCM}[m_1(x), m_3(x), \cdots, m_{2n-1}(x)]$$

其中 t 为纠错个数,$m_1(t)$ 为最小多项式,LCM 代表最小公倍式。具有上述特点的循环码就是 BCH 码。其最小码距 $d \geq 2t + 1$(在一种编码中,任意两个许用码组之间的对应位上所具有的最小不同二进制码元数,称为最小码距)。由此可见,一个 $(2^m - 1, k)$ 循环码的 $2^m - 1 - k$ 阶生成多项式必定是由 $x^{2m-1} + 1$ 的全部或部分因式组成。而非原本 BCH 码的生成多项式中却不包含这种原本多项式,并且码长 n 是 $2^m - l$ 的一个因子,即 $2^m - 1$ 一定是码长 n 的倍数。

②BCH 码的生成多项式

以码长为 15 的 BCH 码为例来进行说明。可见此时 $m = 4(2^4 - 1 = 15)$。即表示最高次数为 4，由 $x^n + 1$ 的因式分解可知：

$$m_0(x) = x + 1$$
$$m_1(x) = x^4 + x + 1$$
$$m_3(x) = x^4 + x^3 + x^2 + x + 1$$
$$m_5(x) = x^2 + x + 1$$
$$m_7(x) = x^4 + x^3 + 1$$
$$m_7(x) = x^4 + x^3 + 1$$

$$x^{15} + 1 = m_0(x) \cdot m_1(x) \cdot m_3(x) \cdot m_5(x) \cdot m_7(x)$$

其中，$m_7(x)$ 是 $m_1(x)$ 的反多项式。对于 $(15,5)$ BCH 码的生成多相式 $g(t)$：

$$g(t) = LCM[m_1(x) \cdot m_3(x) \cdot m_5(x)]$$
$$= (x^4 + x + 1) \cdot (x^4 + x^3 + x^2 + x + 1) \cdot (x^2 + x + 1)$$
$$= x^{10} + x^8 + x^6 + x^4 + x^2 + x + 1$$

可见它能纠正 $3(2t - 1 = 5)$ 个随机差错。

③格雷码和 RS 码

通常使用的二进制自然码排序为 00,01,10,11，当用 4PSK 方式调制时，若以自然码排列，"00" 与 "11" 将被调制到相邻相位，解调时若有误判就会产生两个比特误码。而格雷码则为 00, 01, 11, 10，显然不允许出现 11 与 00、10 与 01 相邻的局面，因此每次误判时最多出现 1 位误码（因为被调制到相邻相位的码元只有 1 比特不同），这就是在 QPSK 系统中其输入序列选择格雷码的原因。

前面所介绍的 BCH 码都是二进制的，即 BCH 码的每一个码元（元素）的取值为 0 或 1。如果 BCH 中的每一个元素用多进制表示的话，例如 2^m 进制，那么 BCH 中的每个元素就可以用一个 m 位的二进制码组表示，我们称这种多进制的 BCH 码为 RS 码，是一个具有很强纠错能力的多进制码。一个纠 t 个符号错误的 (n,k) RS 码的参数如下：

码长

信息段

监督段

最小码距

RS 码特别适合于纠正突发性错误。它可以纠正的差错长度（第 1 位误码与最后一位误码之间的比特序列）：

总长度位 $b_1 = (t - 1)m + 1$ 比特的单个突发差错；

总长度位 $b_2 = (t - 3)m + 3$ 比特的两个突发差错；

……

总长度位 $b_i = (t - 2i + 1)m + 2t - 1$ 比特的 i 个突发差错。

4. 卷积码和维特比译码

卷积码不同于前面所介绍的线性分组码，它是一种非分组码。这种码所具有的特点是其编码结构简单，易于实现，同时具有较强的抗误码性能，适用于采用前向纠错的 FEC 数字通信系统中，在卫星通信系统之中较常用。

（1）卷积码的基本概念

卷积码以 n 个码元为一组,其编码器在任何一段时间内产生的 n 个码元不仅与本码组中的 k 个信息码元有关,而且与以前 m 组 $(m \geq 1)$ 的信息码元有关。可见编码过程中相互关联的码元为 nm 个,这个码元数目称为这种码的约束长度, m 称为约束度。它说明卷积码编码器输出的序列中,任何相邻的 m 组均满足同一个约束关系。卷积码的纠错能力随 m 的增加而增大,而差错率也随着 m 的增加而按指数规律下降。因此,决定卷积码的参数有 3 种:码长 n、信息位 k 和约束度 m,因此通常用符号 (n,k,m) 表示卷积码,其编码效率 $R = k/n$。

（2）卷积码的编码器

图 7-34 给出 $n = 2, k = 1, m = 3$ 的卷积码编码器的电路图。

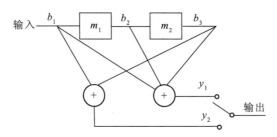

图 7-34　卷积编码器的电路图

图中 m_1 和 m_2 为位移寄存器, b_1 代表当前输入状态, b_2, b_3 分别表示位移寄存器以前存储的信息位。通常 $t = 0$ 时, b_1, b_2, b_3 均为 0,这样从图中可以容易地得出 $(2,1,3)$ 卷积码的编码规则：

$$\begin{cases} y_1 = b_1 \oplus b_2 \oplus b_3 \\ y_2 = b_1 \oplus b_3 \end{cases}$$

可见,当用转换开关在 y_1, y_2 输出端交替变化时,这样每输入一个信息比特,经编码产生两个输出比特。

（3）维特比译码

维特比译码是卷积码的译码的 3 种方法之一,其余两种是门限译码和序列译码。

维特比译码是 Viterbi 于 1967 年提出的一种概率解码算法,解码器结构简单,在卫星通信中被广泛应用。

5. 纠错编码与调制——格型编码调制

在传统上,数字调制与纠错编码是独立设计的,即在发送端的调制和编码,接收端的解调和解码都是分开设计的。纠错编码需要冗余度,编码增益是依靠降低信息传输效率来获得的。在限带信道中,则可通过加大调制信号来为纠错编码提供所需的冗余度,以避免信息传输速率因纠错编码的加入而降低。但若调制和编码仍按传统的相互独立的方法设计,则不能得到满意的结果。

格型编码调制（TCM）正是根据上述思路提出的一种方案,它是将调制和编码合为一体的调制技术,它打破了调制与编码的界限,利用信号空间状态的冗余度实现纠错编码,以实现信息的高速率、高性能的传输。

（三）信号处理技术

信号处理主要针对输入的信号序列,如何变换成输出的信号序列,最重要的数学变换理论有 Z 变换,离散傅里叶变化及快速傅里叶变化,用在通信系统中,数字滤波器是完成这一步骤的关键技术。

数字滤波器的功能就是把输入序列通过一定的运算(上式)变换成输出序列。可以用以下两种方法来实现数字滤波器:一种方法是把滤波器所要完成的通算编成程序并让计算机执行,也就是用计算机软件来实现;另一种方法是设计专用的数字硬件、专用的数字信号处理器或采用通用的数字信号处理器来实现。

一个数字滤波器可以用系数函数表示为

$$H(z) = \frac{\sum\limits_{k=0}^{M} b_k z^{-k}}{1 - \sum\limits_{k=1}^{N} a_k z^{-k}} = \frac{Y(z)}{X(z)}$$

直接由此式可得出表示输入输出关系的常系数线性差分方程为

$$y(n) = \sum_{k=0}^{N} a_k y(n-k) + \sum_{k=0}^{M} b_k x(n-k)$$

由上式看出,实现一个数字滤波器需要几种基本的运算单元——加法器、单位延时和常数乘法器。这些基本的单元可以有两种表示法——方框图法和信号流图法,因而一个数字滤波器的计算结构也有这样两种表示法(图7-35)。用方框图表示较明显直观,用流图表示则更加简单方便。以二阶数字滤波器为例,其方框图结构如图7-36。

$$y(n) = a_1 y(n-1) + a_2 y(n-2) + b_0 x(n)$$

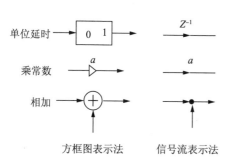

图 7-35　基本运算的表示方法

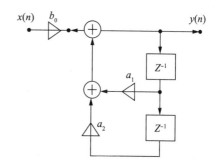

图 7-36　二阶数组滤波器的方框图结构

线性信号流图本质上与方框图表示法等效,只是符号上有差异。图7-36的二阶数字滤波器的等效信号流图结构(图7-37),图7-37中1,2,3,4,5称为网络节点, $x(n)$ 处为输入节点或称源节点,表示注入流图的外部输入或信号源, $y(n)$ 为输出节点或称阱节点。节点之间可用有向支路相连接,每个节点可以有几条输入支路和几条输出支路,任一节点的节点值等于它的所有输入支路的信号之和。而输入支路的信号值等于这一支路起点处节点信号值乘以支路上的传输系数。如果支路上不标传输系数值,则认为其传输系数为1,而延迟支路则用延迟算子 z^{-1} 表示,它表示单位延时。由此可得各节点值为

$$w_2(n) = y(n)$$
$$w_3(n) = w_2(n-1) = y(n-1)$$
$$w_4(n) = w_3(n-1) = y(n-2)$$
$$w_5(n) = a_1 w_3(n) + a_2 w_4(n) = a_1 y(n-1) + a_2 y(n-2)$$
$$w_1(n) = b_0 x(n) + w_5(n) = b_0 x(n) + a_1 y(n-1) + a_2 y(n-2)$$

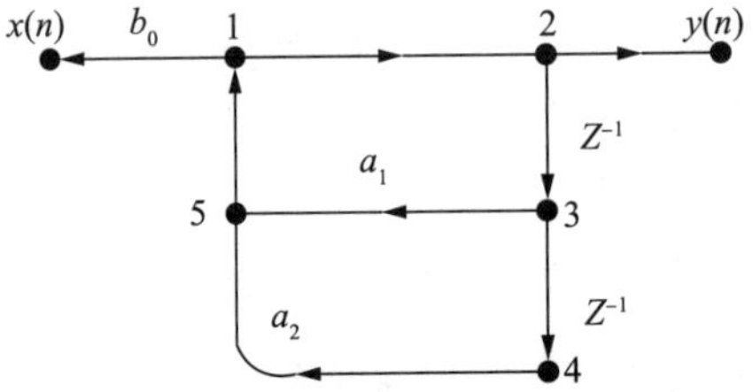

图 7-37 二阶数字滤波器信号流图结构

源节点没有输入支路,阱节点没有输出支路。如果某节点有一个输入、一个或多个输出,则此节点相当于分支节点,如果某节点有两个或两个以上的输入,则此节点相当于相加器。因而节点 2,3,4 相当于分支节点,节点 1,5 相当于相加器。由此知道,对分支节点 2 有 $y(n) = w_2(n) = w_1(n)$,从而得出

$$y(n) = b_0 x(n) + a_1 y(n-1) + a_2 y(n-2)$$

这样我们就能清楚地看出其运算步骤和运算结构。运算结构是重要的,不同结构所需的存储单元及乘法次数是不同的,前者影响复杂性,后者影响运算速度。此外,在有限精度(有限字长)情况下,不同运算结构的误差、稳定性是不同的。

第八章 数据存储——云存储

智能土木工程监测能完全实现对工程的不间断监测,实现对工程信息变化的实时采集,必将产生大量的工程变化信息数据,这些数据就是工程安全、运营养护等分析的基础,而且连续的数据,既能及时的发现工程病害,还能利用数据的实时变化对工程病害进行预测。传统的计算机存储技术有限,不能满足工程运营期间的全部数据存储,云存储的技术,为智能土木工程监测数据的存储提供了可能。

第一节 "云"存储的模式

智能土木工程检测数据会随着工程应用的数量增加而呈爆炸性的速度增长,云存储有望降低对此类数据的管理成本,从而推动智能土木工程检测技术的向前发展。随着企业需要提高灵活性、可用性、性能以及快速部署新的应用,因此,他们首要的目标就是以更低的投入来创造更高的价值。

云存储是在云计算概念上延伸和发展出来的一个新概念,是一种新兴的网络存储技术,是指通过集群应用、网络技术或分布式文件系统等功能,将网络中大量各种不同类型的存储设备通过应用软件集合起来协同工作,共同对外提供数据存储和业务访问功能的一个系统。简单来说,云存储就是将储存资源放到云上供人存取的一种新兴方案。使用者可以在任何时间、任何地方,透过任何可联网的装置连接到云上方便地存取数据。

架构方法分为两类:一种是通过服务来架构;另一种是通过软件或硬件设备来架构。

传统的系统利用紧耦合对称架构,这种架构的设计旨在解决HPC(高性能计算、超级运算)问题,正在向外扩展成为云存储从而满足快速呈现的市场需求。下一代架构已经采用了松弛耦合非对称架构,集中元数据和控制操作,这种架构并不非常适合高性能HPC,但是这种设计旨在解决云部署的大容量存储需求。各种架构的摘要信息如下。

1. 紧耦合对称(TCS)架构

构建TCS系统是为了解决单一文件性能所面临的挑战,这种挑战限制了传统NAS系统的发展。HPC系统所具有的优势迅速压倒了存储,因为它们需要的单一文件I/O操作要比单一设备的I/O操作多得多。业内对此的回应是创建利用TCS架构的产品,很多节点同时伴随着分布式锁管理(锁定文件不同部分的写操作)和缓存一致性功能。这种解决方案对于单文件吞吐量问题很有效,几个不同行业的很多HPC客户已经采用了这种解决方案。这种解决方案很先进,需要一定程度的技术经验才能安装和使用。

2. 松弛耦合非对称(LCA)架构

LCA系统采用不同的方法来向外扩展。它不是通过执行某个策略来使每个节点知道每个行动所执行的操作,而是利用一个数据路径之外的中央元数据控制服务器。集中控制提

供了很多好处,允许进行新层次的扩展:

(1)存储节点可以将重点放在提供读写服务的要求上,而不需要来自网络节点的确认信息。

(2)节点可以利用不同的商品硬件 CPU 和存储配置,而且仍然在云存储中发挥作用。

(3)用户可以通过利用硬件性能或虚拟化实例来调整云存储。

(4)消除节点之间共享的大量状态开销也可以消除用户计算机互联的需要,如光纤通道或 infiniband,从而进一步降低成本。

(5)异构硬件的混合和匹配使用户能够在需要的时候在当前经济规模的基础上扩大存储,同时还能提供永久的数据可用性。

(6)拥有集中元数据意味着,存储节点可以旋转地进行深层次应用程序归档,而且在控制节点上,元数据经常都是可用的。

第二节 "云"存储的实现

云存储系统与传统存储系统相比,具有如下不同:(1)从功能需求来看,云存储系统面向多种类型的网络在线存储服务,而传统存储系统则面向如高性能计算、事务处理等应用;(2)从性能需求来看,云存储服务首先需要考虑的是数据的安全、可靠、效率等指标,而且由于用户规模大、服务范围广、网络环境复杂多变等特点,实现高质量的云存储服务必将面临更大的技术挑战;(3)从数据管理来看,云存储系统不仅要提供类似于 POSIX 的传统文件访问,还要能够支持海量数据管理并提供公共服务支撑功能,以方便云存储系统后台数据的维护。

1."云"存储构架

云存储平台整体架构可划分为 4 个层次,自底向上依次是:数据存储层、数据管理层、数据服务层以及用户访问层(图 8-1)。

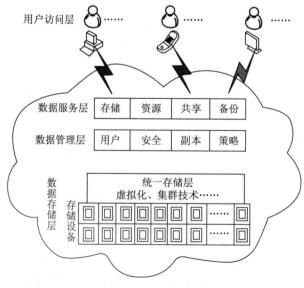

图 8-1 云存储平台整体构架原理

（1）数据存储层

云存储系统对外提供多种不同的存储服务,各种服务的数据统一存放在云存储系统中,形成一个海量数据池。从大多数网络服务后台数据组织方式来看,传统基于单服务器的数据组织难以满足广域网多用户条件下的吞吐性能和存储容量需求;基于 P2P 架构的数据组织需要庞大的节点数量和复杂编码算法保证数据可靠性。相比而言,基于多存储服务器的数据组织方法能够更好满足在线存储服务的应用需求,在用户规模较大时,构建分布式数据中心能够为不同地理区域的用户提供更好的服务质量。

云存储的数据存储层将不同类型的存储设备互连起来,实现海量数据的统一管理,同时实现对存储设备的集中管理、状态监控以及容量的动态扩展,实质是一种面向服务的分布式存储系统。

（2）数据管理层

云存储系统架构中的数据管理层为上层提供不同服务间公共管理的统一视图。通过设计统一的用户管理、安全管理、副本管理及策略管理等公共数据管理功能,将底层存储及上层应用无缝衔接起来,实现多存储设备之间的协同工作,以更好的性能对外提供多种服务。

（3）数据服务层

数据服务层是云存储平台中可以灵活扩展的、直接面向用户的部分。根据用户需求,可以开发出不同的应用接口,提供相应的服务。比如数据存储服务、空间租赁服务、公共资源服务、多用户数据共享服务、数据备份服务等。

（4）用户访问层

通过用户访问层,任何一个授权用户都可以在任何地方,使用一台联网的终端设备,按照标准的公用应用接口来登录云存储平台,享受云存储服务。

2. "云"存储服务优势

与传统的购买存储设备和部署存储软件相比,云存储方式存在以下优点:

（1）成本低、见效快

传统的购买存储设备或软件定制方式下,企业根据信息化管理的需求,一次性投入大量资金购置硬件设备、搭建平台。软件开发则经过漫长的可行性分析、需求调研、软件设计、编码、测试这一过程。往往在软件开发完成以后,业务需求发生变化,不得不对软件进行返工,不仅影响质量,提高成本,更是延误了企业信息化进程,同时造成了企业之间的低水平重复投资以及企业内部周期性、高成本的技术升级。在云存储方式下,企业除了配置必要的终端设备接收存储服务外,不需要投入额外的资金来搭建平台。企业只需按用户数分期租用服务,规避了一次性投资的风险,降低了使用成本,而且对于选定的服务,可以立即使用,既方便又快捷。

（2）易于管理

传统方式下,企业需要配备专业的 IT 人员进行系统的维护,由此带来技术和资金成本。云存储模式下,维护工作以及系统的更新升级都由云存储服务提供商完成,企业能够以最低的成本享受到最新最专业的服务。

（3）方式灵活

传统的购买和定制模式下,一旦完成资金的一次性投入,系统无法在后续使用中动态调整。随着设备的更新换代,落后的硬件平台难以处置;随着业务需求的不断变化,软件需要不断地更新升级甚至重构来与之相适应,导致维护成本高昂,很容易发展到不可控的程度。而云存储方式一般按照客户数、使用时间、服务项目进行收费。企业可以根据业务需求变化、人员增减、资金承受能力,随时调整其租用服务方式,真正做到"按需使用"。

3. "云"存储数据安全——备份应用

云存储可以支持多种应用方式,如云备份、云数据共享、云资源服务等,也可以提供标准化的接口给其他网络服务使用。目前应用技术较成熟的有 B-Cloud 云备份(图 8-2),云备份系统包括 3 个层次的备份云。

最上层为广域云,也称公共云,覆盖范围为所有备份客户可以通过广域网访问的区域。广域云的服务器包括广域管理器、广域云存储节点。

中间层为区域云,通常按照地理区域(如省、地区等)来划分。相应地,服务节点包括区域云管理器、区域云存储节点。

最下层为本地云,也称私有云。本地云既可以按小的地理区域划分,也可以按照特定实体划分,如企业、组织或校园。本地云可运行于广域网或局域网,用户限于区域内的人员,服务节点包括本地管理器、私有云存储节点。

区域云、私有云同广域云一样,具有多个本地的存储节点,共同服务于多个备份客户端。

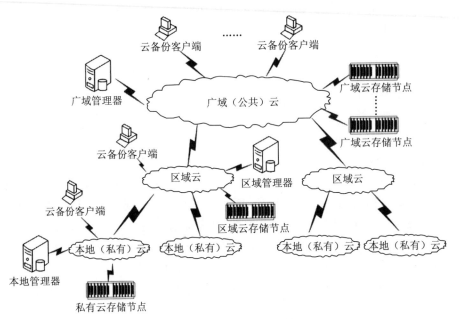

图 8-2　B-Cloud 部署结构

B-Cloud 云备份系统的拓扑结构可描述为:以广域云为根节点,区域云和本地云为分支节点,构成的一颗备份云的树状结构。每个节点都具有自己的备份管理器与存储节点,分别完成本区域内的备份任务调度与备份数据的存取。物理相连的广域云、区域云、本地云之间,相邻两层的关系为父子关系,其中子节点可看作是父节点的一个特殊客户。该结构具有良好的扩展性,当前定义了 3 个层次,随着用户规模的增长、服务区域的拓展,可根据需要对某级节点进行裂变,增加新的节点层次。

新用户注册时,首先访问系统的注册服务器(负责全局用户管理)。由注册服务器按照预先定义的分配策略,匹配用户的特征信息,如客户端 IP 地址所属的网段或区域、Email 地址所属的组织、用户所属的地理区域等,将用户分配到相应的备份云节点。由备份云的管理服务器进行用户信息的维护。完成注册后,备份客户端每次请求服务时,只需登录系统,在指定的备份云节点下,与相应的备份管理器、存储节点进行三方通信,接受备份及恢复服务。

按照访问就近原则,地理位置越近,实体之间数据传输的效率越高、成本越低。通过这种分层拓扑结构,使得备份服务系统中的多调度服务器和多存储服务器建立一种有序的层次关系,能够更好地服务于不同区域的多备份客户端。

云备份服务的应用特点决定了应用需求,需求驱动了云备份需要研究的 3 项关键技术的发展。B-Cloud 云备份系统的研究涵盖了服务架构的几个方面,他们相互之间的关系如图 8-3 所示。

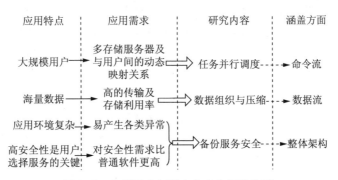

图 8-3　应用需求与研究内容之间的关系

云备份服务与传统的备份软件相比,不同点主要体现在 3 个方面:

(1)用户规模

备份软件通常应用于局域网或目标群体固定的广域网范围内。由于用户规模较小,出于易于部署维护、成本低廉等考虑,通常存储服务器较少,用户对存储服务器的访问路径是固定的,无须根据各种影响因素动态指定或调整。

云备份服务的对象则是广域网范围内的大规模用户,而且随着服务推出时间的延长,用户数量会持续增长。为此,系统必须设置多台存储服务器,以满足系统扩展性方面的要求。在此基础上,系统必须能够很好地响应大量用户的并发访问,并通过高效的并行调度策略来为用户指定合适的目标存储服务器,使得存储服务器总体负载均衡,且达到较高的存储利用率。同时,该过程必须对用户完全透明。

(2)数据量

云备份服务与备份软件在用户规模上的区别将直接导致两者所处理的数据量区别极大。广域网范围内的大规模用户所产生的备份数据很容易达到 TB 甚至 PB 级,如何通过研究数据组织方法和压缩算法,来提高海量数据的传输和存储效率,进而提高系统性能、降低硬件成本、实现存储节能,具有重要的现实意义。

（3）服务安全

云备份服务要满足多方面的需求：既要兼容客户端的异构数据平台，又要满足数据在块级、文件级及应用级的完整性；既要适应于复杂多变的广域网环境，又要保证数据的安全性。要统筹兼顾的问题越多，意味着存储系统的功能越复杂，也就越容易产生各种异常。另一方面，云备份服务系统比一般的备份软件对可信性的要求更高。当前备份服务的概念在中国刚刚兴起，阻碍其发展的一个重要原因是用户的消费习惯。人们在潜意识里总是感觉将关键数据备份在可视范围内的身边设备上比较安全。而一旦要求用户把私密数据备份到异地的数据中心，则会担心数据安全性能否得到充分保障。客观上云备份服务容易产生各类异常，主观上用户对备份服务更高的安全需求，都造成了对云备份服务的安全性研究刻不容缓。以上讨论的云备份的应用特点对应了如下云备份研究的几个主要方面：

①命令流

B-Cloud 包括 3 大部分：备份客户端、管理器和存储服务器。管理器是整个服务系统的管理中心，负责任务调度、作业管理及服务过程中的状态监控。备份或恢复操作开始之前，从备份客户端提出服务请求，到系统开始提供服务这段时间，3 个部分除了执行双向安全认证之外，还有一项很重要的任务就是由管理器完成作业调度，建立备份客户端与存储服务器之间的联系。

②数据流

备份或恢复数据流的传输在备份客户端与存储服务器之间直接完成，不需要经过管理器。这种数据不经过中间环节、直接在数据源和目的地之间的传输，不仅提高了效率，而且对系统整体负载平衡起到了较好的效果。备份数据组织与压缩是数据传输与存储的关键所在。

③服务的安全性

云备份的安全涉及到服务平台的安全性、各个模块的安全性及模块之间协调和通信的安全性。

第九章　数据处理——云计算

工程在使用过程中,任何的外界因素及工程内部变化都会被监测到,有些数据对工程病害的分析有用,有些数据纯属干扰数据,影响真实数据的分析结果,所以,必须对大量的数据进行分析处理,保留有效真实的工程信息变化数据,进而对工程病害进行分析和预测,指导工程运营及养护。

云计算系统运算和处理的核心是大量数据的存储和管理时,云计算系统中就需要配置大量的存储设备,那么云计算系统就转变成为一个云存储系统,所以云存储是一个以数据存储和管理为核心的云计算系统。

第一节　云计算的应用

云计算的应用在云(软件、存储)、管(数据通信与传输网)、端(个人、家庭、企业终端)上。云应用是构架在管和端的基础上,用户无需下载、安装软件,即可时时享受互联网服务。

其实云端(cloud)就代表了互联网(Internet),通过网络的计算能力,取代使用你原本安装在自己电脑上的软件,或者是取代原本你把资料存在自己硬盘的动作,你转而通过网络来进行各种工作,并存放档案资料在网络,也就是庞大的虚拟空间上。我们通过所使用的网络服务,把资料存放在网络上的服务器中,并借由浏览器浏览这些服务的网页,使用上面的界面进行各种计算和工作。云计算:云计算(cloud computing)是基于互联网的相关服务的增加、使用和交付模式,通常涉及通过互联网来提供动态易扩展且经常是虚拟化的资源。云是网络、互联网的一种比喻说法。过去在图中往往用云来表示电信网,后来也用来表示互联网和底层基础设施的抽象。狭义云计算指 IT 基础设施的交付和使用模式,指通过网络以按需、易扩展的方式获得所需资源;广义云计算指服务的交付和使用模式,指通过网络以按需、易扩展的方式获得所需服务。这种服务可以是 IT 和软件、互联网相关,也可以是其他服务。它意味着计算能力也可作为一种商品通过互联网进行流通。

云概念手机:云手机就是手机上装上一个云系统。那么装了云系统的手机性能会有无限大的提高。无限大的内存,无限大的硬盘,无比强大的 CPU。

LBS:基于位置的服务(Location Based Service,LBS),它是通过电信移动运营商的无线电通讯网络(如 GSM 网、CDMA 网)或外部定位方式(如 GPS)获取移动终端用户的位置信息(地理坐标,或大地坐标),在 GIS(Geographic Information System,地理信息系统)平台的支持下,为用户提供相应服务的一种增值业务。

云计算在应用软件上有以下应用方面。

2011 年 10 月份,APP STORE 苹果商店一共有 50 万个应用。收费应用:下载就收费。免费应用:①内置广告、交互链接;②应用内付费,如游戏的第 15 关开始收费,转换为付费用户;③跟电子商务相关,下载应用是免费,但通过它订机票、订酒店、订电影票,拿返点。

B2B:(Business To Business),是指一个互联网市场领域的一种,是企业对企业之间的营销关系。它将企业内部网,通过 B2B 网站与客户紧密结合起来,通过网络的快速反应,为客户提供更好的服务,从而促进企业的业务发展。近年来 B2B 发展势头迅猛,趋于成熟。例子:阿里巴巴、慧聪。

B2C:是英文 Business-to-Customer(商家对顾客)的缩写,而其中文简称为"商对客"。"商对客"是电子商务的一种模式,也就是通常说的商业零售,直接面向消费者销售产品和服务。这种形式的电子商务一般以网络零售业为主,主要借助于互联网开展在线销售活动。B2C 即企业通过互联网为消费者提供一个新型的购物环境——网上商店,消费者通过网络在网上购物、在网上支付。由于这种模式节省了客户和企业的时间和空间,大大提高了交易效率,特别对于工作忙碌的上班族,这种模式可以为其节省宝贵的时间。例子:当当、卓越、优凯特。

C2C:即 Consumer to Consumer。实际是电子商务的专业用语,是个人与个人之间的电子商务。C2C 即消费者间。例子:淘宝、拍拍、易趣。

C2B 是电子商务模式的一种,即消费者对企业(Customer to Business)。最先由美国流行起来的消费者对企业(C2B)模式也许是一个值得关注的尝试。C2B 模式的核心,是通过聚合分散分布但数量庞大的用户形成一个强大的采购集团,以此来改变 B2C 模式中用户一对一出价的弱势地位,使之享受到以大批发商的价格买单件商品的利益。目前国内很少厂家真正完全采用这种模式。非常创新,如果解决初期的用户聚合问题,是更能成功的。先前是同样模式下,使用免费等方式聚合。但目前是先用一个未知的方式聚合用户,再转移到 C2B 上面来,有创意和有挑战!

O2O:移动互联从线上到线下的应用。

第二节 "云"计算特点

云计算(cloud computing)是基于互联网的相关服务的增加、使用和交付模式,通常涉及通过互联网来提供动态易扩展且经常是虚拟化的资源。云是网络、互联网的一种比喻说法。

过去在图中往往用云来表示电信网,后来也用来表示互联网和底层基础设施的抽象。因此,云计算甚至可以让你体验每秒 10 万亿次的运算能力,拥有这么强大的计算能力可以模拟核爆炸、预测气候变化和市场发展趋势。用户通过电脑、笔记本、手机等方式接入数据中心,按自己的需求进行运算。

对云计算的定义有多种说法。对于到底什么是云计算,至少可以找到 100 种解释。现阶段广为接受的是美国国家标准与技术研究院(NIST)定义:云计算是一种按使用量付费的模式,这种模式提供可用的、便捷的、按需的网络访问,进入可配置的计算资源共享池(资源包括网络、服务器、存储、应用软件、服务),这些资源能够被快速提供,只需投入很少的管理工作,或与服务供应商进行很少的交互。

云技术要求大量用户参与,也不可避免的出现了隐私问题。用户参与即要收集某些用户数据,从而引发了用户数据安全的担心。很多用户担心自己的隐私会被云技术收集。正因如此,在加入云计划时很多厂商都承诺尽量避免收集到用户隐私,即使收集到也不会泄露或使用。但不少人还是怀疑厂商的承诺,他们的怀疑也不是没有道理的。不少知名厂商都被指责有可能泄露用户隐私,并且泄露事件也确实时有发生。

1. 大规模

云计算技术是具备一定规模的多个节点组成的 IT 系统,因此,系统规模可以无限扩大,以使用大容量的存储和运算。

2. 平滑扩展

由于云系统具备高度的扩展性和弹性,在扩展的方式上,可以使用最简便的即插即用的方式,简便、快捷的增加和减少资源,减少安装过程。

3. 资源共享

云计算提供一种或多种形式的计算和存储能力资源池,例如物理服务器、虚拟服务器,事务和文件处理能力或任务进程(并行计算),以及存储能力等。同时资源池也可以通过抽象化方式提供,并能够同时为多种应用提供服务,实现资源共享。

4. 动态分配

云计算能实现资源的自动分配管理,包括资源即时监控和自动调度等,并能够提供使用量监控和管理。

5. 跨地域

云计算能够将分布于过个物理地点的资源进行整合,提供同一的资源共享平台,并再各个物理地点间实现负载均衡。

第三节　"云"计算核心

各种云计算服务都需要对分布存储的、海量的数据进行处理分析。具体而言,云计算应用面临的数据管理挑战体现在数据的海量性、异构性以及非确定性。

1. MapReduce 技术

MapReduce 是一个软件架构,用于大规模数据集的并行计算(图 9-1)。作为一个新的编程模型,MapReduce 将所有针对海量异构数据的操作抽象为两种操作,即 Map 和 Reduce。使用 Map 函数将任务分解为适合在单个节点上执行的计算子任务,通过调度执行处理后得到一个"Key-Value"集。而 Reduce 函数则根据预先制定的规则对在 Map 阶段得到的"Key-Value"集进行归并操作,得到最终计算结果。

MapReduce 架构模型最为成功之处就在于,让人们可以根据需求将针对海量异构数据的处理操作(无论是多么复杂)分解为任意粒度的计算子任务,并能够在多个计算节点之间灵活地调度计算任务以及参与计算的数据,从而实现计算资源和存储资源配置的全局最优化。另外,MapReduce 方法在将 Map 任务和 Reduce 任务分配到集群中的相应节点时,会考虑到数据的本地性(Data Locality),即一般会将 Map/Reduce 安排到参与计算数据的存放节点或附近节点来执行。

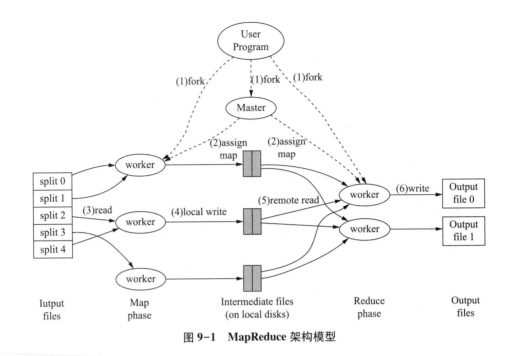

图 9-1　**MapReduce 架构模型**

2. GFS 技术

GFS(Google File System)是一个大型的分布式文件系统。它为云计算应用提供分布式海量存储解决方案,并且与 MapReduce 和 BigTable 等技术结合十分紧密,形成独有的一套的云计算解决方案。GFS 的架构模型(图 9-2)将整个系统的节点分为三类角色:Client(客户端)、Master(主服务器)和 Chunk Server(数据块服务器)。Client 是 GFS 提供给应用程序的访问接口,它是一组专用接口,不遵守 POSIX 规范,以库文件的形式提供。应用程序直接调用这些库函数,并与该库链接在一起;Master 是 GFS 的管理节点,其数量在逻辑上只有一个,它保存系统的元数据,负责整个文件系统的管理,是 GFS 文件系统中的大脑;Chunk Server 负责具体的存储工作,数据以文件的形式存储在 Chunk Server 上,Chunk Server 的个数可以有多个,它的数目直接决定了 GFS 的规模。GFS 将文件按照固定大小进行分块(默认是 64MB),

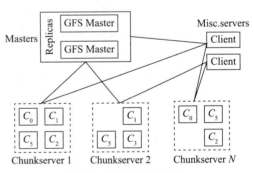

图 9-2　**GFS 架构模型**

每一块称为一个 Chunk(数据块),每个 Chunk 都有一个对应的索引号(Index)。客户端应用在访问 GFS 时,首先访问 Master 节点,获取将要与之进行交互的 Chunk Server 信息,然后再直接访问这些 Chunk Server 完成数据存取。GFS 的这种设计方法实现了控制流和数据流的分离。Client 与 Master 之间只有控制流,而无数据流,这样就极大地降低了 Master 的负载,使之免于成为制约系统性能的一个瓶颈。Client 与 Chunk Server 之间直接传输数据流,同时由于文件被分成多个 Chunk 进行分布式存储,Client 又可以同时访问多个 Chunk Server,从而使得整个系统 I/O 活动高度并行,整体性能得到极大提升。

3. BigTable 技术

Google 提出的 BigTable 技术是建立在 GFS 和 MapReduce 之上的一个大型的分布式数据管理系统。BigTable 实际上的确是一个很庞大的表结构,它的规模可以超过 1PB(1024TB)。它将所有数据都作为对象来处理,形成一个巨大的表格。对于 BigTable,Google 给出了如下定义:BigTable 是一种为了管理结构化数据而设计的分布式存储系统,系统中存放管理数据可以扩展到非常大的规模,例如在数千台服务器上达到 PB 规模的数据,现在有很多 Google 的应用程序建立在 BigTable 的基础之上。而基于 BigTable 模型实现的 Hadoop Hbase 开源项目也逐渐在越来越多的应用中发挥作用。

BigTable 就是一个稀疏的、多维的和有序的 Map,每个 Cell(单元格)由行关键字、列关键字和时间戳来进行三维定位。Cell 的内容本身是一个字符串,举例来说,当存储一个网页的内容,其数据模型(图 9-3)反向的 URL“com.cnn.www”是这一行的关键字,“contents”这列存储了多个版本的网页内容,其中每个版本都有一个时间戳。BigTable 还提供一个用于将多个相似的列整合到一起的 Column Family(列组)机制。比如:“anchor”这个 Column Family 就有“anchor:cnnsi.com”和“anchor:my.look.ca”这个两个列。通过 Column Family 这个概念,使得表可以轻松地横向扩展。

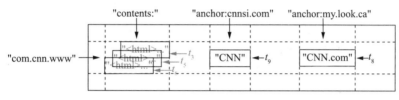

图 9-3　BigTable 数据模型

图 9-3 中,对于网页文档的全文有一个文本列,还有一个标题列,这样一来,没有必要对全部的文档文本进行分析,就可以快速地找到文档的标题。有两列用于锚文本,一个是“anchor:other.com”,包含从站点 other.com 指向 example.com 的超链接的锚文本;如图 9-3 中的单元所示,超链接上的文本是“example”。anchor:null.com 描述了从 null.com 指向 example.com 的一个超链接上的锚文本是“点击此处”。这些列都属于锚文本列组(column group)。可以向该列组中增加其他的列,以增加更多的链接信息。

BigTable 使用一个 3 层的、类似 B+树的结构存储 Tablet 的位置信息(图 9-4)。第 1 层是一个存储在 Chubby 中的文件,它包含了 Root Tablet 的位置信息。Root Tablet 包含了一个特殊的 metadata 表里所有的 Tablet 的位置信息。metadata 表的每个 Tablet 包含了一个用户 Tablet 的集合。Root Tablet 实际上是 metadata 表的第 1 个 Tablet,只不过对它的处理比较特殊(Root Tablet 永远不会被分割)。这就保证了 Tablet 的位置信息存储结构不会超过 3 层,其中在 Chubby 中存储着多个 Root Tablet 的位置信息。

Metadata Tables 中存储着许多 User Table 的位置信息。因此当用户读取数据时,需先从 Chubby 中读取 Root Tablet 的位置信息然后逐层往下读取直至找到所需数据为止。

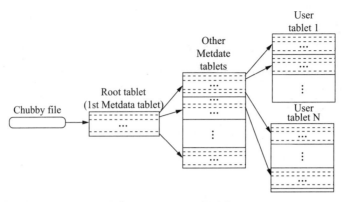

图 9-4　**Tablet 位置结构**

BigTable 的负载均衡采用的是传统的方式,BigTable 在执行任务时,在任意时刻每个 Tablet 只被分配到一个 Tablet 服务器。依靠一个 Master 服务器监视子表 Server 的负载情况,根据所有子表服务器的负载情况进行数据迁移的,比如将访问很热的列表迁移到压力轻的子表服务器上,以调节 Tablet 服务器的负载平衡。

4. Dynamo 技术

Dynamo 是一个高可用,专有的键值结构化存储系统,或分布式存储系统(图 9-5)。它同时具有数据库和分布式哈希表的特征,并不直接暴露在外网,而是为 Amazon Web Services (AWS)提供底层支持。目前 Dynamo 已经有很多实例,典型的有:Apache Cassandra、Project Voldemort 以及 Riak。

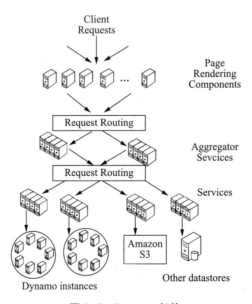

图 9-5　**Dynamo 架构**

Dynamo 是采用分布式哈希表作为基本存储架构和理念,这个架构最大特点是能让数据在环中均匀存储,各存储点相互能感知(因数据需要在环内转发,以及相互之间进行故障探测,因此需要节点之间的通信),自我管理性强,因为它不需要 Master 主控点控制,无单点故障危险。此外,Dynamo 的主要优点是:它提供了使用 3 个参数(N,R,W),可以根据实际的需要来调整它们的实例。Dynamo 支持对对象的不同版本进行记录和处理,并且可以将不同版本提供给应用,供应用自身更加灵活地进行合并。对象的副本数遵循(N,R,W)的规则,N 个副本,如果 R 次读取的一致,则确定读取成功;如果 W 次写入成功,则认为写入成功;不要求全部 N 个都成功完成,只要 $R+W>N$,数据的最终一致性就可以得到保障。在这里,读操作比一次写多次读的系统(比如 HDFS)麻烦,但写操作变简单了,这一点适应了一些应用场景下的需求。

负载均衡对于 Dynamo 系统而言是天生的优势,因为它采用了分布式哈希表将数据都均匀存储到各个点,所以没有访问热点,各点的数据存储量和访问压力应该都是均衡的。

第四节 云计算在智能土木工程检测中的作用

云计算是基于互联网的相关服务的增加、使用和交付模式,通常涉及通过互联网来提供动态易扩展且经常是虚拟化的资源。云是网络、互联网和底层基础设施的抽象。云计算可以达到每秒 10 万亿次的运算能力,拥有这么强大的计算能力可以模拟核爆炸、预测气候变化和市场发展趋势。同时也可以让用户通过电脑、笔记本、手机等方式接入数据中心,按自己的需求进行运算。

云计算可以为用户提供可用的、便捷的、按需的网络访问模式,随时进入可配置的计算资源共享池(资源包括网络、服务器、存储、应用软件、服务),这些资源能够被快速提供,只需投入很少的管理工作,或与云服务供应商进行很少的交互,就能实现自己的需求。

中国的基础工程量庞大,而且后期的工程建设量还具有很大的潜力,智能土木工程检测实现对工程的不间断实时检测,大量的数据处理急需快速的云计算进行实现,同时需要对大数据随时进行访问。云计算海量数据处理采用分布式的存储技术,可用于大型分布式的、需要对大量数据进行访问的应用,提供容错功能,为用户提供低成本、高可靠性、高并发和高性能的数据并行存取访问。针对数据的非确定性、分布异构性、海量、动态变化等特点,采用分布式数据管理技术,对大数据集进行处理和分析,面向用户提供高效的服务。

云计算能实现高效地利用在分布式环境下的数据挖掘和处理,采用基于云计算的并行编程架构,将任务自动分成多个子任务,通过映射和化简两步实现任务在大规模计算节点中的调度与分配。

第十章 病害预测——大数据分析

智能制造解决智能土木工程检测技术的数据采集问题,"互联网+"等技术解决采集数据从野外工程到室内分析终端,云存储及云计算技术保证了工程信息数据的存储。智能土木工程检测的主要目的是在实现智能采集,提供采集精度的同时,能对工程病害进行预测,依此加强对工程质量安全管理及养护。

第一节 大数据特点

智能土木工程检测数据的爆炸式增长,意味着需要投入更多的资源以及付出更多的努力, 云存储系统,立足于各种类型数据的计算机存储服务,是在传统 IT 基于文件存储模式基础上发展,有效的解决了大数据的存储难题。维基百科全书的定义:"大数据是飞速增长的,用现有数据库管理工具难以管理的数据集合。"这些数据包括社交媒体、移动设备、科学计算、智能交通、智能工程及城市中部署的各类传感器等等,其中智能土木工程监测会成为数据体量中较大的一部分,而且要求大数据的存储年限较长,可能会伴随土木工程的使用期限。

"大数据或称巨量数据、海量数据、大资料,指的是所涉及的数据量规模巨大到无法通过人工,在合理时间内达到截取、管理、处理、并整理成为人类所能解读的信息。"维基百科对大数据的定义将大数据的特点阐释得非常清晰:"海量"和"非结构化",能体现大数据意义的另一个特征就是运算速度快(图 10-1)。

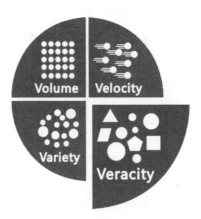

图 10-1 工程检测大数据的特点

1. 海量

大数据的数据体量非常巨大,百度资料表明,其新首页导航每天需要提供的数据超过

1.5PB(1PB=1024TB),这些数据如果打印出来将超过5千亿张A4纸。有资料证实,到目前为止,人类生产的所有印刷材料的数据量仅为200PB。所以,利用传统的数据记录方式,无法解决工程病害预判的数据需求。

2. 非结构化

数据的非结构化就是数据类型的多样,目前大数据的应用非常广泛,不仅有文本形式,更多的是图片、视频、音频、地理位置信息等多类型的数据,个性化数据占绝对多数。大数据在土木工程中的应用也极其广泛,涉及原始工程设计及施工信息、各种检测文本数据、工程位置信息等多种类型的数据。

3. 数据处理速度快

目前的大数据处理遵循"1秒定律",可从各种类型的数据中快速获得高价值的信息。智能土木工程检测技术的逐渐成熟,对工程信息变化的采集,必定快而精准,才能采集到有效的工程信息,这就必须要求更高速的数据处理。

第二节　大数据的应用

土木工程检测大数据的战略意义不在于掌握庞大的数据信息,而在于对这些含有意义的数据进行专业化处理。换言之,如果把大数据比作一种产业,那么这种产业实现盈利的关键,在于如何让数据会"说话"。如何将海量的数据变成落地民生,进行商业趋势、判定研究质量、避免疾病扩散、打击犯罪或测定实时交通路况正是"大数据"盛行的本质。

(1)对大数据的处理分析正成为新一代信息技术融合应用的结点。移动互联网、物联网、社交网络、数字家庭、电子商务等是新一代信息技术的应用形态,这些应用不断产生大数据。云计算为这些海量、多样化的大数据提供存储和运算平台。通过对不同来源数据的管理、处理、分析与优化,将结果反馈到上述应用中,将创造出巨大的经济和社会价值。大数据具有催生社会变革的能量。但释放这种能量,需要严谨的数据治理、富有洞见的数据分析和激发管理创新的环境。

(2)大数据是信息产业持续高速增长的新引擎。面向大数据市场的新技术、新产品、新服务、新业态会不断涌现。在硬件与集成设备领域,大数据将对芯片、存储产业产生重要影响,还将催生一体化数据存储处理服务器、内存计算等市场。在软件与服务领域,大数据将引发数据快速处理分析、数据挖掘技术和软件产品的发展。

(3)大数据利用将成为提高核心竞争力的关键因素。各行各业的决策正在从"业务驱动"转变"数据驱动"。对大数据的分析可以使零售商实时掌握市场动态并迅速做出应对;可以为商家制定更加精准有效的营销策略提供决策支持;可以帮助企业为消费者提供更加及时和个性化的服务;在医疗领域,可提高诊断准确性和药物有效性;在公共事业领域,大数据也开始发挥促进经济发展、维护社会稳定等方面的重要作用。

(4)大数据时代科学研究的方法手段将发生重大改变。例如,抽样调查是社会科学的基本研究方法。在大数据时代,可通过实时监测、跟踪研究对象在互联网上产生的海量行为数据,进行挖掘分析,揭示出规律性的东西,提出研究结论和对策。

第三节　智能土木工程检测大数据信息

围绕智能土木工程检测及监测大数据,经过采集后的工程数据通过创建数据仓库,进行数据的分析和挖掘,最终进行可视化的呈现,就是土木工程大数据信息的衍变过程。

1. 挖掘信息价值

任何行业的大数据信息,海量数据和有效数据之间都会有矛盾,智能土木工程检测技术实现了24h不间断工程信息变化监测,由于工程大都建立在户外,所以引起工程变化的因素很多,检测数据既包含有效信息数据,也包含大量的无效信息数据。因此,必须从大量的数据中挖掘有效有价值的数据信息,从而才能更加科学的利用大数据,才能针对性的对土木工程潜在的病害进行预判。

2. 大数据信息延续

土木工程病害的发生,不是瞬间的事件。引起工程质量安全的危险因素,随之时间的增加,都会造成工程潜在的危害,所以工程事故是一个积累的过程。如果在工程使用过程中,能够及时的发现病害,因而采取有效的养护措施,才能避免工程灾害的发生,保证工程运营安全。

智能土木工程检测技术在工程的运营过程中,实现实时监测,利用延续性好、规律性较好的数据变化,能对工程病害进行及时的分析及预测。因此,必须保证大数据信息的延续性及完整性,从而判断任意时间范围内,工程质量安全问题。随着数据量的增加,哪怕对TB级别的数据进行数据分析和检索,采用串行计算的模式都可能需要花费数小时的计算,已远远不能胜任时效性的需求,只有目前的大数据架构下的存储系统能够有效的解决这个难题。

3. 大数据解决两个难题

工程检测文件目前绝大多数的系统都是采用文件系统的方式进行数据的存储。文件系统有几个最大的问题:(1)文件系统易损坏,写文件会导致文件系统元数据区的频繁持续更新,因此文件系统的元数据区很容易损坏,导致文件系统不可用。(2)性能问题:文件系统经过操作系统的封装,在数据长时期持续写入的情况下,开销要大于直接裸盘写入,降低性能。在磁盘上存在大量录像文件时,系统的录像检索效率会下降很多。(3)磁盘上的大量文件在多次删除重建后,数据在物理磁盘上的位置将变成不连续,导致数据写入的随机性加大,从而降低录像数据的写入性能。

工程检测数据作为工程病害事件记录的基础载体,重要性是不言而喻的,存储的需求已不仅是一台或几台设备而已,而已提升到了一个解决方案平台的高度。大容量、高并发的存储系统并不是存储设备的简单堆积,更需要解决检测业务特色的存储机制的完备性、存储标准以及在时间(存储数据处理速度)和空间(存储容量)上的可使用性等问题上满足大容量、高并发等大数据应用架构下的数据存储系统的要求。

第四节　土木工程大数据可视化

任何行为本身都会产生数据,智能土木工程检测业务中每个物体的轨迹、每秒中呈现的数据,都是大数据的最原始雏形,但雏形不等于本质,拥有这些轨迹数据的本质,才能更全面、更清楚的对原始数据的认知。数据可视化技术的基本思想是将数据库中每一个数据项作为单个图元元素表示,大量的数据集构成数据图像,同时将数据的各个属性值以多维数据的形式表示,可以从不同的维度观察数据,从而对数据进行更深入的观察和分析。

主要旨在借助于图形化手段,清晰有效地传达与沟通信息。但是,这并不就意味着,数据可视化目的为了有效地传达"数据"的过去状态的呈现及未来状态的预测,通过直观的数据传达关键的方面与特征,从而实现对于相当稀疏而又复杂的数据集的深入洞察。

土木工程变化信息数据可视化依据数据及其内在模式和关系,利用计算机生成的图像来获得深入认识和知识(图10-2)。模拟感觉系统的广阔带宽来操纵和解释错综复杂的过程、通过大量数据集以及来源多样的大型数据集合的模拟。

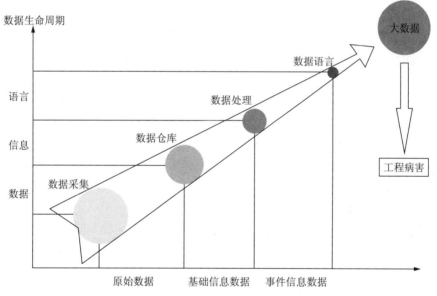

图10-2 土木工程大数据应用目的

参 考 文 献

[1]李毅,王林.土木工程概论[M].武汉:华中科技大学出版社,2008.

[2]夏才初,潘国荣等.土木工程监测技术[M].北京:中国建筑工业出版社,2001.

[3]刘沐宇,袁卫国.桥梁无损检测技术的研究现状与发展[J].中外公路,2002(06):55.

[4]赵明华.桥梁桩基计算与检测[M].北京:人民交通出版社,2000.

[5]高金.桥梁桩基检测设计[J].城市道路与防洪,7:135-138.

[6]靳伟,廖延彪,张志鹏等.导波光学传感器:原理与技术[M].北京:科学出版社,1998.

[7]李忠龙.基于现有传感器的桥梁无线检测技术的研究[D].哈尔滨:哈尔滨工业大学,2008.

[8]大久保信行(日).机械模态分析[M].尹传家,译.上海:上海交通大学出版社,1985.

[9]许本文,焦群英.机械振动与模态分析基础[M].北京:机械工业出版社,1998.

[10]张启伟.桥梁结构模型修正与损伤识别[D].上海:同济大学土木工程学院,1999.

[11]唐小辉.基于模态分析的裂纹结构识别技术[J].起重运输机械,2013(1):92-97.

[12]刘沐宇,袁卫国.桥梁无损检测技术的研究现状与发展[J].中外公路,2002(06):55.

[13]李忠龙.基于现有传感器的桥梁无线检测技术的研究[D].哈尔滨:哈尔滨工业大学,2008.

[14]周智,欧进萍.土木工程智能健康监测与诊断系统[J].传感器技术.2001,11(20):1-4.

[15]程军.传感器及实用检测技术[M].西安:西安电子科技大学出版社,2008.

[16]唐春按.岩石破裂过程中的灾变[M].北京:煤炭工业出版社,1993.

[17]袁振明,声发射技术及其应用[M].北京:机械工业出版社,1985.

[18]李大心,探地雷达方法与应用[M].北京:地质出版社,1994.

[19]张晓光,林家骏.X射线检测焊缝的图像处理与缺陷识别[J],华东理工大学学报,2004,2(30):199-202.

[20]刘兰芳,陈刚,金国良.光纤陀螺仪基本原理与分类[J].现代防御技术,2007,2(35):59-64.

[21]朱蕊蕤,刘玉昕,陈娅冰等.干涉型光纤陀螺仪的关键技术[J].现代防御技术,2004,32(1):43-48.

[22]王惠文.光纤传感技术与应用[M].北京:国防工业出版社,2001.

[23]Herve C.Lefevre.光纤陀螺仪[M].张桂才,王巍译.北京:国防工业出版,2002.

[24]钟义信,潘新安,杨义先.智能理论与技术—人工智能与神经网络[M].北京:人民

邮电出版社,1992.

[25]何新贵.模糊知识处理的理论与技术[M].北京:国防工业出版社,1994.

[26]陆汝钤.专家系统开发环境[M].北京:科学出版社,1994.

[27]王永庆.人工智能[M].西安:交通大学出版社,1994.

[28]李圣怡,吴学忠,范大鹏.多传感器融合理论及其在智能制造系统中的应用[M].长沙：国防科技大学出版社,1998.

[29]王殊,阎毓杰,胡富平等.无线传感器网络的理论和应用[M].北京:北京航空航天大学出版社,2007.

[30]盛骤,谢势千,潘承毅.概率论与：数理统计[M].北京：高等教育出版社，1998.

[31]赵新民.智能仪器原理与设计[M].哈尔滨：哈尔滨工业大学出版社,1990.

[32]王家桢,王俊杰.传感器与变送器[M].北京:清华大学出版社,1997.

[33]杨惠连,张涛.误差理论与数据处理[M].天津:天津大学出版社,1992.

[34]刘君华.智能传感器系统[M].西安:西安电子科技大学出版社,2010.

[35]沈嘉.3GPP 长期研究（LTE）技术原理与系统开发[M].北京:人民邮电出版社,2008.

[36]胡宏林,徐景,3GPP LTE 无限链路关键技术[M].北京:电子工业出版社,2008.

[37]韩斌杰.GPRS 原理及其网络优化[M].北京:机械工业出版社,2003.

[38]张守信.GPS 卫星测量定位理论与应用[M].长沙:国防科技大学出版社,1996.

[39]储钟圻.数字卫星通信[M].北京:机械工业出版社,2006.

[40]程佩青.数字信号处理教程[M].北京:清华大学出版社,2000.

[41]孙学康,张政.微波与卫星通信[M].北京:人民邮电出版社,2003.

[42]滕召胜,罗隆福,童调生.智能检测系统与数据融合[M].北京:机械工业出版社,2000.

[43]维克托.迈尔-舍恩伯格,肯尼思.库克耶.大数据时代[M].盛杨燕,周涛译.浙江:浙江人民出版社,2012.

[44]徐子沛.大数据[M].广西:广西师范大学出版社,2012.

[45]杜庆伟.物联网通信[M].北京:北京航空航天大学出版社,2015.

[46]谢希仁.计算机网络[M].大连:大连理工出版社,2005.

[47]郎为民.射频识别(RFID)技术原理与应用[M].北京:机械工业出版社,2006.

[48]李德毅.云计算技术发展报告[M].北京:科学出版社,2010.

[49]周洪波.云计算:技术、应用、标准和商业模式[M].北京,电子工业出版社,2011.

[50]吴朱华.云计算核心技术剖析[M].北京:人民邮电出版社,2011.

[51]DavidS.Linthicum.云计算与SOA[M].马国耀译北京:人民邮电出版社.